Springer-Lehrbuch

Christian Hick (Hrsg)

# Klinische Ethik

Unter Mitarbeit von Michael Gommel, Andrea Ziegler
und Peter W. Gaidzik

 Springer

**Dr. Christian Hick**
Institut für Geschichte und Ethik der Medizin
Universität zu Köln
Joseph-Stelzmann-Str. 9, Gebäude 9
D-50931 Köln
christian.hick@uni-koeln.de

Bibliografische Information Der Deutschen Bibliothek
Die Deutsche Bibliothek verzeichnet diese Publikation in der Deutschen Nationalbibliografie;
detaillierte bibliografische Daten sind im Interner über http://dnb.ddb.de abrufbar.

ISBN-10   3-540-21892-0
ISBN-13   978-3-540-21892-0

Dieses Werk ist urheberrechtlich geschützt. Die dadurch begründeten Rechte, insbesondere
die der Übersetzung, des Nachdrucks, des Vortrags, der Entnahme von Abbildungen und
Tabellen, der Funksendung, der Mikroverfilmung oder der Vervielfältigung auf anderen
Wegen und der Speicherung in Datenverarbeitungsanlagen, bleiben, auch bei nur auszugs-
weiser Verwertung, vorbehalten. Eine Vervielfältigung dieses Werkes oder von Teilen dieses
Werkes ist auch im Einzelfall nur in den Grenzen der gesetzlichen Bestimmungen des Urheberrechtsgesetzes der Bundesrepublik Deutschland vom 9. September 1965 in der jeweils
geltenden Fassung zulässig. Sie ist grundsätzlich vergütungspflichtig. Zuwiderhandlungen
unterliegen den Strafbestimmungen des Urheberrechtsgesetzes.

**Springer Medizin Verlag**
springer.de
© Springer Medizin Verlag Heidelberg 2007

Produkthaftung: Für Angaben über Dosierungsanweisungen und Applikationsformen kann
vom Verlag keine Gewähr übernommen werden. Derartige Angaben müssen vom jeweiligen
Anwender im Einzelfall anhand anderer Literaturstellen auf ihre Richtigkeit überprüft werden.

Die Wiedergabe von Gebrauchsnamen, Warenbezeichnungen usw. in diesem Werk berechtigt
auch ohne besondere Kennzeichnung nicht zu der Annahme, dass solche Namen im Sinne
der Warenzeichen- und Markenschutzgesetzgebung als frei zu betrachten wären und daher
von jedermann benutzt werden dürfen.

Planung: Kathrin Nühse, Martina Siedler, Heidelberg
Projektmanagement: Rose-Marie Doyon, Heidelberg
Umschlaggestaltung & Design: deblik Berlin
Titelbild: photos.com
SPIN 11005636
Satz: Fotosatz-Service Köhler GmbH, Würzburg
Druck- und Bindearbeiten: Stürtz GmbH, Würzburg

Gedruckt auf säurefreiem Papier.    15/2117 rd – 5 4 3 2 1 0

# Vorwort

Medizinethik ist als Teil des Querschnittsbereiches 2 »Geschichte, Theorie, Ethik der Medizin« ein prüfungsrelevantes Fach. Viel entscheidender aber: Medizinethik ist für die klinische Praxis wichtig! Ethische Fragen stellen sich nicht nur in intensivmedizinischen Extremsituationen, sondern vor allem im klinischen Alltag.

Mit dem vorliegenden Buch wollen wir den für die Patientenversorgung relevanten Kernbereich der Medizinethik darstellen. Daher der Titel: *Klinische Ethik*.

Behandelt werden Patientenaufklärung, Schweigepflicht, Entscheidungen am Lebensende, Patientenverfügungen, Entscheidungen am Beginn des Lebens, Zwangsunterbringung und Zwangsbehandlung, ärztliche Behandlungsfehler, interkulturelle Konflikte, klinische Forschungsethik, die gerechte Mittelverteilung im Gesundheitswesen und nicht zuletzt ethische Konfliktsituationen in der medizinischen Ausbildung. Ein eigenes Kapitel bündelt das für medizinethisches Argumentieren notwendige methodische und philosophische Handwerkszeug.

Diese ethischen Probleme werden mit Hilfe von Fallgeschichten entwickelt, welche die konkreten Aspekte einer ethischen Fragestellung anschaulich machen. Die Fallgeschichten beruhen auf tatsächlichen klinischen Fällen. Identifizierende Eigenschaften wurden verändert, um eine Wiedererkennbarkeit auszuschließen, alle angegebenen Namen sind fiktiv.

Die *Klinische Ethik* ist jedoch keine bloße Sammlung von Fallgeschichten. Sie gibt einen systematischen Überblick der behandelten Themen, wo sinnvoll mit einer kurzen historischen Einführung, und versucht so weit wie möglich dem argumentierenden Charakter der Ethik durch Darstellung der Argumente pro und kontra gerecht zu werden. So werden auch solche Positionen (hoffentlich) fair dargestellt, welche die Autoren nicht teilen. In zusammenfassenden Bewertungen haben wir aber zusätzlich versucht, eine Abwägung der verschiedenen Argumente aus unserer Sicht zu geben. Diese Einschätzung darf der Leser jedoch nicht ungeprüft übernehmen! Die Ethik verlangt nach einer argumentativen Auseinandersetzung und vor allem nach der konkreten Abwägung für jeden einzelnen klinischen Fall.

In klinisch-ethischen Entscheidungssituationen ist nicht nur wichtig, was getan werden soll (Ethik), sondern auch, was gesetzlich erlaubt ist (Recht). Zu jedem Thema wurde daher der rechtliche Hintergrund in Deutschland dargestellt, um auch in dieser Hinsicht eine größere Handlungssicherheit zu vermitteln. Zusätzlich verwiesen wird auf die Empfehlungen der ärztlichen Standesvertretungen oder Fachverbände, soweit diese eine weitergehende Handlungsorientierung geben.

Was erhoffen wir von diesem Buch? Zunächst natürlich, dass es in den oft unübersichtlichen »Dschungel« einander – oft nur scheinbar – unversöhnlich gegenüberstehender ethischer Positionen und Meinungen eine Schneise schlagen kann. Wir hoffen aber auch, dass durch die Fallbeispiele und Analysen deutlicher wird, wo in der klinischen Praxis ethische Probleme auftreten, worin sie bestehen und wie sie »behandelt« werden können.

Am wichtigsten scheint uns jedoch, dass durch die Darstellung der unterschiedlichen Argumente eine Offenheit für die Positionen anderer und ein Anreiz zur verstärkten Reflexion der eigenen ethischen Überzeugungen entstehen. Für viele Probleme in der klinischen Ethik gibt es keine einfache Lösung, oft nicht einmal eine gute, sondern nur die am wenigsten schlechte. Gute Medizin braucht daher eine Ethik, die nicht vom grünen Tisch aus entscheidet, sondern versucht der klinischen Situation gerecht zu werden, und die dadurch ein Antworten auf die Ansprüche des Anderen ist: in Respekt, Verantwortung und Fairness.

Köln, 6.10.2006
Christian Hick, Michael Gommel, Andrea Ziegler, Peter W. Gaidzik

*Für Clara, Alexander, Leonard
und Constantin*

Christian Hick

# Die Autoren

**Dr. med. Christian Hick, M.A.**
Jahrgang 1963, Studium von Medizin und Philosophie an den Universitäten von Mainz, Köln und Dijon. Seit 1998 Wissenschaftlicher Mitarbeiter am Institut für Geschichte und Ethik der Medizin der Universität zu Köln. Forschungsschwerpunkte: Ethik und ethische Beratung im klinischen Alltag, Vermittlung von Medizinethik in den Gesundheitsberufen, Medizinethik in werthepluralen Gesellschaften, Gesundheitskonzeptionen in Geschichte und Gegenwart.

**Dr. biol. hum. Michael Gommel**
Seit 2001 Wissenschaftlicher Koordinator des Arbeitskreises Ethik in der Medizin an der Medizinischen Fakultät der Universität Ulm. Tätigkeiten: Organisation und Evaluation der Lehre im Fach Medizinische Ethik.

Diverse außeruniversitäte Lehr- und Moderationstätigkeiten, u.a. an der Georg-von-Vollmar-Akademie in Kochel, am Institut für Fort- und Weiterbildung der Stiftung Patienten-Heimversorgung und an mehreren Schulen für Gesundheits- und Krankenpflege.

## Dr. med. Andrea Ziegler

Assistenzärztin an der Neurologischen Klinik, Marien-hospital Stuttgart. Mitglied des Arbeitskreises »Ethik in der Medizin« der Universität Ulm und Lehrauftrag für Ethik in der Medizin an der Universität Ulm. Diverse außeruniversitäre Moderationstätigkeiten, u.a. am Stutt-garter Hospiz. Mitglied der Arbeitsgruppe Pflege und Ethik der Akademie für Ethik in der Medizin.

## Dr. med. Peter W. Gaidzik

Studium der Medizin und Rechtswissenschaften in Münster und Berlin. 1994 Assessorexamen, einer von ca. zehn Personen mit dieser Doppelqualifikation in Deutschland. Seit 1995 als niedergelassener Rechtsan-walt auf dem Gebiet des Medizinrechts tätig. Seit dem Jahr 2000 geschäftsführendes Vorstandsmitglied der Ethik-Kommission der Universität Witten/Herdecke. Seit 2001 Leiter des Institut für Medizinrecht an dieser Universität. Das Institut ist deutschlandweit erstes sei-ner Art, das ausschließlich einer medizinischen und nicht einer juristischen Fakultät angegliedert ist. Seit 2005 Fachanwalt für Medizinrecht und stellvertretender Vorsitzender des Fachausschusses Medizinrecht der Rechtsanwaltskammer Hamm.

# Klinische Ethik: Das neue Lehrbuch

**Einleitung:** kurzer Einstieg ins Thema

**Leitsystem:** Orientierung über die Kapitel und Anhang

**Inhaltliche Struktur:** klare Gliederung durch alle Kapitel

**Schlüsselbegriffe** sind fett hervorgehoben

**Tabelle:** klare Übersicht der wichtigsten Fakten

**Merke:** das Wichtigste auf den Punkt gebracht

Zahlreiche **Fallbeispiele** stellen den Bezug zur Klinik her

---



## ❯❯ Einleitung

Aufgabe des Arztes ist es, die Gesundheit wiederherzustellen und das Leben des Patienten zu erhalten. Ist das nicht mehr möglich, soll er Leiden lindern und Sterbenden bis zum Tod beistehen. Am Lebensende stellt sich die Frage, ob der Arzt nur **Hilfe beim Sterben** geben darf, oder ob er in bestimmten Situationen auch berechtigt oder sogar verpflichtet ist, lebensverkürzend einzugreifen, also **Hilfe zum Sterben** zu geben.

Bei medizinischen Entscheidungen, die den Sterbeprozess und das Lebensende betreffen, lassen sich fünf unterschiedliche Handlungsmöglichkeiten unterscheiden (▶ Tab. 3.1)

### 3.1    Passive Sterbehilfe

### 3.1.1    Begriffsklärung

Entscheidungen zur **Therapiebegrenzung** werden auch als »passive« Sterbehilfe bezeichnet. Dieser Begriff kann irreführend sein: Eine »passive« Sterbehilfe als Therapiebegrenzung erfordert in manchen Fällen durchaus »aktives«

**◻ Tabelle 3.1.** Medizinische Entscheidungen am Lebensende

| | | |
|---|---|---|
| Eine Therapiebegrenzung, z.B. bei einem sterbenden Patienten | Passive Sterbehilfe | ▶ Kap. 3.1 |
| Das Inkaufnehmen der möglicherweise lebensverkürzenden Wirkung einer Therapie | Indirekte Sterbehilfe | ▶ Kap. 3.2 |
| Die Tötung eines Patienten durch den Arzt auf ausdrücklichen Wunsch des Betroffenen | Aktive Sterbehilfe | ▶ Kap. 3.3 |
| Das Verschaffen von tödlich wirkenden Medikamenten für einen Patienten, der Suizid begehen will | Hilfe zur Selbsttötung | ▶ Kap. 3.4 |
| Ärztliche und pflegerische Hilfe beim Sterbevorgang, die schmerzlindernde Therapie, palliativmedizinische Maßnahmen und menschliche Unterstützung verbindet | Sterbebegleitung | ▶ Kap. 3.5 |

❯ Die begriffliche Unterscheidung zwischen passiver und aktiver Sterbehilfe ist zunächst rein beschreibend und sagt noch nichts über die ethische oder rechtliche Zulässigkeit einer der beiden Formen von Sterbehilfe.

**Der Fall**

Seit einigen Monaten litt Herr Peters unter Schmerzen beim Wasserlassen. Der Urin war rötlich gefärbt. Es wurde ein Harnblasenkarzinom diagnostiziert, das durch operative Entfernung der Harnblase wahrscheinlich heilbar wäre. Herr Peters will jedoch die wahrscheinlichen Konsequenzen einer solchen Operation (Inkontinenz und Impotenz) für sich nicht akzeptieren und entscheidet nach längerer Überlegung, die Operation nicht durchführen zu lassen.

**Navigation:**
Seitenzahl und Kapitelnummer für die schnelle Orientierung



Unterschieden werden muss außerdem, ob die Entscheidung zur Therapiebegrenzung **auf Wunsch des Patienten** oder bei entscheidungsunfähigen Patienten ohne ausdrücklichen Patientenwunsch **einseitig durch den Arzt oder das Behandlungsteam** getroffen wird.

Eine Therapiebegrenzung ohne ausdrücklichen Patientenwunsch kann sich dabei entweder auf den mutmaßlichen Patientenwillen oder auf »allgemein geteilte Wertvorstellungen« stützen (► <u>Kap. 12</u>).

? **Übungsfragen**

- Als »passive Sterbehilfe« werden Therapiebegrenzungsmaßnahmen in ganz verschiedenen Situationen zusammengefasst. Welche Unterscheidungen sind hier wichtig?
- Welche Voraussetzungen müssen erfüllt sein, damit dem Wunsch eines einwilligungsfähigen Patienten nach Therapiebegrenzung entsprochen werden darf?
- Unter welchen Bedingungen kann die Einstellung von künstlicher Ernährung und Flüssigkeitsgabe ethisch zu rechtfertigen sein?
- Welche Empfehlungen zur passiven Sterbehilfe gibt die Bundesärztekammer?
- Welche rechtlichen Leitsätze hat der Bundesgerichtshof im sogenannten »Kemptener Fall« zur passiven Sterbehilfe bei schweren, unheilbaren Erkrankungen aufgestellt?

## 13.1 Petra Steller

Die 38-jährige Patientin Petra Steller kommt in die Nierensprechstunde zu einem Routinekontrolltermin wegen eines seit 6 Jahren bestehenden systemischen Lupus erythematodes mit Nierenbeteiligung. Sie wird seit Beginn der Erkrankung immunsuppressiv behandelt. Frau Steller arbeitet in einem Nobelrestaurant an der Bar und hat mit ihrem Ehemann, einem gut verdienenden Unternehmer, eine 7-jährige Tochter.

Es geht Frau Steller gut, sie sieht blendend aus. Die medizinischen Fragen sind schnell besprochen. Blutdruck, Beinödeme, Puls, alles ist prima. Sie will nun mit ihrem Mann und der Tochter für zwei Wochen auf die Malediven, Urlaub machen, und braucht noch ein Rezept für ihre Medikamente.

Dann fragt sie, ob sie nicht auch noch Omeprazol verschrieben bekommen könne. Das brauche nicht sie, sondern ihr Mann ab und zu. Er habe sie beauftragt, dies mitzubringen. Wenn das gleich auf ihr Rezept drauf geschrieben würde, müsste sie nicht extra zum Hausarzt ihres Mannes fahren.

? **Leitfragen**

- Soll der behandelnde Arzt das Medikament mit auf das Rezept schreiben? Was spricht aus ethischer Sicht dafür bzw. dagegen?
- Welche ethischen Grundwerte sind betroffen?

**Tabellen** und **Kapitel** schnell finden durch Verweise im Text

**Übungsfragen** am Ende der Unterkapitel laden zum eigenen Weiterdenken ein

In Kapitel 13: 10 ausgewählte **Fallbeispiele** mit **Leitfragen** zu ethischen Konflikten

# Inhaltsverzeichnis

# 1 Patientenaufklärung

*Christian Hick*

## ❯❯ Einleitung

Die Aufklärung des Patienten vor medizinischen Eingriffen und die darauf beruhende Einwilligung des Patienten in das ärztliche Handeln bilden das zentrale ethische Fundament moderner Medizin. Dass Patienten über ihre Erkrankung aufgeklärt und in die medizinische Entscheidungsfindung eingebunden werden müssen, ist mittlerweile unbestritten. Unklar ist allerdings oft, welche Anforderungen im Einzelnen aus ethischer und aus rechtlicher Sicht an die Patientenaufklärung gestellt werden und wie diese Aufklärung in der Praxis durchgeführt werden sollte. Hier will das folgende Kapitel eine praxisorientierte Hilfestellung geben.

## 1.1     Begriffsklärung

Bei der ärztlichen Aufklärung des Patienten lassen sich zwei Hauptformen unterscheiden:

- Die Aufklärung vor einem Eingriff: **Therapeutische Aufklärung** (▶ Kap. 1.5.2)
- Die Aufklärung über eine (schwerwiegende) Diagnose: **Diagnoseaufklärung** (▶ Kap. 1.5.3)

Die Aufklärung vor einem Eingriff setzt eine Aufklärung über die Diagnose in der Regel voraus. Bei schweren, lebensbedrohlichen Erkrankungen stellt die Diagnoseaufklärung den Arzt jedoch vor besondere Schwierigkeiten und wird daher getrennt behandelt.

Aufklärung und Einwilligung des Patienten, die aus rechtlicher Sicht den ärztlichen Eingriff erst legitimieren, werden im englischen Sprachraum als *informed consent* bezeichnet.

Ethische Grundlage der Patientenaufklärung ist das **Selbstbestimmungsrecht** des Patienten (▶ Kap. 12.6.2).

Rechtliche Vorgaben definieren einen Mindeststandard der ärztlichen Aufklärungspflichten (▶ Kap. 1.7). Aus ethischer Sicht sind an eine Patientenaufklärung aber weitergehende Anforderungen zu stellen. Als medizinische Intervention (▶ Kap. 1.3.3) muss die Patientenaufklärung nämlich wie jeder andere Eingriff in der klinischen Praxis kunstgerecht durchgeführt werden (▶ Kap. 1.5).

## 1.2 Historischer Kontext

Dass Patienten über ihre Diagnose wahrheitsgemäß aufgeklärt werden müssen und vor jedem Eingriff ihre ausdrückliche Einwilligung nach ausreichender Information einzuholen ist (*informed consent*), ist eine Entwicklung, die seit etwa 1960 in den USA begonnen hat. Hintergrund dieser Forderung ist eine stärkere Betonung der Selbstbestimmungsrechte des Patienten (▶ Kap. 12.6.2). Bis dahin stand in der Arzt-Patientenbeziehung vor allem die Verpflichtung des Arztes im Vordergrund, »das Beste« für seinen Patienten zu tun und wie ein guter Vater für den Patienten zu entscheiden (»Paternalismus«). Ausführliche Informationen, die dem Patienten eine eigene Entscheidung ermöglichten, oder die Wahrhaftigkeit am Krankenbett galten daher als zweitrangige Güter. Entscheidend war, das jeweils Beste für den Patienten zu erreichen und ihn nicht durch das Wissen um seine Krankheit zu beunruhigen.

In den **Hippokratischen Schriften** (4. Jh. v. Chr.) wird daher auch empfohlen,

die meisten Dinge vor dem Kranken zu verbergen, ihm mit Freude und Heiterkeit die erforderlichen Ermutigungen zu geben [und] ihm nichts anzudeuten von dem, was kommen wird oder ihn bedroht. Denn vielen ging es deswegen schlechter, weil man ihnen solche Vorhersagen gemacht hat. *Decorum XVI.*

Im 18. Jahrhundert verändert sich mit der Philosophie der Aufklärung auch der Kontext medizinischen Handelns: Nicht mehr der gelehrte Arzt, sondern jeder einzelne selbst ist jederzeit in Freiheit für sich selbst verantwortlich.

Der schottische Arzt **John Gregory** (1724–1773) fordert in seinen wegweisenden *Lectures on the Duties and Qualifications of a Physician* (1772) daher die ärztliche Wahrhaftigkeit bei der Aufklärung des Patienten über seine Diagnose – aber nur dann, wenn sie dem Patienten nicht schadet.

Ein Arzt ist oft unsicher, wenn er mit seinen Patienten über ihre wahre Situation spricht, wenn diese gefährlich ist. Ein Abweichen von der Wahrheit ist in diesem Fall manchmal zulässig und notwendig. Es kommt nämlich oft vor, dass ein Mensch sehr krank ist, jedoch wieder gesund werden kann, wenn er um die Gefahr nicht weiß.

Diese Verpflichtung des Arztes zu einer **wohlwollenden Täuschung** (*benevolent deception*), wenn eine (an sich gebotene) Aufklärung den Patienten zu schädigen droht, war in der Folge Teil des allgemein anerkannten ärztlichen Ethos (▶ Kap. 12.2.1).

Erst im Jahr 1849 wurde die potentiell zerstörerische Kraft der Unaufrichtigkeit auf die Arzt-Patienten-Beziehung von **Worthington Hooker** in *Physician and Patient* scharf kritisiert:

Das Gute, das man durch Täuschung in wenigen Fällen erreichen kann ist fast nichts, im Vergleich zu dem Schaden, den sie in vielen Fällen anrichtet. [...] Der Schaden, der aus einem allgemein angewandten System der Täuschung folgen würde zeigt wie wichtig das strikte Festhalten an der Wahrheit in unserer Beziehung zum Patienten ist.

Die Initiative zur Durchsetzung einer angemessenen Patientenaufklärung mit nachfolgender Einwilligung des Patienten in den Eingriff im Sinne eines *informed consent* ging nicht von Philosophen oder Ärzten, sondern von der Rechtsprechung im 20. Jahrhundert aus.

Im Prozess **Schloendorff vs. New York Hospital** (1914) stellte das Gericht fest:

Jedes erwachsene und geistig gesunde menschliche Wesen hat das Recht darüber zu bestimmen, was mit seinem Körper geschieht. Ein Chirurg, der einen Eingriff ohne die Zustimmung des Patienten vornimmt begeht eine Körperverletzung für die er schadensersatzpflichtig ist.

Ohne Zustimmung des Patienten ist ein Eingriff nicht rechtens. Selbst dann nicht, wenn er indiziert, *lege artis* durchgeführt und letztlich erfolgreich war.

Im Jahre **1957** wurde in einem weiteren Gerichtsverfahren dann schließlich der Begriff des *informed consent* in seiner heutigen Kernbedeutung entwickelt.

---

**Der Fall**

Martin Salgo litt mit 55 Jahren an krampfartigen Schmerzen im Bein und intermittierenden Gehstörungen. An beiden Beinen waren keine Pulse tastbar. Als diagnostische Maßnahme zur Abklärung der Gefäßsituation wurde eine translumbare Aortographie durchgeführt. Als der Patient am nächsten Morgen aus der Vollnarkose erwachte, waren seine beiden Beine gelähmt. In der Literatur bis 1957 war von fünf solchen Komplikationen berichtet worden, deren Pathogenese letztlich unklar blieb (Injektion von Kontrastmittel in die Rückenmarkszirkulation?).

---

In der anschließenden Gerichtsverhandlung bestritt Martin Salgo, dass er über irgendetwas wie eine Aortographie auch nur annähernd aufgeklärt worden sei. Die behandelnden Ärzte leugneten dies, mussten aber zugeben, nicht über die Details des Eingriffs und seine Risiken aufgeklärt zu haben. Das Gericht stellte daraufhin fest:

Ein Arzt verletzt seine Pflicht gegenüber dem Patienten und setzt sich Schadensersatzforderungen aus, wenn er Informationen zurückhält, die für den Patienten zu einer vernünftigen Zustimmung *(intelligent consent)* zu der vorgeschlagenen Behandlung notwendig sind. [...] Bei der Diskussion der Behandlungsrisiken besteht ein gewisser Ermessensspielraum, solange die vollständige Darlegung aller Informationen, die für eine informierte Einwilligung *(informed consent)* erforderlich sind, gewährleistet ist.

Wegen mangelhafter Aufklärung und dadurch ungültiger Einwilligung des Patienten wurde das Stanford University Hospital zu einer Schadensersatzzahlung von 213.355 US$ verurteilt.

**❓ Übungsfragen**

1. Welche zwei Hauptformen der Patientenaufklärung lassen sich unterscheiden?
2. Mit welcher Begründung wird in den hippokratischen Schriften gegen eine wahrheitsgemäße Aufklärung des Patienten argumentiert?

## 1.3 Ethische Perspektiven

Die Geschichte der Patientenaufklärung zeigt, dass der Kern des Konfliktes im Gegensatz zwischen einem **gut gemeinten Paternalismus** (Entscheidung an Stelle des Patienten) und dem **Selbstbestimmungsrecht** des Patienten (Entscheidung des Patienten selbst) besteht. Dieser Gegensatz prägt bis heute die Debatte um die ethisch angemessene Form der Patientenaufklärung.

Wie argumentieren die Vertreter beider Positionen?

### 1.3.1 »Der Patient sucht Hilfe, nicht Aufklärung«

**Der Fall**

Herr Reinhard wird ungeduldig. Seit 20 Minuten trägt ihm Dr. Sarwald Zahlen vor. Zu den Risiken der Koronarangiographie: Herzinfarkt, Schlaganfall, Herzrhythmusstörungen, Lungenödem, Nierenversagen, Allergischer

▼

> Schock, Verletzung der Hauptschlagader oder der Herzwände und schließlich der Tod, in immerhin 0,05% der Fälle. Herr Reinhard spürt, wie der Druck auf der Brust wieder zunimmt. »Müssen Sie mir das alles so genau erzählen?« fragt er.

Information kann auch Angst machen, kann mehr verwirren als Klarheit schaffen. Die Forderung nach einer informierten Einwilligung des Patienten in jeden Eingriff schadet daher mehr als sie nützt.

Genauer betrachtet ist die informierte Einwilligung sogar eine **Fiktion**. Es ist zwar richtig, dass der Patient über seine Erkrankung und den geplanten Eingriff informiert werden muss. Diese Information kann jedoch nie so umfassend und differenziert sein, dass er selbst an Stelle des Arztes über die durchzuführende Behandlung entscheiden kann.

Das will der Patient ja auch gar nicht! Der Patient will vom Arzt zunächst Heilung oder zumindest Linderung seiner Erkrankung und wenn erforderlich auch Beruhigung. Er geht zum **Arzt als Fachmann** und vertraut auf dessen Erfahrung, den besten Weg zur Lösung seines Gesundheitsproblems zu kennen. Der Patient wählt einen Arzt, dem er vertraut und dessen Behandlungsempfehlung er folgen kann.

Der Patient kann auch oft gar nicht frei und selbstbestimmt entscheiden. Weil er durch seine Erkrankung, durch die Extremsituation, durch Schmerzen oder Bewusstseinseinschränkungen in vielen Fällen dazu nicht fähig ist. Darin liegt ja gerade das Wesen vieler Erkrankungen, dass die Erkrankten auf Hilfe von anderen angewiesen sind.

In der persönlichen Vertrauensbeziehung zum behandelnden Arzt finden die Kranken diese Hilfe und einen Fachmann, der **wie ein guter Vater** die Entscheidungen zu ihrem Besten trifft.

Zudem gibt es bei einfachen medizinischen Sachverhalten (z.B. Beinbruch) oft ohnehin keine Alternative, über die lange aufgeklärt werden müsste. Bei komplizierten Erkrankungen (z.B. fortgeschrittene KHK) sind die Optionen oft von so vielen Randbedingungen abhängig, dass die im Einzelfall optimale Behandlungsoption ohnehin nur mit Hilfe von Leitlinien der medizinischen Fachgesellschaften zu finden ist. Wie soll da ein Patient entscheiden können? Ist es nicht gerade die Pflicht des Arztes, die für den Patienten aus medizinischer Sicht optimale Lösung zu ermitteln und Fehlentscheidungen des zwangsläufig medizinisch unerfahrenen Patienten zu verhindern?

Speziell die Aufklärung über Risiken und Nebenwirkungen kann schließlich nicht nur dazu führen, dass Ängste und medizinische Komplikationen ausgelöst werden (Angina pectoris Attacke bei Herrn Reinhard) und sich die Gesundheitssituation des Patienten verschlechtert. Sie kann auch dazu führen, dass die geschilderten Nebenwirkungen häufiger auftreten: **Nocebo-Effekt.**

## 1.3.2 »Patientenaufklärung als Recht mündiger Bürger«

---

**Der Fall**

Frau Beller wartet auf die Visite. Der Chefarzt soll heute kommen. Vor drei Tagen war sie wegen vaginaler Blutungen nach der Menopause ins Krankenhaus gekommen. Sie fürchtet, dass irgendetwas nicht stimmen könnte. Die Assistenzärztin war immer sehr freundlich gewesen, aber Frau Beller hatte sich nicht getraut zu fragen. Die Tür geht auf, Professor Kirchhoff tritt ein: »Guten Morgen Frau Beller, die Gebärmutter muss raus«, und wendet sich an seinen Oberarzt: »Wann ist sie dran? – morgen um 8? – Gut. Sie schaffen das schon Frau Beller«. Und noch mal zum Oberarzt, im Rausgehen: »Haben wir alle Blutwerte?«

---

Aus rechtlichen Gründen (▶ Kap. 1.7) könnte diese Patientengeschichte eigentlich nur in der ersten Hälfte des 20. Jahrhunderts gespielt haben. In etwas weniger scharfer Form dürfte sie allerdings bis in die 1960er Jahre durchaus nicht ganz unüblich gewesen sein. Sie zeigt jedenfalls klar, wohin wir nicht zurückwollen.

Das **Selbstbestimmungsrecht des Patienten** (▶ Kap. 12.6.2) ist eine der wichtigsten Errungenschaften der Medizin des 20. Jahrhunderts. Durch das Recht des Patienten auf medizinische Information werden die Machtstrukturen in der Arzt-Patienten-Beziehung ausgeglichener gestaltet. Die in der Vergangenheit oft »schweigende« Welt von Arzt und Patient wird zum Dialog hin geöffnet. Die Unmenschlichkeit einer paternalistischen Entmündigung ist überwunden. Der Patient muss verstehen, was mit ihm geschieht. Erst dann kann er wirksam einwilligen. Und für dieses Verständnis ist eine klare und umfassende Information die Voraussetzung.

Nur so kann auch ein **Missbrauch medizinischer Macht** verhindert werden, durch den die Patienten ungefragt allen technischen Möglichkeiten der modernen Medizin ausgeliefert wären.

Wenn die Gegner der Patientenselbstbestimmung damit argumentieren, dass in der persönlichen Vertrauensbeziehung eines Arztes zu seinem Patienten, solche Formalismen wie Aufklärung und Einwilligung nicht nötig seien, ist ihnen zu erwidern, dass es diese »persönliche Vertrauensbeziehung« in der modernen Medizin ja eben gerade nicht mehr gibt! Medizin ist zu einem **Geschäft zwischen Fremden** geworden. Wechselnde Ärzte, Fachärzte und Gesundheitsdienstleister treffen auf dem Gesundheitsmarkt auf wechselnde Kunden. Den »guten Arzt«, der sich persönlich dem Patienten verantwortlich fühlt und daher für den Patienten entscheiden könnte, gibt es in der Regel nicht mehr.

Wenn außerdem beklagt wird, dass Patienten oft Fehleinschätzungen unterliegen, wenn sie in medizinischen Dingen entscheiden müssten, so gilt dies genauso gut für alle anderen Bereiche des Lebens. Die Freiheit, entscheiden zu dürfen, ist eben auch die **Freiheit, sich falsch entscheiden zu können.**

> Die Fallbeispiele und die zugespitzten Argumente zeigen, dass beide Seiten übertreiben und nur teilweise Recht haben können. Was beide zu vergessen scheinen ist die Tatsache, dass die Patientenaufklärung immer auch die **Situation** des Patienten berücksichtigen muss. Es scheint daher wenig sinnvoll im Hinblick auf die Patientenaufklärung, für alle Situationen gültige ethische Prinzipien zu vertreten (»Selbstbestimmung« vs. »Paternalismus«). Wie in vielen anderen Bereichen der Medizinethik ist vielmehr **klinischer Pragmatismus** (▶ Kap. 12.6) indiziert, der versucht, Patientenaufklärung als eine medizinische Intervention wie andere ärztliche Tätigkeiten zu verstehen.

## 1.3.3   Patientenaufklärung als medizinische Intervention

Patientenaufklärung ist mehr als ein bloß rechtliches Erfordernis. Sie kann auch nicht als »Sieg der Selbstbestimmung« über die rückschrittlichen Kräfte des medizinischen Paternalismus verherrlicht werden. Bescheidener lässt sie sich als eine **medizinische Intervention** beschreiben, die auf ein bestimmtes Ergebnis abzielt (Wear 1998).

Dabei sind die folgenden Teilwirkungen besonders wichtig:

## Stärkung des Patienten

In erster Linie soll die Aufklärung über seine Erkrankung und die Behandlungsoptionen den Patienten stärken. Von außen unvermutet auftretende Krankheiten und Verletzungen führen oft zu Unsicherheit, Kontrollverlust und regressiven Tendenzen: »Was kann ich denn jetzt noch machen?«. Durch eine angemessene Form der Aufklärung (▶ Kap. 1.5) kann diesen regressiven Tendenzen wirksam begegnet und dem Patienten zumindest ein Teil der verlorenen Kontrollmöglichkeiten zurückgegeben werden.

## Beteiligung an der Entscheidungsfindung

Sicherlich ist es in den meisten Fällen für den Patienten selbst nach angemessener Information schwierig, eine Behandlungsentscheidung zu treffen. Auch ist die getroffene Entscheidung natürlich stark von der Aufbereitung der Informationen durch den Arzt abhängig und dadurch steuerbar. Hier ist es hilfreich zunächst drei unterschiedliche Situationen zu unterscheiden:

**1. Eindeutige Therapieoptionen.** Bei vielen Erkrankungen gibt es medizinisch eindeutig indizierte Behandlungsoptionen (Antibiotika bei Pneumonie, Osteosynthese bei Frakturen), ohne dass echte Alternativen mit gleichen Chancen oder geringeren Risiken bestünden. Hier besteht die Entscheidung des Patienten im Wesentlichen in der Zustimmung oder Ablehnung des vom Arzt empfohlenen Eingriffs.

**2. Verschiedene Therapieoptionen mit vergleichbarem Chance-Risiko-Profil.** Für manche Erkrankungen gibt es mehrere aus medizinischer Sicht mögliche und indizierte Therapieverfahren, die ein gleiches oder ähnliches Verhältnis von Chance und Risiko erwarten lassen (z.B. Operation vs. Bestrahlung vs. Abwarten bei bestimmten Formen des Prostata-Karzinoms). Hier ist es notwendig und sinnvoll, den Patienten intensiv an der Entscheidung zu beteiligen und die verschiedenen Optionen mit ihm zu erörtern.

**3. Erkrankungen und Therapien mit nachhaltiger Auswirkung auf die persönliche Lebensplanung.**

---

**Der Fall**

Herr Dirkes, selbständiger Versicherungsvertreter, leidet seit einigen Jahren unter wechselnden Gelenkbeschwerden, vor allem morgens. Seit etwa einem halben Jahr fällt es ihm zunehmend schwerer, seinen Laptop zu bedienen. Als er merkt, dass er beim Autofahren auch seinen Kopf nicht mehr ohne Schmerzen seitwärts drehen kann und im weiteren Verlauf selbst höhere Dosen von Aspirin nicht helfen, geht er dann doch zum Arzt. Alle Entzündungsparameter und Rheumafaktoren sind massiv erhöht. Radiologisch zeigt sich bereits eine beginnende Destruktion der Fingergrundgelenke sowie der Halswirbelgelenke: Rheumatoide Arthritis. Bei zunehmend aggressivem Verlauf bringt die Basistherapie mit Methotrexat trotz unerfreulicher Nebenwirkungen (Haarausfall) kaum Besserung. Herr Dirkes fürchtet, dass er – mit 42 Jahren – seinen Beruf bald nicht mehr ausüben kann. Im Internet sucht er verzweifelt nach Therapiealternativen.

---

Für Herrn Dirkes, wie für andere Patienten mit chronischen Erkrankungen, ist eine intensive Einbindung in Therapieentscheidungen und in die Krankheitsbewältigung zwingend erforderlich. Zudem lässt sich aus rein medizinischer Sicht oft nicht sagen, welche Therapieoption die Beste ist – vor allem im Hinblick auf die Nebenwirkungen. Was die langfristig richtige Therapie ist, hängt vielmehr von den Lebensumständen und den persönlichen Einschätzungen des einzelnen Patienten ab.

Mehr als reine Informationen brauchen Patienten mit chronischen Erkrankungen ärztliche Hilfe, um über ihre Wünsche und Bedürfnisse nachzudenken und ihre Lebensplanung mit der Erkrankung in Einklang zu bringen.

## Wirkungen einer adäquaten Aufklärung

Bei der Patientenaufklärung geht es aber nicht nur um Informationen und Entscheidungen. Die Patientenaufklärung kann den therapeutischen Erfolg unterstützen. Jedes Aufklärungsgespräch ist daher ein Teil der Therapie – und daher entsprechend wichtig. Folgende **therapeutischen Wirkungen der Patientenaufklärung** konnten nachgewiesen werden (Wear 1998):

- Realistischere Einschätzung der Therapie. Wichtig vor allem, wenn die Ergebnisse hinter den Erwartungen zurückbleiben
- Besseres Verständnis des Patienten für die Vorgeschichte seiner Erkrankung

▭ Anknüpfungsmöglichkeiten für Gespräche über präventives Verhalten bzw. Verhaltensmodifikation

▭ Beruhigung. Schon durch die Nennung der Diagnose erhält das Leiden einen Namen, wird greifbar und damit auch behandelbar. Nichts ängstigt so sehr wie Unausgesprochenes oder Sprachloses.

▭ Identifikation von irrationalen Ängsten und falschen Vorstellungen

▭ Stärkung der Arzt-Patienten-Beziehung und des therapeutischen Bündnisses

Aus diesen Gründen ist ein Aufklärungsgespräch auch dann sinnvoll, wenn die eigentliche Entscheidung (z.B. mangels Alternativen) keine Beteiligung des Patienten zu erfordern scheint.

❯ Ein kranker Mensch ist in seinen Selbstbestimmungsmöglichkeiten oft eingeschränkt. Die Patientenaufklärung kann daher die Selbstbestimmungsfähigkeit des Patienten nicht einfach voraussetzen. Darin haben die Kritiker der Patientenaufklärung recht. Ihnen ist aber zu erwidern, dass es gerade ärztliche Aufgabe ist, durch eine angemessene Aufklärung die Patientenselbstbestimmung soweit wie möglich zu stärken und wiederherzustellen.

❓ **Übungsfragen**

1. Welche Argumente werden von denen vorgebracht, die einer Patientenaufklärung skeptisch gegenüberstehen?
2. Was lässt sich auf diese Argumente erwidern?
3. Welche therapeutischen Wirkungen lassen sich von einer angemessenen Patientenaufklärungerhoffen?

## 1.4 Empirische Daten

Möglichkeiten und Grenzen der Patientenaufklärung wurden auch empirisch untersucht. Aus diesen Studien lassen sich wichtige Hinweise darüber gewinnen, wie eine in der klinischen Praxis effektive Patientenaufklärung gestaltet werden kann (▶ Kap. 1.5).

**Verständnis.** Der durchschnittliche Patient behält nur zwischen 30 und 50% der im Aufklärungsgespräch vermittelten Informationen (Meisel und Roth 1981). Auch spezifische Informationen über Risiken werden nur schlecht behalten: So konnte sich nur 1/3 der Patienten am Tag nach der Aufklärung für eine Linsen-implantation bei Katarakt daran erinnern, über das Risiko einer Erblindung aufgeklärt worden zu sein. 95% der Patienten konnte nicht mehr als zwei der fünf genannten Komplikationen nennen (Morgan und Schwab 1986).

Von zweihundert Tumorpatienten hatten nach einer Aufklärung mit Informationsbogen und Aufklärungsgespräch nur 60% Sinn und Zweck des Eingriffs verstanden. Lediglich 55% konnten zumindest ein wichtiges Risiko des Eingriffs benennen. 40% der Patienten hatten den Informationsbogen sorgfältig gelesen, weil sie glauben, diese dienten vor allem dem Schutz des Arztes (Cassileth et al. 1980).

**Wunsch des Patienten nach Aufklärung.** Fast alle Patienten (in den meisten Studien über 90%) wollen über ihre Diagnose und einen geplanten Eingriff informiert werden (Alfidi 1971). Dieser Wunsch der Patienten nach Aufklärung wird von den Ärzten regelmäßig unterschätzt (Faden und Beauchamp 1980).

Zudem bestehen zwischen dem, was die Ärzte für den Wunsch des Patienten halten und den tatsächlichen Wünschen der Patienten – z.B. im Hinblick auf eine Reanimation – erhebliche Unterschiede: Bei 258 älteren ambulanten Patienten konnten Ärzte den Wunsch des Patienten nach Durchführung oder Unterlassung einer kardiopulmonalen Reanimation in der Regel nicht richtig voraussagen, obwohl 75% von ihnen davon überzeugt waren, die Wünsche ihrer Patienten zu kennen (Uhlmann et al. 1988).

**Angstreduktion.** Eine angemessene Patientenaufklärung erhöht nicht, wie oft geglaubt wird, die Angst der Patienten vor dem Eingriff. Im Gegenteil führt eine bessere Aufklärung in der Regel zu einer verminderten Angst und bei chirurgischen Eingriffen zu einem geringeren Bedarf an Narkose- und Schmerzmitteln (Wallace 1986).

**Zeitbedarf.** Schließlich braucht die Patientenaufklärung deutlich weniger Zeit als manche Kliniker glauben: Ärzte überschätzen die Zeit, die sie für Aufklärung und Einwilligung benötigen um den Faktor 9 (Waitzkin und Stoeckle 1976).

> Skeptiker zitieren vor allem die Studien, nach denen Patienten von den entscheidenden Informationen ohnehin sehr wenig behalten. Der Sinn der Patientenaufklärung sei daher fraglich. Dabei wird jedoch übersehen, dass der Nutzen eines Aufklärungsgespräches sich nicht auf die bloße Informationsübertragung reduzieren lässt (► Kap. 1.3.3).

**? Übungsfragen**
1. Wie könnte man das Phänomen der Angstreduktion bei der Patientenaufklärung erklären?
2. Mit welchem Anteil von Patienten ist zu rechnen, die trotz Aufklärung Sinn und Zwecke des geplanten Eingriffs nicht verstanden haben?

## 1.5  Klinische Praxis

Wird die Patientenaufklärung als eine medizinische Intervention und damit als eine ärztliche Aufgabe im Rahmen der Patientenbehandlung verstanden, ist es wichtig, dieses Aufklärungsgespräch auch praktisch umsetzbar zu machen.

Hierzu werden in der Folge für die wichtigsten Bereiche Hilfestellungen gegeben.

### 1.5.1  Effektive Kommunikation

Kommunikationsfähigkeit ist kein glückliches Schicksal, sie lässt sich lernen! Leider nicht allein aus Büchern. Hier sind praktische Übungen mit Feedback von geschulten Beobachtern indiziert. Dennoch ist es hilfreich, sich die wichtigsten »Kommunikationssünden« und »Kommunikationstugenden« zu vergegenwärtigen, die in einer Vielzahl von empirischen Studien identifiziert werden konnten (Back AL et al.. 2005).

## Kommunikationssünden

### Ausweichen

> **Der Fall**
>
> Frau Gayon leidet an einem metastasierten Mamma-Carcinom. »Wie lange habe ich noch zu leben, Herr Doktor?« – »Im Moment sehe ich kein Problem«, antwortet Dr. Meyer, »wir haben für nächste Woche den zweiten Zyklus Chemotherapie vorgesehen«.

Wenn die Antwort auf eine Frage schwer fällt, ist es meist umso leichter, von anderem zu sprechen, ein Ausweichen, das in der Regel unbewusst erfolgt.

### Dozieren

> **Der Fall**
>
> Prof. Gustavson nahm sich viel Zeit. Mit Ruhe und Ernst hatte er Frau Hermanns die Diagnose eröffnet. In der nächsten halben Stunde erläuterte er ihr die Therapieoptionen für das Non-Hodgkin-Lymphom, schilderte zum Abschluss noch das aktuell in der Klinik laufende Therapieprotokoll und rühmte die statistisch signifikante Verbesserung der Überlebensraten. »Haben Sie noch Fragen?« – »Nein, ich denke nicht.«

Informationen sind wichtig, können aber auch die Kommunikation ersticken, wenn der Arzt die immer begrenzte Aufnahmefähigkeit des Patienten nicht berücksichtigt. »Dozieren« kann auch ein (unbewusstes) Mittel sein, die möglicherweise für den Arzt belastende emotionale Ebene eines Patientengespräches auszublenden.

### Schweigepakt

> **Der Fall**
>
> Arzt: »Wie geht's« – Patient: »Es geht so« – Arzt: »Na dann geht's ja«.

Patienten zögern oft, für sie unangenehme Themen anzusprechen (z.B. Störungen der Sexualfunktion als Medikamentennebenwirkung). Wenn es dann der Arzt auch seinerseits unterlässt, zu diesen Themen nachzufragen, entsteht ein

Schweigepakt, in dem über alles gesprochen wird, nur nicht über das, worum es wirklich gehen sollte.

## Vorzeitige Beruhigung

> **Der Fall**
>
> Frau Arnold: »Aber wie soll das gehen mit meinem Mann zu Hause, jetzt wo er gar nicht mehr aufstehen kann? Ich kann mich doch selbst kaum bewegen? Wer kümmert sich um das Haus? Die Kinder wohnen doch viel zu weit weg und haben andere Probleme?« – Dr. Paul »Machen Sie sich da mal keine Sorgen, da gibt es ambulante Pflege; die kümmern sich drum.«

Es ist oft verführerisch, auf jede Sorge des Patienten rasch eine professionelle Antwort zu geben und angesprochene Probleme scheinbar sofort zu lösen. Zeitmangel macht diese »Gefahr erkannt, Gefahr gebannt« Strategie oft zusätzlich attraktiv. Aber Dr. Paul hat hier eine Reihe von Problemen »überhört« und vorschnell eine Lösung angeboten, welche den Sorgen der Patientin nur zum Teil gerecht wird. Was ist mit ihrer eigenen Gesundheit, was mit dem Haus, welcher Kontakt besteht zu den Kindern und wie verhalten diese sich zu den Problemen ihrer Eltern? Fragen, auf die ein ambulanter Pflegedienst keine Antwort geben wird.

## Kommunikationstugenden

**Frage-Antwort-Kreis.** Wichtig ist zu Beginn des Gesprächs zu klären, worin für den Patienten das Problem besteht, was er schon weiß und was für ihn am wichtigsten ist. Hilfreich sind hier Fragen wie:

- Was wissen Sie über Ihre Erkrankung?
- Was haben andere Ärzte Ihnen über die Erkrankung mitgeteilt?
- Was ist aus Ihrer Sicht das wesentliche Problem?

Die Information des Arztes kann dann »maßgeschneidert« dem Wissensbedürfnis des Patienten angepasst werden. Als Faustregel hat sich bewährt, **nicht mehr als drei Informationen** in einem Gesprächsabschnitt zu geben und dann zunächst Raum für Nachfragen des Patienten zu lassen. Die Generalformel »Haben Sie hierzu noch Fragen?«, führt in der Regel jedoch nicht weiter. Effektiver ist es, den Patienten zu bitten, die gegebenen Informationen in eigenen Worten zu wiederholen.

> **Der Fall**
>
> »Ich möchte gerne sicher gehen, dass ich Ihnen die Therapieoptionen verständlich erklärt habe. Wenn Sie jetzt mit Ihren Angehörigen sprechen, was würden Sie ihnen sagen?«

**Alle drei Kommunikationsebenen berücksichtigen.** Die ärztliche Kommunikation beschränkt sich nicht auf die Vermittlung von medizinischen Fachinformationen. In jedem Arzt-Patienten-Gespräch reagiert der Patient vielmehr in drei Ebenen auf das, was er vom Arzt erfährt?

- **Faktisch:** »Um was geht es?«
- **Emotional:** »Wie fühle ich mich dabei?«
- **Existentiell:** »Was bedeutet das für mein Leben?«

Mit gezieltem Nachfragen kann der Arzt, wenn erforderlich, im Gespräch zu kurz gekommene Ebenen stärken:

- Brauchen Sie noch weitere Informationen?
- Wie fühlen Sie sich jetzt?
- Wie wird sich Ihr tägliches Leben verändern?

**Auf Emotionen antworten**

> **Der Fall**
>
> »Erst habt ihr mir alle Mut gemacht, dass nach der Chemotherapie der Tumor besiegt wäre. Und jetzt, 2 Monate später, sagt ihr mir, dass da angeblich doch Metastasen sind. Euch verdammten Ärzten kann man doch in nichts vertrauen! Ihr seid alle bloß Scharlatane und Geldschneider. Wie könnt ihr einen Menschen mit euren Giften nur so quälen und dann kommt nichts dabei raus! Ich könnte euch alle...«, Herr Block hebt eine Faust in Richtung des Arztes. Dr. Sahme ist geschockt und überlegt kurz, das Patientenzimmer zu verlassen, »bis der sich wieder beruhigt hat«.

Beim Umgang mit Emotionen des Patienten ist es zunächst wichtig, sie als gegeben zu akzeptieren (ob berechtigt oder unberechtigt), ohne gleich in die Logik »Angriff-Verteidigung« abzugleiten. Es hat sich bewährt auf Emotionen in fünf Schritten zu antworten, die sich zum Merkwort **NURSE** zusammenfassen lassen:

**1. Naming**
Die Gefühle müssen benannt werden, damit sie im weiteren Verlauf des Gesprächs bearbeitet werden können.
Dr. Sahme: »Sie klingen sehr enttäuscht und zornig«. Herr Block: »Das kann man wohl sagen.«

**2. Understanding**
Vorzeitige Beruhigung ist zu vermeiden. Durch Nachfragen sollte versucht werden, die Gefühle und ihre Ursachen besser zu verstehen.

**3. Respecting**
Dr. Sahme hält die Gefühle von Herrn Block für unberechtigt. Dennoch versucht er, dem Patienten zu vermitteln, dass er auch mit seinen möglicherweise irrationalen Gefühlen respektiert wird:

> **Der Fall**
>
> »Ich merke, dass Sie wütend sind. Ich bin auch enttäuscht, dass die Chemotherapie nicht so gewirkt hat, wie wir es erhofft haben.« Herr Block: »Sie haben gut reden!«

**4. Supporting**
Im Gespräch sichtbar werdende Wut und Enttäuschung, sind auch ein Appell um Hilfe. Dr. Sahme muss überlegen, was er an Unterstützung anbieten kann, ohne jedoch (erneut?) falsche Versprechungen zu machen.

> **Der Fall**
>
> Dr. Sahme: »Leider hat sich der Tumor weiter ausgebreitet. Das heißt jedoch nicht, dass wir nichts mehr für Sie tun können. Sollen wir die Befunde noch einmal durchgehen und überlegen, wie es jetzt weiter geht?« Herr Block: »Ich weiß nicht, ist doch eh alles aus jetzt.«

**5. Exploring**
Gelingt es, die Gesprächssituation zu stabilisieren, bietet sich die Möglichkeit, den Gefühlen auf den Grund zu gehen und ein besseres Verständnis der Emotionen zu gewinnen:

> **Der Fall**
>
> Dr. Sahme: »Was ist denn jetzt Ihre Hauptsorge?« Herr Block: »Meine Frau natürlich, was soll aus ihr werden?«

## 1.5.2 Aufklärung vor Eingriffen

> **Der Fall**
>
> Frau Meyer leidet seit Monaten an immer stärker werdenden Oberbauchschmerzen, vor allem nach der Nahrungsaufnahme; gelegentlich auch an Erbrechen. In der Sonographie zeigt sich eine steingefüllte Gallenblase (verkalkte Steine), die Bilirubinwerte sind leicht erhöht. Sie ist 68 Jahre und sonst völlig gesund. Aus medizinischer Sicht ist eine Entfernung der Gallenblase indiziert.

Die Aufklärung über einen geplanten Eingriff sollte in **drei Phasen** erfolgen (Wear 1998):

**1. Umfassende Information.** Hier geht es darum, den medizinischen Kontext des geplanten Eingriffs zu schildern. Aufklärungsbögen und Skizzen können hilfreich sein.

Diese Darstellung ist vom Arzt zu leisten und muss im Hinblick auf den Umfang der Informationen auch den rechtlichen Erfordernissen genügen (► Kap. 1.7).

Ein systematisches Vorgehen in **fünf Schritten** ist empfehlenswert.

1. Als Einstieg sollten die **Beschwerden der Patienten** mit den **medizinischen Befunden** in Verbindung gebracht und der Erkrankung ein **Name** gegeben werden:

> **Der Fall**
>
> Dr. Peters holt sich einen Stuhl und setzt sich zu Frau Meyer ans Bett. »Ich möchte mit Ihnen über Ihre Beschwerden sprechen und darüber, wie wir Ihnen helfen können«. In der Folge schildert er die Befunde der bildgebenden Verfahren und wie die Beschwerden von Frau Meyer mit diesen Befunden zusammenhängen: »Sie haben Gallenblasensteine, wir sagen Cholezystolithiasis, das müssen sie sich aber nicht merken.«

2. Im folgenden sollten der **Nutzen** des vorgeschlagenen Eingriffs und die möglichen **Folgen**, die sich aus dem Unterlassen des Eingriffs ergeben, geschildert werden:

> **Der Fall**
>
> »Wenn wir die Gallenblase durch eine Operation entfernen, werden Sie diese Schmerzen nicht mehr haben. Wenn wir nichts tun, werden die Beschwerden bleiben. Auch eine Gallenblasenentzündung ist dann möglich. Wenn sich die Gallenblase entzündet, werden sie hohes Fieber bekommen, der Eiter in der Gallenblase kann in den Bauchraum durchbrechen. Dann würden Sie eine Bauchfellentzündung bekommen, eine Erkrankung, die durchaus lebensbedrohlich sein kann.«

3. In einem dritten Schritt müssen die mit dem Eingriff verbundenen **Risiken** benannt werden. Dabei sollte auf die

- **Art** des Risikos,
- die **Bedeutung** des Risikos für das Leben des Patienten und
- die **statistische Wahrscheinlichkeit** des Risikos
  eingegangen werden.

Wichtig ist, Risiken vollständig und umfassend zu schildern. Dies nicht nur aus rechtlicher Sicht, sondern vor allem um Enttäuschungen und Störungen der Arzt-Patienten-Beziehung zu vermeiden, zu denen es kommen kann, wenn zuvor nicht erwähnte Risiken auftreten.

Kontraindiziert ist es allerdings, den Patienten mit allen Risiken und Komplikationsfolgen zu konfrontieren, die überhaupt auch nur denkbar sind: *truth dumping*.

Die Risken des Eingriffs müssen außerdem in das Verhältnis zum Risiko des Spontanverlaufs gesetzt werden.

Aufzuklären ist auch über das Risiko, dass die Beschwerden des Patienten durch den vorgesehenen Eingriff nicht oder nicht vollständig beseitigt werden:

> **Der Fall**
>
> »Es kann sein, dass Ihre Beschwerden nach der Entfernung der Gallenblase bestehen bleiben, dies scheint bei etwa 10% der Patienten vorzukommen.«

4. Vierter Teil der Patienteninformation ist die Aufklärung über **alternative Behandlungsmöglichkeiten**. Hier muss wahrheitsgemäß über bestehende Alternativen aufgeklärt werden, auch wenn diese z.B. im eigenen Haus nicht angeboten werden.

> ❯ Zu unterscheiden sind hier vorwiegend medizinische Alternativen (z.B. endoskopische Cholezystektomie vs. konventionelle Cholezytektomie über eine Laparotomie) und Alternativen, die eine besondere Berücksichtigung des persönlichen Lebensentwurfes des Patienten erfordern (z.B. erneute Chemotherapie vs. palliative Therapie bei metastasiertem Tumor).

5. Abschließend sollte der Arzt eine **Empfehlung** geben, was er dem Patienten unter Berücksichtigung aller Umstände raten würde. In vielen Fällen gibt es eine aus medizinischer Sicht klare Präferenz. Die Empfehlung sollte allerdings **für den Patienten** formuliert sein und nicht das widerspiegeln, was der Arzt für sich wählen würde.

**2. Zusammenfassung.** In der ersten Phase der Patientenaufklärung werden viele Informationen auf einmal geben. Daher ist es entscheidend, in einer zweiten kurzen Phase die wichtigsten Punkte noch einmal in wenigen Sätzen zusammenzufassen.

Hier sollte der Arzt sich durch Rückfragen versichern, dass dem Patienten der vorgesehene Eingriff in den Grundzügen klar ist und herausarbeiten, worin die anstehende Entscheidung besteht:

---

**Der Fall**

»Wir können alles so lassen wie es ist. Dann werden sie die Beschwerden weiter haben und es kann bei Entzündungen der Gallenblase zu schwereren Erkrankungen kommen. Oder wir können die Gallenblase entfernen. Bei ihrem sonst guten Gesundheitszustand sind die Risiken der Operation geringer als die Risiken nichts zu tun. Daher würde ich Ihnen in Ihrer Lage zur Operation raten. Was denken Sie?«

---

**3. Entscheidung des Patienten.** In der dritten Phase bestimmt der Patient das Geschehen. Hier muss er Gelegenheit haben, weitere Fragen zu stellen aber auch die Möglichkeit, auf weitere Informationen zu verzichten. Der Patient entscheidet wie weit er in seiner Selbstbestimmung gehen will und wie weit er sich auf den Arzt verlassen möchte.

Am Ende des Aufklärungsgespräches steht dann die **Einwilligung** des Patienten in den Eingriff, seine Entscheidung, den Eingriff nicht durchführen zu lassen oder der Wunsch, die Entscheidung hierüber erst zu einem späteren Zeitpunkt zu treffen.

Eine **ausdrückliche Zustimmung des Patienten** vor jedem Eingriff ist nicht nur rechtlich sondern auch psychologisch wichtig. Nur so kann für den Patienten der Eingriff zu seiner Sache werden.

> **Der Fall**
>
> »Sollen wir die Operation so durchführen?« »Ja, ich denke, das ist wohl das Beste.«

### 1.5.3 Diagnoseaufklärung bei schweren Erkrankungen

Wofür ich Allah höchlich danke?
Daß er Leiden und Wissen getrennt.
Verzweifeln müßte jeder Kranke,
Das Übel kennend, wie der Arzt es kennt.
(Goethe, West-Östlicher Divan, Buch der Sprüche)

Noch in den 60er Jahren des letzten Jahrhunderts war es durchaus üblich, Patienten mit schweren, lebensbedrohlichen Erkrankungen nicht über ihre Erkrankung aufzuklären: So fand Oken (1961) in einer Studie, dass 90% der Ärzte ihre Tumorpatienten nicht über die Diagnose aufklären. Knapp 20 Jahre später hatte sich diese Einstellung ins Gegenteil verkehrt: 97% der befragten Ärzte gaben an, dass sie Patienten mit malignen Tumoren in der Regel über ihre Diagnose aufklären (Novack et al. 1979).

Wie kommt es zu diesen unterschiedlichen Auffassungen und welche Gründe liegen dem beobachteten Wandel zu mehr **Wahrhaftigkeit am Krankenbett** zu Grunde? Gegner und Befürworter einer Diagnoseaufklärung bei schweren Erkrankungen argumentieren wie folgt:

#### Argumente gegen eine rückhaltlose Aufklärung

Die vollständige und wahrheitsgemäße Aufklärung über eine unheilbare Erkrankung kann dem Patienten schweren Schaden zufügen. Die Verzweiflung, von der Goethe spricht (► Motto), wäre nur der erste Schritt. Manifeste Depressionen, Suizidalität aber auch eine Verschlimmerung der organischen Symptomatik (Herzrhythmusstörungen, Infarkt) ständen zu befürchten.

Schließlich ist nicht nur die freie Selbstbestimmung, sondern auch die **Hoffnung auf Besserung** ein menschliches Grundrecht. Dem Arzt muss es daher gestattet sein, im wohlverstandenen Interesse des Patienten die Aufklärung einzuschränken. Im schlimmsten Fall darf er sogar zur **wohlwollenden Täuschung** greifen, um dem Patienten nicht alle Hoffnung zu nehmen.

Dazu kommt, dass die Patienten selbst die volle Wahrheit oft gar nicht wissen oder nicht wahrhaben wollen. Was schon allein daran sichtbar wird, dass sie die Prognose, wenn sie ihnen mitgeteilt wurde, oft wieder vergessen oder verdrängen.

## Argumente für eine wahrhaftige Aufklärung

Muss der Patient auch nur vermuten, dass ihm schlechte Nachrichten nicht wahrheitsgemäß mitgeteilt werden, wird er ein **generelles Misstrauen** gegenüber ärztlichen Aussagen entwickeln. Das Arzt-Patienten-Verhältnis wäre nachhaltig gestört.

Zudem ist **Wahrhaftigkeit** ein **ethischer Wert an sich**, dem auch der Arzt verpflichtet ist, selbst wenn sich hieraus in manchen Fällen nachteilige Folgen ergeben sollten.

Schließlich sind die Argumente, die gegen eine wahrheitsgemäße Aufklärung von Patienten über die Unheilbarkeit ihrer Erkrankung sprechen, nicht überzeugend:

- Eine erhöhte **Suizidrate** nach Aufklärung über eine infauste Prognose ist empirisch nicht nachweisbar.
- **Hoffnung** ist wichtig, sie kann aber nur wirksam werden, wenn sie **nicht gegen die Realität** steht. An die Stelle der Hoffnung auf Heilung kann und muss eine andere Hoffnung treten: Die Hoffnung auf einen guten Tod.
- **Empirische Studien** mit Tumorpatienten zeigen zudem, dass der weit überwiegende Teil (80–90%) in vollem Umfang über Diagnose und Prognose aufgeklärt werden will. Auch rückblickend begrüßten 90% der Tumorpatienten eine rückhaltlose Aufklärung.

Schließlich bietet eine wahrhaftige Patientenaufklärung auch für den Patienten und seinen weiteren Umgang mit seiner Erkrankung eine Reihe von Vorteilen (◘ Tab. 1.1).

**◻ Tabelle 1.1.** Vorteile einer vollständigen Diagnoseaufklärung

Keine angsterfüllten Spekulationen

Emotional stabilisierend

Bessere therapeutische Kooperation

Anpassung der Lebensplanung möglich

Stärkung der Arzt-Patienten-Beziehung

Förderung der Krankheitsbewältigung


> In der Regel wird es daher nicht gerechtfertigt sein, einem Patienten die Wahrheit über seine Erkrankung zu verschweigen. Das heißt nicht, dass eine Zwangsaufklärung erfolgen muss, wenn der Patient zu verstehen gibt, dass er es »so genau eigentlich gar nicht wissen will«.


## Hindernisse einer wahrhaftigen Aufklärung

Es ist für den Arzt wichtig, sich über Faktoren Rechenschaft zu geben, die auf seiner Seite eine angemessene Diagnoseaufklärung behindern können:

- Angst vor Schock- oder Panikreaktionen
- Die Überzeugung, dass die Patienten die Wahrheit gar nicht wissen wollen
- Die Angst, den Patienten intellektuell zu überfordern
- Selbstvorwürfe über das (scheinbare) Fehlen eines wirksamen therapeutischen Angebotes
- Fehlende Ausbildung für schwierige Kommunikationssituationen
- Emotionale Belastung durch das Aufklärungsgespräch


Vor allem der letzte Punkt dürfte in vielen Fällen die Aufklärung erschweren. Studien fanden bei Ärzten eine im Vergleich zur Normalbevölkerung überdurchschnittliche Angst vor dem Sterben – was jedes Gespräch über dieses Thema zu einer Belastung werden lässt.


## Praktische Durchführung

Auch das Überbringen schlechter Nachrichten kann gelernt werden. Wie für die Kommunikation mit Patienten überhaupt, gibt es auch für die Diagnoseaufklärung Richtlinien, die von erfahrenen Praktikern und Patienten als hilfreich angesehen werden (Girgis und Sanson-Fischer 1995). Folgendes Vorgehen wird empfohlen:

**Vorbereitung.** Ein ruhiger Raum, ausreichend Zeit und ein abgestellter Funker/Piepser sind selbstverständliche Voraussetzungen. Für den Patienten ist es oft auch hilfreich, wenn ein Angehöriger oder eine Person seines Vertrauens bei dem Gespräch mit anwesend sein kann.

**Einschätzung des Patientenvorwissens.** Zum einen geht es darum zu erfassen, was der Patient von seiner Erkrankung schon weiß. Zum anderen aber auch darum einzuschätzen, wie tiefgehend und wie detailreich die Aufklärung über seine Erkrankung sein soll. Mögliche Fragen hierzu wären:

- Wie haben sich Ihre Beschwerden entwickelt? Was denken Sie über den Verlauf Ihrer Erkrankung?
- Sind Sie jemand, der an den medizinischen Details interessiert ist oder möchten Sie lieber nur das für sie Wichtigste wissen?

**Überbringen der Nachricht.** Um den Schock zu mildern hat es sich bewährt, die schlechte Nachricht **vorher anzukündigen:**

---

**Der Fall**

»Ich habe leider keine gute Nachricht für Sie. Die Gewebeproben, die wir aus der Lunge entnommen haben, enthalten bösartige Krebszellen. Es handelt sich um ein so genanntes kleinzelliges Lungenkarzinom«.

---

Es ist für den Patienten nicht hilfreich, die Diagnose zu umschreiben oder die Situation schönzureden. Wichtig ist es, nach der Mitteilung der Diagnose **für einige Zeit nichts zu sagen** (10–15 Sekunden), um dem Patienten die Möglichkeit zu geben, die Information zu verarbeiten. Gerade hier ist die Versuchung groß, ohne Pause zu den möglichen Therapieoptionen überzugehen oder dem Patienten vorschnell zu sagen, wie er sich jetzt fühlen könnte: »Das ist jetzt sicherlich ein Schock für Sie…«.

**Auf die Gefühle des Patienten eingehen.** Auch Schweigen zur richtigen Zeit kann ein wichtiger und stützender Teil des Gespräches sein. Zurückhaltende

Äußerungen des Arztes können dem Patienten helfen, sich über seine Gefühle klarer zu werden:

- Nehmen Sie sich Zeit und sagen sie mir, wenn wir weiter machen sollen.
- Das ist sicher nicht die Nachricht, die Sie erhofft haben.
- Leider war das keine gute Nachricht. Was ist jetzt Ihre Hauptsorge?

**Konsequenzen aus der Nachricht.** Abhängig von der emotionalen Situation des Patienten können im weiteren Verlauf Prognose, Therapieoptionen und Fragen zur künftigen Lebensqualität besprochen werden. Besonders über die Möglichkeiten einer Schmerztherapie sollte ausdrücklich gesprochen werden, da viele Patienten vor allem hier große Sorgen haben.

**Zusammenfassung, Nachbesprechung.** Abschließend sollten die wichtigsten Ergebnisse noch einmal zusammengefasst und ein Termin zur Nachbesprechung vereinbart werden (z.B. am Nachmittag des gleichen Tages). Der Arzt sollte zudem ausdrücklich darauf hinweisen, dass in den nächsten Stunden immer jemand für den Patienten da ist (entweder er selbst oder ein anderes Teammitglied), den er jederzeit ansprechen kann, falls er weitere Fragen hat oder es ihm mit der übermittelten Nachricht schlecht geht.

> Die Gestaltung des Aufklärungsgespräches hat für den weiteren Verlauf der Erkrankung des Patienten **erhebliche Konsequenzen.** In einer Studie an 100 Patientinnen mit Brustkrebs zeigte sich, dass eine positive Krankheitsbewältigung mit einem angemessenen und empathischen Verhalten des Arztes im Aufklärungsgespräch direkt korreliert war (Roberts et al. 1994).

## 1.5.4 Gemeinsame Entscheidungsfindung bei schwierigen Therapieoptionen

An die Mitteilung einer schweren Diagnose schließt sich oft eine Folge von Gesprächen an, in denen eine für den Patienten angemessene Therapie gefunden werden muss. Oft wird es nicht bloß **eine** medizinisch sinnvolle Therapie geben. Vielmehr stehen in der Regel mehrere Optionen zur Auswahl. Welche für den Patienten die beste ist, können weder Arzt noch Patient allein entscheiden. Vielmehr ist hier ein Prozess der **gemeinsamen Entscheidungsfindung** zu empfehlen. Folgendes Vorgehen hat sich in der Praxis bewährt:

**Umfang der gewünschten Patientenbeteiligung erfragen.** Nicht jeder Patient möchte an der Entscheidung über Therapieoptionen beteiligt werden. Zwischen 5 und 15% der Patienten überlassen diese Entscheidungen lieber dem Arzt.

Die Therapiealternativen klar formulieren:

> **Der Fall**
>
> »Leider hat sich das Karzinom weiter ausgebreitet. Wir können jetzt entweder eine neue Chemotherapie versuchen, von der nicht sicher ist, ob sie den Tumor zurückdrängen kann. Die Nebenwirkungen vor allem im Hinblick auf Übelkeit und Erbrechen sind nicht unerheblich. Oder wir können uns auf die Linderung der Schmerzen und der Entzündung im Mund konzentrieren und versuchen, sie nächste Woche nach Hause zu entlassen.«

Je weniger es eine klare medizinische Präferenz für die eine oder die andere Therapiealternative gibt, desto mehr sollte der Patient an der Entscheidungsfindung beteiligt werden.

Problematisch ist eine echte Beteiligung des Patienten an der Entscheidungsfindung, wenn es (z.B. durch evidenzbasierte Leitlinien gestützte) klare Präferenzen für eine bestimmte Therapieoption gibt (z.B. Kombinations-Chemotherapie bei kleinzelligem Bronchialkarzinom). Hier wird die Rolle des Patienten eher in einer Zustimmung oder einer Ablehnung der geplanten Maßnahme bestehen (▶ Kap. 1.5.2).

**Werte und Lebensentwurf des Patienten.** Wenn die therapeutischen Möglichkeiten mit dem Ziel einer Heilung der Erkrankung ausgeschöpft sind, wird es wichtig, mit dem Patienten über seine Ziele und seine Erwartungen zu sprechen:

> **Der Fall**
>
> »Ich weiß, dass es sehr enttäuschend für Sie ist, dass der Tumor jetzt trotz Therapie weiter gewachsen ist. Was belastet Sie in dieser Situation am meisten?«

Oft fällt es den Patienten schwer, Sorgen zu artikulieren. In Studien zeigte es sich, dass die Sorgen von Patienten mit schweren Erkrankungen vor allem fünf Bereiche betreffen:

- Schmerz- und Symptomkontrolle
- Beziehungen zu Verwandten und Freunden
- Die Familie entlasten
- Kontrolle des Krankheitsprozesses
- Künstliche Verlängerung des Sterbeprozesses

**Persönliche Empfehlung.** Gemeinsame Entscheidungsfindung muss nicht heißen, dass sich der Arzt jeder Empfehlung enthält. Die meisten Patienten wünschen auch in Situationen, in denen vor allem ihre persönlichen Werteinschätzungen und Lebensorientierungen gefragt sind, einen ärztlichen Rat. Allerdings sollte der Arzt die Gründe und Werte, die seiner Empfehlung zu Grunde liegen, offen benennen.

**Entscheidung.** Wie bei der Aufklärung vor Eingriffen sollte am Schluss einer gemeinsamen Entscheidungsfindung der ausdrückliche Beschluss über das weitere Vorgehen stehen:

---

**Der Fall**

»Für Sie wäre es also das Beste, wenn wir versuchen, eine medizinische und pflegerische Versorgung bei Ihnen zu Hause zu organisieren und auf eine erneute Chemotherapie zunächst verzichten?« - »Ja, ich denke, das wäre jetzt richtig.«

---

## 1.5.5 Entscheidungsfähigkeit als Voraussetzung der Aufklärung

Voraussetzung einer auch rechtlich wirksamen Aufklärung ist, dass der Patient in der Lage ist, die Aufklärung zu verstehen und sich der Tragweite seiner Einwilligung bewusst ist: **kompetenter (= einwilligungsfähiger) Patient.**

Zunächst sollte vorausgesetzt werden, dass der Patient einwilligungsfähig ist. Für eine Einschränkung der Einwilligungsfähigkeit kann eine Vielzahl von Faktoren verantwortlich sein:

- Angst
- Schmerzen
- Die Wirkung von Schmerzmedikationen
- Begleiterkrankungen mit Bewusstseinstrübung

- Passivität als Reaktion auf eine lebensbedrohliche Erkrankung
- Selbstzerstörerisches Verhalten (Drogen, suizidale Tendenzen)
- Institutionelle Hindernisse (entfremdende Krankenhausumgebung)

Zu bedenken ist, dass die Einwilligungsfähigkeit nicht absolut vorliegt oder fehlt, sondern meist nur graduell mehr oder weniger gegeben ist. Zudem genügt es, wenn sie für die aktuell anstehende Entscheidung ausreicht. Im Zweifel ist eine psychiatrische Stellungnahme zur Einwilligungsfähigkeit einzuholen.

> Aus ethischer Sicht sollte eine der Situation angemessene Patientenaufklärung wegen der positiven Wirkungen auf den therapeutischen Erfolg (▶ Kap. 1.3.3) auch bei nur eingeschränkt entscheidungsfähigen Patienten erfolgen, selbst wenn aus rechtlicher Sicht die Bestellung eines Betreuers erforderlich ist.

## 1.5.6 Ausnahmen von der Aufklärungspflicht

Nur in wenigen Situationen darf eine Aufklärung des Patienten unterlassen werden:

**Notfall.** Besteht eine klare und eindeutige, schwere Gefährdung von Leben oder Gesundheit und würde eine Aufklärung und Einwilligung des Patienten zu viel Zeit kosten, darf (und muss) auf eine ausführliche Aufklärung verzichtet werden. Das bedeutet aber nicht, dass der Arzt am Patienten, sofern er noch bei Bewusstsein ist, schweigend seine Arbeit verrichten darf. Auch in Notfällen sollten die wichtigsten Informationen zu Diagnose und Therapie gegeben werden:

---

**Der Fall**

»Sie bekommen jetzt schlecht Luft. Ich gebe Ihnen zunächst eine Spritze, dann wird es besser werden. Auch gegen die Schmerzen werde ich Ihnen etwas geben und etwas gegen die Aufregung. Im Krankenhaus werden wir dann sehen, woran es genau liegt.«

---

**Patient verzichtet.** Die Selbstbestimmung des Patienten kann sich auch darin äußern, dass er auf die Ausübung seines Informations- und Selbstbestimmungsrechtes verzichtet und ganz der Entscheidung des Arztes vertraut.

Eine solche Entscheidung muss respektiert werden, wenn sie freiwillig erfolgt. Sie darf jedoch nicht vom Arzt vorgeschlagen werden.

❯ Ein solcher Verzicht des Patienten auf Aufklärung kann jedoch im weiteren Therapieverlauf zu Schwierigkeiten bei der Compliance führen. Daher sollte der Arzt trotzdem immer wieder versuchen, den Patienten in die Behandlung und die anstehenden Entscheidungen einzubeziehen.

**Aufklärung schadet dem Patienten: Therapeutisches Privileg.** Unter therapeutischem Privileg wird das Recht des Arztes verstanden, auf eine sonst gebotene Patientenaufklärung zu verzichten, wenn dem Patienten durch diese Aufklärung ein erheblicher Schaden zugefügt würde. Maßgebend ist die Überlegung, dass eine Aufklärung unterbleiben muss, wenn sie die **Lebenshoffnung zerstört.**

---

**Der Fall**

Der Chirurg Billroth (1829–1894) sah sich gezwungen, einem Offizier die Bösartigkeit und Unheilbarkeit seiner Erkrankung zu offenbaren. Der Kranke empfahl sich unter aufrichtigen Danksagungen, verließ das Zimmer und stürzte sich sofort vom Gangfenster des ersten Stockes herab, wobei er sich tödlich verletzte und beinahe einen Assistenten der Klinik erschlagen hätte.

---

Solche psychischen Extremreaktionen werden auch heute noch zugunsten des therapeutischen Privilegs angeführt. In der Regel führt jedoch eine fachgerecht durchgeführte Aufklärung über schwerwiegende Erkrankungen (▶ Kap. 1.5.3) nicht zu psychischen Störungen oder suizidalem Verhalten.

❯ Das therapeutische Privileg dürfte aus ethischer Sicht nur in **absoluten Ausnahmefällen** eine Nicht-Aufklärung rechtfertigen. Es ist zudem auch in rechtlicher Sicht nur in engen Grenzen zulässig (▶ Kap. 1.7).

**❷ Übungsfragen**

1. Nennen sie die vier wichtigsten »Kommunikationssünden« und geben sie jeweils ein Beispiel.
2. In welchen fünf Schritten kann ein Arzt auf emotionale Reaktionen des Patienten im Aufklärungsgespräch reagieren?
3. Welche Argumente werden von Gegnern einer rückhaltlosen Diagnoseaufklärung vorgebracht und was lässt sich ihnen erwidern?
4. Welches praktische Vorgehen empfiehlt sich bei der Vermittlung einer schwerwiegenden Diagnose? Skizzieren sie den möglichen Gesprächsablauf anhand eines klinischen Beispiels.
5. In welchen Fällen kann auf eine Patientenaufklärung verzichtet werden?

## 1.6 Empfehlungen der Bundesärztekammer

Die ärztliche Verpflichtung zur Aufklärung des Patienten ist in §2 der ärztlichen Berufsordnung geregelt:

»Der Arzt hat das Selbstbestimmungsrecht des Patienten zu achten. Zur Behandlung bedarf er der Einwilligung des Patienten. Der Einwilligung hat grundsätzlich eine Aufklärung im persönlichen Gespräch vorauszugehen.«

Zur Erläuterung hat die Bundesärztekammer im März 1990 **Empfehlungen zur Patientenaufklärung** veröffentlicht, in denen festgehalten ist, dass **auch der ärztlich indizierte** Heileingriff in die körperliche Integrität des Patienten der Einwilligung des Patienten bedarf.

❱ Die Empfehlungen der Bundesärztekammer orientieren sich sehr stark an den rechtlichen Anforderungen in Deutschland, die zusammenfassend in Kap. 1.7 dargestellt werden. Darüber hinausgehende ethische Aspekte (Patientenaufklärung als medizinische Intervention, ▶ Kap. 1.3.3) werden von den »Empfehlungen« nicht thematisiert.

### Ausdrückliche und stillschweigende Einwilligung

Eine Einwilligung ist nicht etwa nur vor Operationen, sondern vor jedem ärztlichen Eingriff ob diagnostisch oder therapeutisch (etwa auch vor einer Blutentnahme) erforderlich. Allerdings muss die Einwilligung des Patienten nicht immer **ausdrücklich** erfolgen. Bei einfachen Behandlungsmaßnahmen (Verabreichung von Medikamenten ohne gravierende Nebenwirkungen) kann die Einwilligung auch **stillschweigend** erfolgen, wenn der Patient nicht ausdrücklich widerspricht und die Behandlung akzeptiert.

Eine **Aufklärung ist nicht erforderlich**, wenn Art und Risiken der Behandlung allgemein bekannt sind oder der Patient durch einen anderen Arzt bereits aufgeklärt wurde. Das Beweisrisiko trägt in diesen Fällen allerdings der Arzt, der den aufklärungspflichtigen Eingriff vornimmt.

Der Arzt muss die Informationen dem Auffassungsvermögen des Patienten anpassen und sich davon überzeugen, dass der Patient die Informationen auch versteht.

## Aufklärung über die Diagnose

Eine Aufklärung des Patienten über seine Diagnose ist vor jedem Eingriff grundsätzlich erforderlich. Der Arzt kann allerdings die Aufklärung aus therapeutischen Gründen einschränken oder ganz auf sie verzichten, wenn ansonsten eine Gefahr für die Gesundheit des Patienten entstünde. Andererseits darf der Arzt auch bei schweren Erkrankungen vor einer Diagnoseaufklärung »grundsätzlich nicht zurückschrecken«.

»[Der Arzt] ist jedoch nicht zu einer restlosen und schonungslosen Aufklärung über die Natur des Leidens verpflichtet, sondern muss die Gebote der Menschlichkeit beachten und das körperliche und seelische Befinden seines Patienten bei der Erteilung seiner Auskünfte berücksichtigen«.

## Aufklärung über Behandlungsalternativen

Gibt es verschiedene Behandlungsalternativen, müssen auch diese Alternativen dem Patienten vergleichend dargestellt werden. Dies gilt jedoch nur, wenn es mehrere **medizinisch gleichermaßen indizierte und übliche Behandlungsmethoden gibt.** Ansonsten bleibt die Wahl der Behandlungsmethode »primär Sache des Arztes«.

## Recht des Patienten auf »unvernünftige« Entscheidung

Nach Auffassung der Bundesärztekammer soll die Aufklärung den Patienten in die Lage versetzen, »eine auch aus ärztlicher Sicht vernünftige Entscheidung zu treffen.« Ziel der Aufklärung wäre es also, diese »ärztliche Sicht« des medizinischen Sachverhalts dem Patienten zu erläutern und ihn so zu einer sachkundigen Entscheidung zu befähigen. Allerdings hält die Bundesärztekammer genauso eindeutig daran fest, dass die Entscheidung des Patienten auch in der Ablehnung des Eingriffs bestehen kann. Diese Entscheidung ist vom Arzt zu respektieren »auch wenn dies **aus ärztlicher Sicht unvernünftig oder sogar unvertretbar** ist«.

## Aufklärung von nicht-einwilligungsfähigen Patienten

Hier gelten zunächst die rechtlichen Anforderungen (1.7)

Unabhängig davon sind alle Patienten, also auch Kinder, Jugendliche oder demente Patienten, die (noch) nicht oder nicht mehr vollständig einwilligungsfähig sind, über den Eingriff so weit zu informieren, wie es ihrer Auffassungsfähigkeit entspricht, damit sie sich ein eigenes Bild verschaffen können.

**?  Übungsfragen**

1. Wann darf der Arzt nach Auffassung der Bundesärztekammer auf eine vollständige Aufklärung des Patienten über seine Diagnose verzichten?
2. Die Bundesärztekammer betont das Recht des Patienten auf eine »unvernünftige« Entscheidung. Mit welchen ethischen Gründen könnte diese Anschauung gerechtfertigt werden? Darf oder muss ein Arzt versuchen, den Patienten zu einer »vernünftigeren« Entscheidung zu überreden?

## 1.7    Rechtlicher Kontext

*Peter W. Gaidzik*

Die rechtliche Verpflichtung zur ärztlichen Aufklärung hat sich aus der Wertung des Heileingriffs durch die Gerichte entwickelt und fußt nach heutigem Rechtsverständnis auf dem im Grundgesetz verankerten Selbstbestimmungsrecht jedes Menschen (Artikel 1 I und Artikel 2 I GG) und seinem Recht auf körperliche Unversehrtheit (Artikel 2 II GG).

### Eingriff ohne Einwilligung ist Körperverletzung

Der ärztliche Eingriff ohne Einwilligung des Patienten ist rechtlich eine Körperverletzung, mag er auch indiziert gewesen und erfolgreich durchgeführt worden sein. Dies stellte schon 1894 das Reichsgericht in einem Urteil fest (RGSt 25, 375) und ist seither ständige Rechtsprechung. »Eingriff« als Rechtsbegriff erfasst jedwede Beeinträchtigung (mechanisch, physikalisch oder chemisch) der körperlichen Integrität des Patienten. In Abhängigkeit von den Fallumständen kann es sich um eine vorsätzliche (§ 223 StGB) oder eine fahrlässige Köperverletzung handeln (§ 230 StGB).

❯ Daher kann **auch bei einem kunstgerecht und fehlerfrei durchgeführten Eingriff** der Patient bei fehlender Einwilligung Strafanzeige wegen **Körperverletzung** gegen den Arzt erstatten und/oder zivilrechtlich **Schadensersatz** von ihm fordern.

## Wirksame Einwilligung nur bei ausreichender Aufklärung

Um straf- und zivilrechtliche Konsequenzen zu vermeiden, ist daher für jeden ärztlichen Eingriff eine Einwilligung des Patienten zwingend erforderlich. Eine rein formale Einwilligung genügt hierbei jedoch nicht. Die Einwilligung muss rechtlich wirksam sein, was aufgrund der oben erwähnten Vorgaben des Grundgesetzes eine **ausreichende und rechtzeitige Information** voraussetzt.

Eine wirksame Einwilligung es Patienten setzt voraus, dass dieser das Wesen, die Bedeutung und die Tragweite des ärztlichen Eingriffs in seinen Grundszügen erkannt hat (BGH, Neue Juristische Wochenschrift 1956, 1106)

Seither hat die Rechtsprechung die Aufklärungspflicht in einer Vielzahl von Urteilen konkretisiert und bis ins Detail geregelt. Eine unzureichende Aufklärung kann den ärztlichen Eingriff insgesamt rechtswidrig machen. In diesem Fall haftet der Arzt auch dann, wenn (seltene) Komplikationen eintreten, über die eigentlich nicht hätte aufgeklärt werden müssen.

## Aufklärung als ärztliche Aufgabe

Grundsätzlich muss ein **fachkundiger Arzt** den Patienten in einem **Gespräch** über die vorliegende Erkrankung, die angeratene Behandlung einschließlich etwaiger Alternativen und deren Folgen zu unterrichten. Die Aufklärung muss nicht zwingend durch den Operateur erfolgen, sie darf jedoch nicht an nichtärztliches Personal delegiert werden.

Es geht darum, dem Patienten eine allgemeine Vorstellung von der Schwere des Eingriffs und den damit verbundenen Risiken zu vermitteln, die für die körperliche Integrität und seine Lebensführung bestehen.

Darüber hinaus muss der Arzt über alles aufklären, worüber der Patient weitergehende Informationen wünscht.

**Merkblätter** können das Aufklärungsgespräch vorbereiten, dürfen es aber nicht ersetzen. Folgende Elemente sind in die Information einzubeziehen:

## Aufklärung über Risiken

Die Aufklärung des Patienten muss alle Risiken umfassen, die **spezifisch für den Eingriff** sind (z.B. bei einer Bandscheibenoperation in seltenen Fällen auch bleibende Lähmungen), sofern ihre Kenntnis nicht allgemein vorausgesetzt werden kann und sie für die subjektive Entscheidung des Patienten ins Gewicht fallen.

**Nicht erforderlich** ist die detaillierte Beschreibung **aller denkbaren Risiken.**

Es ist vor allem nicht erforderlich, den Patienten darauf hinzuweisen, dass auch die geringfügigsten Eingriffe unter ungünstigen Verhältnissen selbst bei Beachtung aller Vorsichtsmaßnahmen zu unvorhersehbaren Komplikationen führen können.« (BGH, Neue Juristische Wochenschrift 1959, 814)

Ob über ein Risiko aufgeklärt werden muss, richtet sich nicht nach dessen statistischer Häufigkeit, sondern nach den Umständen im Einzelfall.

Demnach ist selbst über seltene Risiken aufzuklären, wenn ihr Eintritt »die weitere Lebensführung schwer belasten« würde, sie für den Eingriff typisch, für den Patienten aber überraschend sind (OLG Düsseldorf, Versicherungsrecht 1987, 161).

Dabei muss umso umfassender über mögliche Risiken aufgeklärt werden, je weniger notwendig oder dringlich der Eingriff ist (Beispiel: kosmetische Operationen).

Aufklärungspflichtige Risiken einer Behandlung müssen nicht unbedingt bereits allgemein als Risiken anerkannt sein. Schon dann muss über Risiken aufgeklärt werden, wenn »ernsthafte Stimmen in der medizinischen Wissenschaft auf bestimmte, mit einer Behandlung verbundene Gefahren hinweisen« (BGH, Versicherungsrecht 1996, 233).

**Beispiele zur Risikoaufklärung.** Da stets die Umstände des Einzelfalls entscheidend sind und sich im Laufe der Jahre eine strengere Rechtssprechung entwickelt hat, werden in der Folge einige konkrete Beispiele von aufklärungspflichtigen Risiken gegeben:

▭ Bei einer Myelographie: mögliche Folge einer dauernden Querschnittslähmung. (BGH, Neue Juristische Wochenschrift 1995, 2410)
▭ Bei einer Osteosynthese: Risiko einer Osteomyelitis (BGH, Neue Juristische Wochenschrift 1996, 777)
▭ Bei intraartikulärer Injektion in ein Kniegelenk: Infektionsrisiko, trotz Seltenheit (1:100 000) (OLG Hamm, Versicherungsrecht 1992, 610).
▭ Der Patient ist auch darüber aufzuklären, wenn eine therapeutische Maßnahme erhebliche Schmerzen verursachen kann (BGH, Neue Juristische
Wochenschrift 1984, 1395).

## Aufklärung über Behandlungsalternativen

Die Wahl der Behandlungsmethode ist zunächst Sache des Arztes. Er muss aber
den Patienten über »ernsthaft in Betracht kommende« Behandlungsalternativen aufklären, soweit diese bei vergleichbaren Erfolgsaussichten qualitativ oder
quantitativ ein abweichendes Risikospektrum aufweisen (z.B. konservative
oder operative Frakturversorgung mit dem Fehlstellungs- bzw. Infektionsrisiko).

Besonders eingehende Aufklärung ist bei neuartigen, in der Fachwelt umstrittenen oder in der Indikationsstellung abweichenden Behandlungsmethoden erforderlich (z.B. Einsatz von Arzneimitteln außerhalb der zugelassenen
Indikationen).

## Aufklärung über diagnostische Maßnahmen

Aufgeklärt werden muss auch über diagnostische Maßnahmen. So ist die
**Durchführung eines HIV-Testes** ohne Einwilligung des Patienten ein Verstoß
gegen das Selbstbestimmungsrecht dieses Patienten und daher schadensersatzpflichtig. In einem Fall vor dem Landgericht Köln wurde der behandelnde Arzt
zu 1500 DM Schadensersatz verurteilt (der HIV-Test war positiv):

Ob nach dem damaligen Krankheitsbild aus der Sicht des Beklagten ein solcher Test medizinisch indiziert war, ist in diesem Zusammenhang unerheblich. Die Indikation kann die Einwilligung des Patienten nicht ersetzen (LG Köln, Neue Juristische Wochenschrift 1995, 1621).

## Zeitpunkt der Aufklärung

Die Aufklärung muss rechtzeitig, d.h. zu einem Zeitpunkt erfolgen, in dem
der Patient noch durch Abwägung der für und gegen den Eingriff sprechenden Gründe seine Entscheidungsfreiheit in angemessener Weise wahren
kann.

Eine Aufklärung auf dem Operationstisch ist daher genauso unzulässig, wie die Aufklärung erst am Vorabend der Operation, wenn sich der Patient bereits einem Automatismus im Ablauf »ausgeliefert« sieht und er mit der Verarbeitung der für ihn möglicherweise überraschenden Fakten überfordert wäre bzw. sich aufgrund des zeitlichen Druckes zu einer freien Entscheidung nicht mehr in der Lage fühlt.

Bei **einfachen Eingriffen** oder für die **Narkoseaufklärung** kann das Gespräch am Vortag oder auch am Vorabend ausreichen. In jedem Fall muss der Patient die Möglichkeit haben, den vorgesehenen Eingriff tatsächlich ablehnen zu können.

## Aufklärung über eine infauste Prognose

Der Patient muss über eine infauste Prognose aufgeklärt werden (z.B. maligner Tumor), wenn er in die damit verbundenen Behandlungsformen (Chemotherapie, Strahlentherapie) wirksam einwilligen soll. Eine Aufklärung/Einwilligung der Angehörigen, die weder personensorgeberechtigt noch Betreuer des Patienten sind, ist rechtlich nicht wirksam. Umgekehrt kann das Verschweigen einer ernsten Erkrankung gegenüber dem Patienten (► Kap. 1.5.3) bei bloßer Information der Angehörigen einen – haftungsbegründenden – Verstoß gegen die Sorgfaltspflicht darstellen:

Es ist ein schwerer ärztlicher Behandlungsfehler, wenn der Patient über einen bedrohlichen Befund, der Anlass zu umgehenden und umfassenden ärztlichen Maßnahmen gibt (hier: Retikulumzellsarkom), nicht informiert und ihm die erforderliche ärztliche Beratung versagt wird (BGH, Neue Juristische Wochenschrift 1989, 2318).

Ausnahmen sind hier nur in engen Grenzen zulässig:

Nur in dem besonderen Falle, dass die mit der Aufklärung verbundene Eröffnung der Natur des Leidens zu einer ernsten und nicht behebbaren Gesundheitsschädigung des Patienten führen würde, könnte ein Absehen von der Aufklärung gerechtfertigt sein (BGH, Neue Juristische Wochenschrift 1959, 814).

❯ Auch aus rechtlicher Sicht kann also das »therapeutische Privileg« (► Kap. 1.5.6) nur in absoluten Ausnahmesituationen in Anspruch genommen werden.

## Aufklärung in Notfällen

Ist eine Aufklärung des Patienten nicht möglich (etwa weil der Patient bewusstlos ist) oder aufgrund der Dringlichkeit des Eingriffs mit erheblichen Gesund-

heitsrisiken verbunden, kann der Arzt den Umfang der Aufklärung beschränken oder sogar völlig auf Aufklärung und Einwilligung verzichten. Er handelt dann kraft **mutmaßlicher Einwilligung** als **Geschäftsführer ohne Auftrag**. Dabei muss er
- das Interesse des Patienten (objektiver Gesichtspunkt)
- und den mutmaßlichen Willen des Patienten (subjektiver Gesichtspunkt)

in die Entscheidungsfindung einbeziehen, d.h. auch hier bleibt die Autonomie der Entscheidung gewahrt. Sofern ein dem Eingriff entgegenstehender Wille bekannt ist oder wird (z.B. die Ablehnung von Bluttransfusionen durch Jehovas Zeugen), gebietet die Rechtsordnung dessen Beachtung.

Ist der Patient dem Arzt unbekannt, kann daher eine Befragung der Angehörigen, soweit zeitlich möglich, hilfreich sein, um den »mutmaßlichen Patientenwillen« zu ermitteln.

Einen Sonderfall bildet die **Eingriffserweiterung**:

> **Der Fall**
>
> Wird bei Verdacht auf Appendizitis eine Operation durchgeführt, in deren Verlauf sich ein entzündetes Kolondivertikel mit tomatengroßer eitrige Ausstülpung des Kolons als Ursache dieser Beschwerden herausstellt, deren Entfernung medizinisch dringend indiziert ist, darf der Arzt diesen Divertikel abtragen, auch wenn der Patient hierüber nicht aufgeklärt war.

Die Abwägung zwischen dem Informations- und Selbstbestimmungsinteresse des Patienten auf der einen Seite und dessen Gesundheit und mutmaßlichen Willen auf der anderen Seite spricht in diesem Fall gegen einen Abbruch des Eingriffs (OLG Koblenz, Versicherungsrecht 1995, 710).

Ist eine Abänderung des Operationsplanes jedoch **ohne eine über das übliche Maß hinausgehenden Gefährdung des Patienten** möglich, so muss der Operateur die Operation unterbrechen und eine erneute Aufklärung über den neuen Eingriff vornehmen (BGH, Neue Juristische Wochenschrift 1977, 337).

Eine pauschale Einwilligung des Patienten in die »Erweiterung der Operation« z.B. im Rahmen eines Aufklärungsformulars ist in der Regel nicht wirksam, da sie keinen Bezug zur individuellen Entscheidungssituation aufweist und somit auch keine konkrete Aufklärung durch den Arzt erfolgt sein kann.

## Dokumentation

Um eventuellen Rechtsnachteilen vorzubeugen, ist eine sorgfältige Dokumentation der erfolgten Aufklärung sinnvoll. Dies gilt insbesondere für die zivilrechtliche Auseinandersetzung über etwaige Schadensersatzansprüche des Patienten wegen angeblich mangels zureichender Aufklärung »eigenmächtiger« Heilbehandlung. **Der Arzt trägt die Beweislast** für die »informierte Zustimmung« des Patienten.

Neben der Tatsache eines stattgefundenen Gesprächs mit Datumsangabe sollten auch die wesentlichen Inhalte der Aufklärung skizziert werden, eine Unterschrift des Patienten ist hingegen nicht erforderlich. Die üblichen, vom Patienten gegenzuzeichnenden Formulare finden insbesondere für weitgehend standardisierte Operationen in der Klinik Verwendung. Sie sind für die Beweisführung hilfreich, besonders wenn sie individuelle, auf den Einzelfall bezogene Details ausweisen.

Beim Verzicht des Patienten auf Aufklärung, der rechtlich möglich ist, ist eine Dokumentation dieses Verzichts unabdingbar.

## Minderjährige

Die Einwilligung eines Minderjährigen in einen Eingriff kann dann rechtswirksam sein, wenn er »nach seiner geistigen und sittlichen Reife die Bedeutung und Tragweite des Eingriffs zu ermessen vermag« (BGH,, Monatsschrift Deutsches Recht 1959, 383). Anders als bei der **Geschäftsfähigkeit**, d.h. der Fähigkeit rechtswirksam Willenserklärungen im Rechtsverkehr abzugeben (z.B. Verträge zu schließen) ist für die **Einwilligungsfähigkeit** kein festes Mindestalter vorgegeben.

Als Faustformel kann gelten, dass Minderjährige unter 14 Jahren nicht die notwendige Verstandes- und Persönlichkeitsreife besitzen, um in Behandlungsmaßnahmen einzuwilligen, die mit nennenswerten gesundheitlichen Risiken verknüpft sind.

In aller Regel wird man – soweit zeitlich möglich – bei minderjährigen Patienten die Einwilligung der Eltern nach vorangegangener Aufklärung einzuholen haben. Haben die Eltern das gemeinsame Sorgerecht, reicht für geringfügige Eingriffe die Einwilligung des anwesenden Elternteils aus. Bei schweren Eingriffen, z.B. Operationen, hat sich der Arzt zumindest nach dem Einverständnis des anderen Elternteils zu erkundigen, bei Eingriffen mit hohen vitalen Risiken sind Aufklärung und Zustimmung beider Elternteile erforderlich.

Die Entscheidung der Eltern muss sich am Wohl des Kindes orientieren. Verweigern sie aus sachfremden Gründen die Einwilligung in einen aus ärztlicher Sicht dringend gebotenen Eingriff, sollte im Interesse des Kindes das **Vormundschaftsgericht** angerufen werden, um einen eventuellen Missbrauch des Personenrechts zu prüfen. In eiligen Fällen kann dies im Wege der einstweiligen Anordnung innerhalb weniger Stunden geschehen.

Bei noch dringlicheren Entscheidungssituationen kann sich der Arzt für die eigenmächtige, jedoch für das Kind lebensrettende Intervention auf einen **rechtfertigenden Notstand** berufen.

**❷ Übungsfragen**

1. Nennen sie die rechtlichen Voraussetzungen unter denen ein ärztlicher Eingriff keine Körperverletzung darstellt
2. Über welche Risiken muss ein Arzt aus rechtlicher Sicht aufklären?
3. Zu welchem Zeitpunkt muss die Aufklärung vor einer Operation erfolgen?

## Zur Vertiefung

Back AL, Arnold RM, Baile WF, Tulsky JA, Fryer-Edwards K (2005) Approaching Difficult Communication Tasks in Oncology CA Cancer J Clin 55:164–177 (*Hilfestellungen zur Kommunikation mit schwerkranken Patienten*)

Girgis A, Sanson-Fisher RW (1995) Breaking bad news: consensus guidelines for medical practitioners. J Clin Oncol 13:2449–2456 (1995) (*Praktikable Richtlinien zur Aufklärung über eine schwerwiegende Diagnose*)

Wear S (1998) Informed consent : patient autonomy and clinician beneficence within health care, 2. Aufl., Washington, D.C., (*Zusammenfassende Darstellung des informed consent mit Blick auf die klinische Praxis*)

# 2 Ärztliche Schweigepflicht

*Andrea Ziegler*

 **Einleitung**

Die ärztliche Schweigepflicht gilt als zentrales Element einer vertrauensvollen Arzt-Patienten-Beziehung. Ohne dieses Vertrauen ist ein erfolgreiches ärztliches Handeln nicht denkbar. Es gibt jedoch sowohl aus ethischer als auch aus rechtlicher Sicht Konflikte und Grenzen im Bereich der ärztlichen Schweigepflicht, die in diesem Kapitel dargestellt werden.

## 2.1    Begriffsklärung

Jeder Arzt unterliegt der **Schweigepflicht**. Das bedeutet, dass er das, was ihm in seiner Eigenschaft als Arzt anvertraut oder bekannt wird, nicht an einen Dritten weitergeben darf. Dazu gehören auch schriftliche Mitteilungen des Patienten, Aufzeichnungen über Patienten und Untersuchungsbefunde.

Die Schweigepflicht besteht über den Tod des Patienten hinaus. Nur der Patient selbst kann den Arzt von der Schweigepflicht entbinden.

## 2.2    Historischer Kontext

Die ärztliche Schweigepflicht ist keine Errungenschaft der Neuzeit. Bereits der **Eid des Hippokrates** (Entstehungszeit unklar, 4. Jhd. v. Chr.?) fordert eine strikte Verschwiegenheit in allen Angelegenheiten, welche den Patienten und die ärztliche Behandlung betreffen:

Was immer ich sehe oder höre im Laufe der Behandlung oder auch außerhalb der Behandlung über das Leben der Menschen, was man auf keinen Fall verbreiten darf, will ich für mich behalten, in der Überzeugung, dass es schlecht ist, über solche Dinge zu sprechen. (Edelstein, 1969)

Die ärztliche Schweigepflicht war in der Folge zwar ein Kernbereich ärztlicher Standesethik. In Abhängigkeit von den politischen Umständen wurde sie aber auch anderen Wertvorstellungen untergeordnet. So fand die ärztliche Schweigepflicht nach der im Jahr 1937 durch den Reichsärzteführer erlassenen Berufsordnung im »gesunden Volksempfinden« ihre Grenze.

Im Jahr 1948 wurde vom Weltärztebund das Genfer Gelöbnis verabschiedet, das eine Neufassung der ärztlichen Berufspflichten in Anlehnung an den Hippokratischen Eid darstellte. Dort heißt es in aller Einfachheit:

Ich werde alle mir anvertrauten Geheimnisse auch über den Tod des Patienten hinaus wahren.

1950 verabschiedete der 53. Deutschen Ärztetag eine neue Berufs- und Facharztordnung, welche die nationalsozialistisch geprägten Passagen der Berufsordnung von 1937 beseitigte. Das ärztliche Gebot der Schweigepflicht wurde besonders betont.

1997 beschloss der 100. Deutschen Ärztetag in Eisenach die noch heute gültige **Musterberufsordnung für Ärzte**, die nach Übernahme in die Berufsordnungen der Länder durch die Landesärztekammern für den Arzt rechtlich verbindlich ist (▶ Kap. 2.5).

## 2.3 Ethische Perspektiven

Als Grundlage für eine gute Arzt-Patienten-Beziehung spielt das **Vertrauen** eine wesentliche Rolle. Der Patient vertraut sich dem Arzt in der Gewissheit an, dass dieser ihm nicht schaden wird. Die Gewissheit, dass der Arzt die **Informationen**, die er vom Patienten erhält, **nicht weitergeben** oder unbefügt verwenden wird, bildet eine wesentliche Voraussetzung für dieses Vertrauen.

Aus ethischer Sicht muss der Arzt das Selbstbestimmungsrecht des Patienten respektieren, der allein darüber entscheiden darf, wer welche Informationen über seine Gesundheitsangelegenheiten erhalten oder nicht erhalten soll: **informationelle Selbstbestimmung** (▶ Kap. 12.6.2). Daher ist der Arzt verpflichtet, den Patienten vor jeder Weitergabe von Informationen an Dritte um Erlaubnis zu bitten. Eine stillschweigende Einwilligung des Patienten in die Informationsweitergabe darf der Arzt in der Regel nicht voraussetzen.

In einer Reihe von Bereichen gibt es spezifische Konflikte, in denen leicht gegen die Einhaltung der ärztlichen Schweigepflicht verstoßen werden kann:

### Behandlung minderjähriger Mädchen in der Gynäkologie

Rechtlich tritt mit Vollendung des 18. Lebensjahres unabhängig vom individuellen Reifegrad die volle **Geschäftsfähigkeit** ein. Im Gegensatz hierzu gibt es für die **Einwilligungsfähigkeit** in eine medizinische Behandlung keine gesetzlichen Altersgrenzen (▶ Kap. 1.7). Es kommt vielmehr darauf an, ob die Jugendlichen die Bedeutung und Tragweite des Eingriffs verstehen können (▶ Kap. 1.7).

Für die Schweigepflicht ergibt sich hieraus, dass der Arzt im Interesse seiner minderjährigen Patientin auch gegenüber ihren Eltern zur Verschwiegenheit verpflichtet sein kann, wenn die Minderjährige einwilligungsfähig ist:

---

**Der Fall**

Michaela ist 17 Jahre alt. Im Gespräch macht sie einen altersentsprechenden und aufgeweckten Eindruck. Seit sechs Monaten hat sie einen Freund und möchte von ihrem Frauenarzt Dr. Sommer die Pille verschrieben haben. Gleichzeitig bittet sie Herrn Dr. Sommer ausdrücklich, dass ihre Eltern hiervon nichts erfahren sollen, »sonst gibt's nur Stress«.

---

Der Gynäkologe muss sich in diesem Fall von der geistigen und sittlichen Reife von Michaela überzeugen und sich vergewissern, dass sie die Tragweite ihrer Entscheidung versteht (z.B. auch im Hinblick auf die möglichen Nebenwirkungen von Kontrazeptiva). Wenn dies gegeben ist, ist der Arzt zur Verschwiegenheit verpflichtet und darf auch den Eltern keine Auskunft geben.

## Ärztliche Schweigepflicht in der Intensivmedizin

Vor allem in der Intensivmedizin treten im klinischen Alltag häufig Konflikte im Hinblick auf die Schweigepflicht auf: Die Patienten sind schwerkrank, oft nicht bei Bewusstsein oder aufgrund von Verwirrtheitszuständen nicht einsichtsfähig. Da bei diesen Patienten eine Eigenanamnese in der Regel nicht möglich ist, ist man gezwungen, Auskünfte von Dritten einzuholen, z.B. über die aktuelle Anamnese, aber auch über eine eventuell vorliegende Patientenverfügung oder über den mutmaßlichen Willen des Patienten in seiner jetzigen Situation.

Da die Angehörigen oder Freunde dieser schwerkranken Patienten oft sehr besorgt sind und über den Zustand ihrer Mutter, ihres Ehemannes oder ihres Freundes informiert werden möchten, kann die Verpflichtung des Arztes zur Verschwiegenheit oftmals nur schwer eingehalten werden. Hieraus können sich für den Arzt im Einzelfall durchaus unangenehme und überraschende Konsequenzen ergeben.

> **Der Fall**
>
> Frau Grüner wird aufgrund einer schweren Hirnblutung eingewiesen. Die
> Patientin ist kaum erweckbar, ihre rechte Körperhälfte ist komplett gelähmt,
> es besteht eine globale Aphasie. Eine Verständigung über das weitere Vor-
> gehen ist mit der Patientin nicht möglich. Nachdem von den Angehörigen
> zwei Tage lang niemand zu erreichen war, kam schließlich die Tochter der
> Patientin auf die Intensivstation. Mit ihr wurde die momentane Situation
> ihrer Mutter und die anstehenden Entscheidungen bezüglich der Anlage
> einer Ernährungssonde (PEG) und der weiteren Betreuung ausführlich be-
> sprochen. Die Tochter gab an, die Betreuung für ihre Mutter übernehmen
> zu wollen, stand aber »den Schläuchen« ablehnend gegenüber: »Ich nehme
> sie zu mir nach Hause, das geht schon!«. Am Nachmittag des folgenden
> Tages erschien die Enkeltochter zusammen mit der Schwester der Patientin.
> Beide versicherten glaubhaft, dass die Patientin zu ihrer Tochter schon
> lange den Kontakt abgebrochen habe und dass sie sicher nicht wolle, dass
> ihre Tochter die Betreuung übernimmt: »Die will doch jetzt nur an das Geld
> ran!«.

Dieses Fallbeispiel zeigt, dass man nicht immer davon ausgehen kann, selbst mit nächsten Angehörigen alle Angelegenheiten des Patienten in seinem Sinne besprechen zu können. Die Interessenkonflikte im Familienverbund können erheblich und für Außenstehende oft undurchschaubar sein.

In der Praxis sollte man daher so rasch wie möglich versuchen, z.B. über den Hausarzt, die familiäre Situation zu klären und den mutmaßlichen Willen des Patienten sowie die Person(en) seines Vertrauens zu ermitteln.

> Ist der Patient ansprechbar muss der Arzt ausdrücklich nachfragen, mit wem er über die Erkrankung sprechen darf.
>
> Ist der Patient nicht ansprechbar, kann in der Praxis unmittelbar Verwandten (z.B. Ehepartnern) in Notsituationen in der Regel Auskunft erteilt werden, sofern nicht Anzeichen bestehen, dass der Patient dies nicht gewollt haben würde.
>
> Primär keine Auskunft erhalten dürfen entfernte Angehörige, Freunde, Kollegen oder Nachbarn, Arbeitgeber, Verwaltung, Versicherungen oder gar die Öffentlichkeit.

## Auskünfte am Telefon

Können Angehörige aufgrund von großen Entfernungen nicht persönlich zu einem Gespräch mit dem Arzt kommen und sind die Angehörigen dem Behandlungsteam nicht bekannt, ist noch stärkere Zurückhaltung geboten.

---

**Der Fall**

Herr Binner ist 25 Jahre alt und leidet an einem schweren Verlauf einer Multiplen Sklerose. Er studiert Informatik, seine kognitive Leistungsfähigkeit ist durch die Multiple Sklerose nicht eingeschränkt. Aufgrund eines erneuten schweren Schubes wird eine stationäre Cortisonbehandlung erforderlich. Die Mutter des Patienten ruft eines Nachmittags bei der Stationsärztin an und fragt, wie es ihrem Sohn gehe. Nachdem die Stationsärztin ihr Auskunft gegeben hat, murmelt Frau Binner: »Sagen Sie aber meinem Sohn bitte nicht, dass ich angerufen habe. Er würde sich darüber nur ärgern.«

---

Der Fall schildert eine alltägliche Situation: Angehörige rufen an und erkundigen sich nach Patienten. Hier hat die Stationsärztin zuvor nicht mit dem Patienten geklärt, mit wem sie sprechen darf und mit wem nicht. Es liegt also ein eindeutiger Verstoß gegen die ärztliche Schweigepflicht vor.

> Ohne Erlaubnis des Patienten keine telefonischen Auskünfte!
> Auch bei Notfällen: am Telefon nur allgemeine Informationen geben, persönliches Gespräch anstreben.
> Identität des Gesprächspartners prüfen!

## Schweigepflicht bei sexuell übertragbaren Krankheiten

Besonders bei sexuell übertragbaren Erkrankungen kann die Einhaltung der Schweigepflicht zu einem ethischen Konflikt führen. Hier stellt sich die Frage, ob die **Schweigepflicht** ethisch stärker bindet als die ebenfalls bestehende ethische Verpflichtung, den hiervon möglicherweise Betroffenen Informationen über das **Risiko einer Ansteckung** zu geben.

---

**Der Fall**

Herr Bayer und seine Ehefrau waren schon seit Jahren bei Herrn Dr. Bunt in Behandlung, als Herr Dr. Bunt bei Herrn Bayer eine HIV-Infektion feststellte. Der Arzt bat den Patienten, seine Ehefrau über die HIV-Infektion zu informieren, bemerkte jedoch bei den nächsten Praxisbesuchen von Frau Bayer, dass diese nichts von der HIV-Infektion ihres Mannes wusste. Dr. Bunt glaubte Frau Bayer nicht selbst über die HIV-Infektion ihres Mannes aufklären zu dürfen, da er meinte, der ärztlichen Schweigepflicht zu unterliegen. Erst nach dem Tod ihres Ehemannes wurde Frau Bayer über dessen HIV-Infektion informiert. Ein dann bei ihr durchgeführter HIV-Test war ebenfalls positiv.

---

Diese Patientengeschichte beruht auf einer tatsächlichen Fallkonstellation, die gerichtlich geprüft wurde. Das Oberlandesgericht Frankfurt hat eine von der Ehefrau geforderte Schadensersatzleistung des Arztes zwar zurückgewiesen, weil die Ehefrau den genauen Infektionszeitpunkt und damit die Ursächlichkeit der Nicht-Information durch Dr. Bunt an ihrer HIV-Erkrankung nicht nachweisen konnte. Gleichzeitig stellte das Gericht aber fest, dass Dr. Bunt von der ärztlichen Schweigepflicht durch einen **rechtfertigenden Notstand** nach § 34 StGB befreit gewesen wäre. Und mehr: er hätte die Patientin nicht bloß aufklären dürfen, sondern er wäre zu einer solchen **Aufklärung** über die HIV-Infektion ihres Mannes **sogar verpflichtet** gewesen, da er behandelnder Arzt auch der Ehefrau war und zu ihr daher in einer besonderen Garantenstellung stand:

Der Arzt eines an Aids erkrankten Patienten muss den Lebenspartner, der ebenfalls Patient dieses Arztes ist, über die Erkrankung informieren. Angesichts der für den Lebenspartner bestehenden Lebensgefahr ist der Arzt im Rahmen der von ihm vorzunehmenden Güterabwägung verpflichtet, seine ärztliche Schweigepflicht zu durchbrechen (OLG Frankfurt, 5.10.1999).

Von ethischer Seite stehen sich hier das durch die Schweigepflicht geschützte Recht auf informationelle Selbstbestimmung und das Recht eines Dritten auf körperliche Unversehrtheit gegenüber.

In aller Regel wird hier im Sinne einer **Güterabwägung** die ärztliche Schweigepflicht gegenüber dem ethisch höherstehenden Gut der körperlichen Unversehrtheit zurücktreten müssen.

> In solchen Güterkonflikten kann jedoch keine generelle Entscheidungsregel gegeben werden. Es empfiehlt sich eine Entscheidung **von Fall zu Fall**, die in schwierigen Fällen durch eine kollegiale Beratung (z.B. in Form eines Ethik-Konsils) unterstützt werden kann.

## Schweigepflicht im Medizinstudium

Auch Medizinstudenten sind zur Verschwiegenheit über alle patientenbezogenen Informationen verpflichtet, die sie während des Studiums erhalten. Gegen diese Verpflichtung wird jedoch oft unbewusst verstoßen:

---

**Der Fall**

»Das war schon krass, die Geschichte von Frau Meyerbeer.« Wissend blickt Peter Astrid an. Beide warten in weißen Kitteln mit einer Gruppe Besucher vor dem Aufzug des Bettenhauses. »Bloomberg macht die Patientenvorstellungen immer so anschaulich. Die Depressionen: richtig gruselig!« fährt Peter fort. Der Aufzug kommt, die Wartenden steigen ein. »Und die Stimmen, die sie bei der Arbeit hört, oder dass sie denkt, der Pfarrer von St. Peter sei hinter ihr her!« Beim Aussteigen im 16. Stock merken sie wie ein Mitfahrender ihnen entgeistert nachschaut.

---

In der nächsten Vorlesungsstunde ist Professor Bloomberg ziemlich erbost. Der entgeisterte Mitfahrer im Aufzug war der Bruder von Frau Meyerbeer, der in der Krankenhausapotheke arbeitet. Er hat sich beim Professor schriftlich über die »rücksichtslose Ausplapperung« von persönlichen Informationen durch »unerzogene und pflichtvergessene Studenten« beschwert. Für Professor Bloomberg Anlass genug, seine nächste Stunde einer Besprechung der ärztlichen Schweigepflicht in ihrer besonderen Bedeutung für die Studierenden der Medizin zu widmen.

> Um solche ungewollten Offenbarungen von persönlichen Informationen zu vermeiden empfiehlt es sich, im öffentlichen Raum **grundsätzlich** keine Patientengeschichten zu diskutieren.

Diskussionen in denen – oft ohne böse Absicht - Informationen über Patienten an Unbefugte preisgegeben werden finden häufiger statt als man denken könnte. So ergab eine Befragung von Ärzten und Medizinstudenten dass Patienten-

**◨ Tabelle 2.1.** Ärztlichen Schweigepflicht: Typische Konfliktfälle

Behandlung Minderjähriger

Informationsweitergabe an Angehörige von bewusstlosen oder verwirrten Patienten

Güterabwägung zwischen Schweigepflicht und anderen (möglicherweise höheren) ethischen Gütern, z.B. bei sexuell übertragbaren Krankheiten

Unüberlegtes »Verplappern« am falschen Ort

geschichten häufig mit dem Ehepartner (57%) oder auf Feiern oder Parties (70%) diskutiert wurden (Weiss 1982)

## 2.4 Empfehlungen der Landesärztekammer Baden-Württemberg

Die von den verschiedenen Landesärztekammern herausgegebenen Empfehlungen zum Umgang mit der ärztlichen Schweigepflicht geben im wesentlichen die rechtlichen Rahmenbedingungen wieder (▶ Kap. 2.5). Beispielhaft hier ein Überblick zu den Empfehlungen der Landesärztekammer Baden-Württemberg aus dem »Merkblatt zur ärztlichen Schweigepflicht«.

Neben den Ärzten unterliegen der strafrechtlichen Schweigepflicht auch Angehörige der nichtärztlichen Heilberufe (Psychotherapeuten, Krankenschwestern, Hebammen etc.), ihre »berufsmäßig tätigen Gehilfen« sowie »Personen, die zur Vorbereitung auf den Beruf tätig sind« (z. B. Medizinstudenten).

Bereits der Name des Patienten sowie die Tatsache, dass jemand überhaupt einen Arzt konsultiert hat, unterliegen der Schweigepflicht. Die Schweigepflicht gilt grundsätzlich auch gegenüber anderen Ärzten oder gegenüber Familienangehörigen des Patienten. Sie bleibt über den Tod des Patienten hinaus bestehen.

Es gibt vier **Offenbarungsbefugnisse**, die es dem Arzt ermöglichen, ein Patientengeheimnis rechtmäßig zu offenbaren:

1. Wenn der Patient seine **Einwilligung** zur Weitergabe des Patientengeheimnisses erteilt.
2. Wenn man von der sog. **mutmaßlichen Einwilligung** des Patienten ausgehen kann, z. B. bei bewusstlosen Patienten.
3. Wenn es eine **gesetzliche Offenbarungspflicht** gibt, z. B. bei der gesetzlichen Meldepflicht nach dem Infektionsschutzgesetz.

4.  Nach dem sog. **rechtfertigenden Notstand** gemäß § 34 StGB, wenn für die
    Zukunft Gefahr für ein Rechtsgut von hohem Wert droht, z.B. HIV-Über-
    tragung (▶ Kap. 2.3).

Ausdrücklich verweist die Landesärztekammer auf die **Schweigepflicht des
Arztes in besonderen Fällen.** Hierzu gehören die Schweigepflicht gegenüber
- privaten Versicherungsgesellschaften,
- privatärztlichen Verrechnungsstellen,
- Arbeitgebern,
- Leistungsträgern in der Sozialversicherung und
- Behörden.

Ein Absehen von der Schweigepflicht gegenüber diesen Stellen ist nur mit Einwilligung des Patienten oder in eng umgrenzten Ausnahmefällen möglich (zur
detaillierten Darstellung ▶ Kap. 2.6, »Merkblatt«).

## 2.5    Rechtlicher Kontext

*Peter W. Gaidzik*

Die ärztliche Schweigepflicht ist sowohl straf- wie auch berufsrechtlich verankert. Sie ist darüber hinaus Ausfluss des verfassungsrechtlich geschützten allgemeinen Persönlichkeitsrechtes und stellt auch eine Nebenpflicht des mit dem
Patienten geschlossenen Behandlungsvertrages dar.

### 2.5.1   Strafrecht

Strafrechtlicher Schutz genießt die Vertrauenssphäre zwischen Arzt und Patient über §203 Absatz 1 des Strafgesetzbuches (StGB):

Wer unbefugt ein fremdes Geheimnis, namentlich ein zum persönlichen Lebensbereich gehö-
rendes Geheimnis oder ein Betriebs- oder Geschäftsgeheimnis, offenbart, das ihm als Arzt,
Zahnarzt, Tierarzt, Apotheker oder Angehörigen eines anderen Heilberufs, der für die Berufs-
ausübung oder die Führung der Berufsbezeichnung eine staatlich geregelte Ausbildung erfordert [...] anvertraut worden oder sonst bekanntgeworden ist, wird mit Freiheitsstrafe bis zu
einem Jahr oder mit Geldstrafe bestraft.

Die ärztliche Schweigepflicht gilt grundsätzlich auch gegenüber anderen Ärzten, die nicht unmittelbar an der Behandlung des jeweiligen Patienten beteiligt sind, sowie gegenüber der Krankenhausverwaltung. »Befugterweise« durchbricht der Arzt seine Schweigepflicht,

- wenn er hierzu **gesetzlich verpflichtet** ist (z.B. zur Verhütung bevorstehender schwerer Straftaten gemäß § 138 StGB; gesetzliche Meldepflichten aus dem Infektionsschutzgesetz oder dem Sozialversicherungsrecht),
- wenn sich der **Patient** ausdrücklich, durch sein Verhalten oder stillschweigend (z.B. bei Konsiliaruntersuchung oder Überweisung) mit der Informationsweitergabe **einverstanden** erklärt
- oder der Arzt sich nach pflichtgemäßer **Abwägung kollidierender Rechtsgüter** sich entschließt, bestimmte Informationen preiszugeben, um sonst drohende Schäden für Dritte abzuwenden (z.B. Verdacht des Kindesmissbrauchs) oder auch berechtigte eigene Interessen zu verfolgen (z.B. Verteidigung gegen einen Behandlungsfehlervorwurf).

In der letztgenannten Fallgruppe besteht für den Arzt in aller Regel ein Offenbarungsrecht, jedoch keine Offenbarungspflicht.

> Nach herrschender Rechtsmeinung besteht für den Arzt auch **keine Verpflichtung** die Schweigepflicht zu brechen und Dritten Kenntnis von Gefahren zu geben, die von seinen Patienten ausgehen können. Die Auffassung des Oberlandesgerichts Frankfurt (► Kap. 2.3), dass der Arzt im Falle einer HIV-Infektion zur Information des Lebenspartners **verpflichtet** sei, wenn dieser ebenfalls Patient des Arztes ist und die Gesundheitsgefahr anders nicht abgewendet werden kann, wird in der juristischen Diskussion nicht allgemein geteilt.

## 2.5.2 Berufsrecht

Die vom Ärztetag verabschiedete Musterberufsordnung für Ärztinnen und Ärzte der Bundesärztekammer (MBO-Ä 1997) folgt im Hinblick auf die ärztliche Schweigepflicht den verfassungsrechtlichen und gesetzlichen Vorgaben.

Sie wird für den Arzt verbindliches Berufsrecht, wenn und sobald sie von den jeweiligen Landesärztekammern in deren Satzungsrecht überführt worden ist.

Zur Schweigepflicht finden sich ausführliche Vorgaben in § 9:

1. Der Arzt hat über die ihm bekannt gewordenen Informationen über einen Patienten zu schweigen, auch über den Tod des Patienten hinaus.
2. Der Arzt muss seine Mitarbeiter über die Schweigepflicht informieren.
3. Der Arzt ist gegenüber Kollegen, die denselben Patienten behandeln, von der Schweigepflicht insoweit befreit, als das Einverständnis des Patienten vorliegt oder anzunehmen ist.

Der Arzt wird von der Schweigepflicht entbunden, wenn die Offenbarung zum Schutze eines höherwertigen Rechtsgutes erforderlich ist. Dies ist in der Regel dann der Fall, wenn der Patient durch seine Erkrankung eine Gefahr für Leib und Leben anderer Menschen darstellt und diese Gefahr nicht auf andere Weise beseitigt werden kann (§ 34 StGB: **rechtfertigender Notstand**).

> Der Arzt, der die Straßenverkehrsbehörde unter Namensnennung über den Umstand informiert, dass einer seiner Patienten infolge eines Anfallsleiden nicht in der Lage ist, ohne Gefährdung anderer Personen einen PKW im Straßenverkehr sicher zu führen, handelt weder (straf-) rechtswidrig, noch verstößt er gegen ärztliches Berufsrecht, wenn eindringliche Informationen und Ermahnungen des Patienten ohne Wirkung auf dessen Verhalten geblieben sind.

## 2.5.3  Zeugnisverweigerungsrecht

Das materiell-rechtliche Schweigegebot wird auch prozessrechtlich geschützt. Während üblicherweise Zeugen vor Gericht unter Strafdrohung umfassend und wahrheitsgemäß aussagen müssen, normiert § 53 Abs. 1 Nr. 3 der Strafprozessordnung (»Zeugnisverweigerungsrecht aus beruflichen Gründen«) ein »Schweigerecht« verschiedener Berufsgruppen, so auch der Ärzte. Dieses Zeugnisverweigerungsrecht, das durch ein Beschlagnahmeverbot ärztlicher Aufzeichnungen ergänzt wird, unterstreicht den hohen Stellenwert, den der Gesetzgeber der ärztlichen Schweigepflicht einräumt. Schweigepflicht wie auch Zeugnisverweigerungsrecht entfallen wiederum, wenn gesetzliche Offenbarungspflichten bestehen oder der Patient der Aussage des Arztes zustimmt. Ein Beschlagnahmeverbot ärztlicher Unterlagen greift darüber hinaus auch dann nicht, wenn der Arzt selbst Beschuldigter in dem jeweiligen Ermittlungsverfahren ist (z.B. Abrechnungsbetrug).

❯ Rechtsgrundlagen der ärztlichen Schweigepflicht:
§ 203 Abs. 1 des Strafgesetzbuches
§ 9 MBO-Ärzte bzw. die Parallelvorschrift in den Berufsordnungen der jeweiligen Landesärztekammern

Die ärztliche Schweigepflicht ist sowohl straf- wie auch standesrechtlich geregelt. Sie beruht auf den in Artikeln 1 und 2 des Grundgesetzes verankerten Grundsätzen der Unantastbarkeit der Menschenwürde und des allgemeinen Persönlichkeitsrechts.

### ❓ Übungsfragen

1. In welchen typischen Situationen können ethische Konflikte im Hinblick auf die ärztliche Schweigepflicht auftreten?
2. Unter welchen Umständen darf ein Arzt der Schweigepflicht unterliegende Informationen über seinen Patienten an Dritte weitergeben?
3. Auf welchen rechtlichen Grundlagen basiert die ärztliche Schweigepflicht?

## Zur Vertiefung

Edelstein L (1969) Der Hippokratische Eid. Zürich/Stuttgart
Fuchs Ch, Gerst Th (2005) »Medizinethik in der Berufsordnung«. Online im Internet. URL: http://www.bundesaerztekammer.de/30/Berufsordnung/15Ethik/index.html; (9.10.2006)
Landesärztekammer Baden-Württemberg mit den Bezirksärztekammern: Merkblatt zur ärztlichen Schweigepflicht (Stand 2003). Online im Internet. URL http://www.aerztekammer-bw.de/20/merkblaetter/schweigepflicht.pdf (9.10.2006)
(Muster-)Berufsordnung für die deutschen Ärztinnen und Ärzte (Stand 2004). Online im Internet. URL: http://www.bundesaerztekammer.de/30/Berufsordnung/10Mbo/index.html (9.10.2006)

# 3 Entscheidungen am Lebensende

*Christian Hick*

 **Einleitung**

Aufgabe des Arztes ist es, die Gesundheit wiederherzustellen und das Leben des Patienten zu erhalten. Ist das nicht mehr möglich, soll er Leiden lindern und Sterbenden bis zum Tod beistehen. Am Lebensende stellt sich die Frage, ob der Arzt nur **Hilfe beim Sterben** geben darf, oder ob er in bestimmten Situationen auch berechtigt oder sogar verpflichtet ist, lebensverkürzend einzugreifen, also **Hilfe zum Sterben** zu geben.

Bei medizinischen Entscheidungen, die den Sterbeprozess und das Lebensende betreffen, lassen sich fünf unterschiedliche Handlungsmöglichkeiten unterscheiden (► Tab. 3.1)

## 3.1    Passive Sterbehilfe

### 3.1.1    Begriffsklärung

Entscheidungen zur **Therapiebegrenzung** werden auch als »passive« Sterbehilfe bezeichnet. Dieser Begriff kann irreführend sein: Eine »passive« Sterbehilfe als Therapiebegrenzung erfordert in manchen Fällen durchaus »aktives«

**◘ Tabelle 3.1.** Medizinische Entscheidungen am Lebensende

| | | |
|---|---|---|
| Eine Therapiebegrenzung, z.B. bei einem sterbenden Patienten | **Passive Sterbehilfe** | ► Kap. 3.1 |
| Das Inkaufnehmen der möglicherweise lebensverkürzenden Wirkung einer Therapie | **Indirekte Sterbehilfe** | ► Kap. 3.2 |
| Die Tötung eines Patienten durch den Arzt auf ausdrücklichen Wunsch des Betroffenen | **Aktive Sterbehilfe** | ► Kap. 3.3 |
| Das Verschaffen von tödlich wirkenden Medikamenten für einen Patienten, der Suizid begehen will | **Hilfe zur Selbsttötung** | ► Kap. 3.4 |
| Ärztliche und pflegerische Hilfe beim Sterbevorgang, die schmerzlindernde Therapie, palliativmedizinische Maßnahmen und menschliche Unterstützung verbindet | **Sterbebegleitung** | ► Kap. 3.5 |

Handeln, z.B. das Abschalten eines Beatmungsgerätes. Charakteristisch für die passive Sterbehilfe ist daher nicht so sehr ihr Gegensatz zum aktiven Handeln, sondern das **Geschehenlassen** des Sterbens. Ein solches Geschehenlassen kann sich durch Nicht-Einleitung (»Unterlassen«) oder durch den Abbruch einer Therapie (»Handeln«) vollziehen. Der Unterschied zur direkten Tötung (aktive Sterbehilfe) liegt darin, dass der Arzt bei der aktiven Sterbehilfe dem Patienten direkt etwas tut – ihm z.B. eine tödliche Injektion verabreicht, während er bei der passiven Sterbehilfe durch sein Handeln oder Nicht-Handeln zulässt, dass etwas geschieht, z.B. der Tod durch Sepsis bei einer bakteriellen Infektion nach Einstellung der antibiotischen Behandlung.

> Die begriffliche Unterscheidung zwischen passiver und aktiver Sterbehilfe ist zunächst rein beschreibend und sagt noch nichts über die ethische oder rechtliche Zulässigkeit einer der beiden Formen von Sterbehilfe.

Im englischen Sprachraum wird statt von passiver Sterbehilfe von **Therapiebegrenzungsentscheidungen** (*non-treatment-decisions*) gesprochen. Die begriffliche Unklarheit des Begriffs »passiv« wird dadurch vermieden.

Therapiebegrenzungsentscheidungen können auf zwei Weisen getroffen werden:
1. **Nicht-Anwendung** oder **Nicht-Steigerung** von grundsätzlich therapeutisch noch möglichen Maßnahmen oder
2. **Abbruch** von bereits begonnenen therapeutischen Maßnahmen.

Im Hinblick auf den Zustand des Patienten, für den eine Therapiebegrenzung erwogen wird, lassen sich zwei Situationen unterscheiden:
1. Therapiebegrenzung zu einem Zeitpunkt, in dem der **Sterbeprozess bereits begonnen** hat.
2. Therapiebegrenzung bei Patienten mit **schwerer, unheilbarer Grunderkrankung**.

Unterschieden werden muss außerdem, ob die Entscheidung zur Therapiebegrenzung **auf Wunsch des Patienten** oder bei entscheidungsunfähigen Patienten ohne ausdrücklichen Patientenwunsch **einseitig durch den Arzt oder das Behandlungsteam** getroffen wird.

Eine Therapiebegrenzung ohne ausdrücklichen Patientenwunsch kann sich dabei entweder auf den mutmaßlichen Patientenwillen oder auf »allgemein geteilte Wertvorstellungen« stützen (▶ Kap. 12.6.2).

**□ Tabelle 3.2.** Passive Sterbehilfe (= Therapiebegrenzungsentscheidungen) im Überblick

I. Art der Handlung

1. Nicht-Anwendung / Nicht-Steigerung therapeutischer Maßnahmen

2. Abbruch therapeutischer Maßnahmen

II. Zustand des Patienten

1. Sterbeprozess hat begonnen

2. Schwere, unheilbare Grunderkrankung

III. Willensäußerung des Patienten

1. Auf Wunsch des Patienten

2. Ohne ausdrücklichen Wunsch des Patienten

   a) Gemäß dem mutmaßlichen Patientenwillen

   b) Gemäß allgemeinen Wertvorstellungen

## 3.1.2 Ethische Perspektiven

Zur ethischen Beurteilung der verschiedenen Therapiebegrenzungsentscheidungen, die unter dem Begriff »passive Sterbehilfe« zusammengefasst werden, ist zunächst eine klare Unterscheidung zwischen **einwilligungsfähigen** und **nicht einwilligungsfähigen** Patienten notwendig.

### Einwilligungsfähige Patienten

Einwilligungsfähige Patienten sind in der Lage, eine verantwortliche Entscheidung über die von ihnen gewünschte oder nicht mehr gewünschte Therapie zu treffen. Ihre Einsichts- und Urteilsfähigkeit ist insbesondere nicht durch eine psychische Erkrankung oder durch die Wirkungen von Sedativa oder Schmerzmedikamenten beeinträchtigt. In Zweifelsfällen muss zur Feststellung der Einwilligungsfähigkeit ein psychiatrisches Gutachten eingeholt werden.

Steht die Einwilligungsfähigkeit des Patienten zweifelsfrei fest, muss dem Wunsch des Patienten nach einem Therapieabbruch nachgekommen werden. Dies ergibt sich aus dem Selbstbestimmungsrecht jedes Menschen (▶ Kap. 12.6.2). Der Respekt vor der körperliche Unversehrtheit der fremden Person verbietet es dem Arzt aus ethischen Gründen, eine Behandlung gegen den erklärten Patientenwillen fortzusetzen. Dies gilt auch dann, wenn er selbst diese Behandlung für lebensnotwendig und medizinisch sinnvoll hält.

Das Recht, eine weitere Behandlung abzulehnen, ist nicht auf Situationen begrenzt, in denen der Sterbevorgang begonnen hat und eine weitere Therapie ohnehin keine Aussicht auf Wiederherstellung der Gesundheit bietet. Der Patient kann vielmehr bei jeder Erkrankung eine weitere ärztliche Therapie ablehnen, auch wenn dies im weiteren Verlauf zu tödlichen Komplikationen führen kann.

> **Der Fall**
>
> Seit einigen Monaten litt Herr Peters unter Schmerzen beim Wasserlassen. Der Urin war rötlich gefärbt. Es wurde ein Harnblasenkarzinom diagnostiziert, das durch operative Entfernung der Harnblase wahrscheinlich heilbar wäre. Herr Peters will jedoch die wahrscheinlichen Konsequenzen einer solchen Operation (Inkontinenz und Impotenz) für sich nicht akzeptieren und entscheidet nach längerer Überlegung, die Operation nicht durchführen zu lassen.

Hält der Arzt die vom Patienten abgelehnte Therapie für unverzichtbar, sollte er versuchen, dem Patienten die Konsequenzen seines Therapieverzichts deutlich zu machen. Er sollte erklären, warum er eine Behandlung für notwendig und sinnvoll hält. Bleibt der Patient bei seiner Ablehnung, ist diese jedoch, ggf. nach einer angemessenen Bedenkzeit zu respektieren. Der Versuch, den Patienten zu »überreden« kann eine moralisch unangemessene Bevormundung sein und sollte deshalb nicht unternommen werden.

> In solchen Situationen gerät der Arzt in einen **Konflikt** zwischen dem zu respektierenden **Selbstbestimmungsrecht** des Patienten und seiner Verpflichtung, das medizinisch Beste für den Patienten zu erreichen: ärztliche **Verantwortung** (► hierzu Kap. 12.6.2 und 12.7).

Der Patient kann seine Selbstbestimmung in Gesundheitsangelegenheiten auch über eine Patientenverfügung ausüben, in der er seine Behandlungswünsche festlegt, falls er selbst krankheitsbedingt nicht mehr in der Lage ist, seine Wünsche zu äußern (► Kap. 4).

## Nicht einwilligungsfähige Patienten

Einwilligungsunfähige Patienten sind vorübergehend oder dauerhaft nicht in der Lage, eine eigene Entscheidung darüber zu treffen, ob sie eine bestimmte Therapie wünschen oder nicht. Ursache hierfür kann eine psychische Erkrankung, eine Bewusstlosigkeit oder eine Bewusstseinsstörung auch als Nebenwirkung sedierender oder analgetischer Therapie sein.

Bei diesen Patienten sind Entscheidungen zur Therapiebegrenzung besonders problematisch, da eine eindeutige Willensäußerung des Patienten nicht vorliegt und Entscheidungen über Leben und Tod getroffen werden müssen.

Hier ist zunächst die Situation des Patienten zu berücksichtigen: Entscheidend ist, ob seine Erkrankung auch bei Fortführung der Therapiemaßnahmen in kurzer Zeit zum Tode führen würde (Patienten im Sterbeprozess) oder ob er an einer schwerwiegenden Erkrankung leidet, bei der durch Fortführung der Therapie ein Weiterleben über einen längeren Zeitraum erreicht werden kann, ohne dass eine Heilung möglich wäre (Patienten mit schwerer, unheilbarer Erkrankung).

**Patienten im Sterbeprozess.** Ist das Ende des Lebens klar absehbar (Stunden, Tage, wenige Wochen), kann aus ethischer Sicht auf weitere therapeutische Maßnahmen verzichtet werden, sofern diese lediglich das Leiden des Patienten verlängern und keine Aussicht besteht, den Krankheitsprozess aufzuhalten. In dieser Situation ist es daher vertretbar, eine Therapie auch dann zu reduzieren oder einzustellen, wenn eindeutige Willensäußerungen des Patienten nicht vorliegen oder nicht ermittelt werden können. Die ethische Rechtfertigung liegt hier in der Tatsache, dass die Therapie den Krankheitsverlauf nicht mehr positiv beeinflussen kann und daher auch medizinisch nicht mehr indiziert ist.

---

**Der Fall**

Bei Frau Berwald wurde vor zwei Jahren ein ausgedehntes Uteruskarzinom diagnostiziert. Nach einer Operation vor einem Jahr wurde vor vier Monaten ein ausgedehntes lokales Rezidiv festgestellt. Als Komplikation kam es vor drei Wochen zu einer Peritonitis, die auf eine durch den Tumor verursachte Fistelbildung zwischen Kolon und Bauchhöhle zurückzuführen ist. Eine hochdosierte parenterale Antibiotikagabe führte zunächst zur Fieberfreiheit. Aufgrund starker Schmerzen erhielt die Patientin zusätzlich eine i.v. Therapie mit

▼

> Morphin. Seit zwei Wochen ist die Patientin zunehmend somnolent, seit einigen Tagen nicht mehr ansprechbar. Bei der Oberarztvisite fragt der Stationsarzt, ob es noch sinnvoll sei, die Antibiotikatherapie fortzuführen.

Bei Frau Berwald ist die medizinische Situation relativ eindeutig: Die zunehmende Verschlechterung innerhalb weniger Tage bei progressiver Grunderkrankung weist darauf hin, dass auch die Prognose hinsichtlich des Überlebens vermutlich nur Tage oder wenige Wochen betragen wird: der Sterbeprozess hat eingesetzt.

> ❯ Auch wenn der Sterbeprozess schon eingesetzt hat, sollte jede Therapiebegrenzungsentscheidung mit den Angehörigen und allen Betroffenen zuvor besprochen werden. Verlangen die Angehörigen die Fortführung einer Therapie, die von ärztlicher Seite als sinnlos angesehen wird, ist der Arzt berechtigt, die Fortführung dieser Therapie abzulehnen. In diesem Fall muss der Patient an einen anderen Arzt verwiesen werden.

**Schwere, unheilbare Grunderkrankung.** Steht der Tod des Patienten nicht unmittelbar bevor, ist die Entscheidung zu einer Therapiebegrenzung deutlich problematischer. Kann sich der Patient nicht unmittelbar äußern und hat er auch keine Patientenverfügung verfasst (▶ Kap. 4), muss versucht werden, die Entscheidung an anderen Kriterien auszurichten.

## 1. Mutmaßlicher Patientenwille

Zunächst kann versucht werden, durch Gespräche mit Angehörigen und weiteren Bezugspersonen zu ermitteln, was der Patient selbst in der vorliegenden Situation gewollt haben würde.

---

**Der Fall**

Herr Schmitz, 79 Jahre alt, wurde an einem ausgedehnten Rektumkarzinom operiert. Am Abend vor der Operation hatte er ein längeres Gespräch mit dem Operateur. Herr Schmitz hält die risikoreiche Operation nur dann für sinnvoll, wenn er nach einem sicherlich notwendigen längeren Krankenhausaufenthalt auch wieder nach Hause zurückkehren kann. »Wenn es Probleme gibt, und ich nicht mehr klar denken oder mir nicht mehr selbst

▼

> helfen kann, möchte ich keine Intensivtherapie; dann sollen Sie mich ein-
> fach sterben lassen!« Postoperativ kommt es aus ungeklärten Gründen zu
> einer Sepsis, eine Beatmung wird erforderlich. Die Infektion erfasst auch
> Rückenmark und Gehirn und lässt sich nur schwer antibiotisch kontrollie-
> ren. Eine neurologische Untersuchung ergibt, dass Enzephalitis und Myelitis
> massive Schäden hinterlassen haben: Der Patient ist an allen vier Extremi-
> täten gelähmt, reagiert nicht auf akustische Reize und auch seine Bewusst-
> seinslage ist schwankend, so dass von einer auch kortikalen Schädigung
> auszugehen ist. Eine Kontrolluntersuchung zwei Monate später ergibt
> einen unveränderten Befund. Die Frau des Patienten bittet die Ärzte darum,
> alle therapeutischen Maßnahmen einschließlich der künstlichen Ernährung
> einzustellen, da ihr Mann so nie hätte leben wollen. Der Operateur weist
> darauf hin, dass hinsichtlich des Rektumkarzinoms eine Heilung erzielt
> wurde, der neurologische Zustand allerdings wahrscheinlich nicht reversi-
> bel wäre. Weitere Gespräche mit den Angehörigen und dem Krankenhaus-
> pfarrer ergeben, dass der Patient ganz ausdrücklich unmittelbar vor der
> Operation geäußert hat, dass er medizinische Eingriffe nur so lange wolle,
> wie noch die Chance besteht, dass er ein selbständiges Leben würde führen
> können. Dies ist nach einhelliger Einschätzung des Behandlungsteams mit
> großer Sicherheit nicht mehr zu erwarten.

Lässt sich, wie im Fall von Herrn Schmitz, durch Gespräche mit Bezugspersonen des Patienten eindeutig ermitteln, was der Patient in einer bestimmten
Situation gewollt haben würde, ist es in der Regel ethisch gerechtfertigt, diesem
indirekt ermittelten Wunsch des Patienten zu folgen. Auch hier gebietet es der
Respekt vor dem Selbstbestimmungsrecht des Patienten keine Behandlung
fortzuführen, die dieser nicht gewünscht hätte.

Allerdings ist die Ermittlung des mutmaßlichen Patientenwillens mit einer
mehr oder weniger großen Unsicherheit behaftet. Nicht immer lassen sich die
Lebenseinstellungen und Wünsche des Patienten, wie sie aus Gesprächen mit
Angehörigen ermittelt werden, so konkret auf die anstehende Therapieent-
scheidung beziehen. Lässt sich kein eindeutiger mutmaßlicher Wille bestimmen, muss die Entscheidung auf der Basis einer Fremdbeurteilung nach »allgemeinen Wertvorstellungen« erfolgen, was moralisch grundsätzlich problematisch ist (► Kap. 12.6.2).

## 2. Fremdbeurteilung nach allgemeinen Wertvorstellungen

---

**Der Fall**

Keiner hatte bemerkt, dass der zweijährige Andreas schon seit einer Stunde nicht mehr mit den anderen Kindern Kindergeburtstag feierte. Erst als seine Mutter ihn draußen suchte, fand sie ihn leblos im Gartenteich liegend. Ein sofort herbeigerufener Notarzt konnte Andreas nach längerer Zeit wiederbeleben. Im Krankenhaus wurde eine schwere Hirnschädigung diagnostiziert, die auf den zu lange anhaltenden Sauerstoffmangel zurückgeführt werden muss. Die Extremitäten sind spastisch gelähmt, Andreas kann nicht mehr mit der Umwelt kommunizieren, seine Augenbewegungen sind ungezielt, auf Schmerzreize reagiert er mit Stöhnen und Grimassen. Diese Schmerzreaktionen finden ohne Schmerzbewusstsein reflexartig statt. Auch nach zwölf Monaten sind die Symptome unverändert, so dass die Ärzte von einem persistierenden vegetativen Syndrom (»apallisches Syndrom«, »Wachkoma«) sprechen. Die nächsten fünf Jahre wird Andreas in einem Pflegeheim betreut, sein Zustand bleibt unverändert. Eine Hoffnung auf Besserung besteht nach Einschätzung der behandelnden Ärzte nicht mehr. Seine Eltern fragen sich, ob die Fortführung der künstlichen Ernährung noch Sinn macht. Hätte er es gewollt? Nützt es ihm noch etwas?

---

Andreas kann nicht selbst entscheiden. Auch ein mutmaßlicher Wille lässt sich nicht ermitteln. Die Entscheidung zur Fortführung der Behandlung muss daher von anderen Kriterien abhängig gemacht werden, die kontrovers diskutiert werden können.

Ein **Behandlungsabbruch**, in diesem Fall die Einstellung der künstlichen Ernährung, könnte sich auf die folgenden Überlegungen stützen:

**1. Nutzlose Therapie:** Für Andreas selbst ist die weitere Behandlung ohne Nutzen. Da er nie wieder ein bewusstes und eigenständiges Leben führen wird, hat die Therapie mit künstlicher Ernährung kein sinnvolles Ziel mehr.

**2. Therapieabbruch kein »Schaden«:** Bedingt durch seine Krankheit hat er kein Bewusstsein seines Zustandes mehr. Er kann daher auch kein Leid mehr empfinden. Die Einstellung der künstlichen Ernährung würde daher nicht gegen das ärztliche Gebot des »Nicht-Schadens« (▶ Kap. 11) verstoßen.

**3. Weiterleben nicht in seinem Interesse:** Niemand würde leben wollen, wie Andreas leben muss. Es ist also mehr als wahrscheinlich, dass auch Andreas selbst nicht so hätte leben wollen. Die Therapie darf daher eingestellt werden, da sie nicht in seinem Interesse sein kann.

**4. Keine Person:** Ein Mensch ohne Selbstbewusstsein, d.h. ohne Erinnerung und ohne Perspektive auf eine Zukunft kann nicht mehr als Person (▶ Kap. 12) bezeichnet werden. Nur Personen haben aber Anspruch auf unbedingten Lebensschutz. Es ist daher moralisch unproblematisch, Andreas nicht länger künstlich zu ernähren und ihn dadurch sterben zu lassen.

**5. Unangemessener Einsatz knapper Ressourcen:** Die Mittel, die für die pflegerische und medizinische Versorgung von Andreas gebraucht werden, können sinnvoller in anderen Bereichen des Gesundheitssystems investiert werden: Dort, wo die Betroffenen selbst von den Gesundheitsleistungen profitieren können.

Die **Fortführung der Therapie** könnte dagegen mit den folgenden Gründen gerechtfertigt werden.

**1. Überleben als Wert an sich:** Mit großer Wahrscheinlichkeit kann Andreas sein Leben nicht mehr als Mittel zu etwas anderem nutzen. In dieser Hinsicht ist die Behandlung möglicherweise nutzlos. Aber sein weiteres Überleben, sein Leben ist ein Wert an sich, der schon für sich allein eine weitere Behandlung gerechtfertigt, ja geboten erscheinen lässt.

**2. Behandlung als Nicht-Allein-Lassen:** Eine Behandlung mit künstlicher Ernährung ist schon deswegen geboten, weil sie eine der wenigen Möglichkeiten darstellt, mit Andreas in Verbindung zu bleiben, die Beziehung zu ihm fortzusetzen und menschliche Solidarität zu zeigen – nicht bloß symbolisch, sondern in der konkreten täglichen Zuwendung.

**3. Kein reduzierter Personenbegriff:** Dass Andreas keine Person mehr sei, weil er über kein Bewusstsein seiner Existenz verfügt, ist eine unzulässig enge Definition des Begriffs Person. Wenn Selbstbewusstsein maßgeblich wäre, würden auch Neugeborene, demente Patienten und in letzter Konsequenz auch Schlafende keine Personen sein, was dem allgemeinen Verständnis des Begriffs Person nicht entspricht. Ein angemessener Begriff von Person geht vielmehr davon aus, dass alle Menschen Personen sind, weil sie schon in ihrer Eigenschaft als Mensch über eine schützenswerte Würde verfügen (▶ Kap. 12.6.2).

**4. Ressourcenallokation:** Es ist wichtig, bei medizinischen Maßnahmen auch auf die Kosteneffizienz zu achten. Wenn dies geschieht, müssen solche Überlegungen allerdings für alle Patienten und alle Krankheitsgruppen gelten. Davon sind wir in der Realität des Gesundheitssystems weit entfernt. Die Berufung auf knappe Ressourcen nur bei bestimmten Krankheitsbildern ist daher nicht fair. Außerdem darf die Knappheit von Ressourcen im Gesundheitswesen kein Argument sein, ethisch gebotene Handlungen – wie die Lebenserhaltung – zu unterlassen (► Kap. 10)

**5. Prognose immer offen:** Die Sicherheit der Prognose ist in vielen Fällen nicht hoch genug, um eine Entscheidung über Leben und Tod zu rechtfertigen. Die Möglichkeit eines diagnostischen oder prognostischen Irrtums ist Teil der medizinischen Praxis; mit solchen Irrtümer ist immer zu rechnen. Selbst wenn eine aussichtslose Prognose sicher schien, wurde in Einzelfällen immer wieder von unerwarteten Verbesserungen berichtet, so dass die therapeutischen Bemühungen nicht vorschnell reduziert werden dürfen.

**Zusammenfassende Bewertung.** Die Argumente pro und kontra zeigen, dass ethisch schwieriges Gebiet betreten wird, sobald eine eindeutige Willensäußerung des Patienten nicht vorliegt. Die hier beispielhaft für die Therapiebegrenzung bei einem Wachkomapatienten aufgeführten Argumente gelten in ähnlicher Form auch für andere Krankheitsbilder bei nicht-einwilligungsfähigen Patienten für die sich ein mutmaßlicher Wille nicht ermitteln lässt, d.h. vor allem für Patienten mit fortgeschrittener Altersdemenz oder schwer geschädigte Neugeborene.

◻ **Tabelle 3.3.** Argumente pro und kontra einer Therapiebegrenzung bei dauerhaft bewusstlosen Patienten und nicht ermittelbarem mutmaßlichen Willen

| Pro Therapiebegrenzung | Kontra Therapiebegrenzung |
| --- | --- |
| Therapie nutzlos | Leben als Wert an sich |
| Therapieabbruch kein Schaden | Behandlung immer auch eine menschliche »Begegnung« |
| Kein Interesse des Patienten am Weiterleben | Interesse des Patienten kann nicht von außen beurteilt werden |
| Keine Person | Person lässt sich nicht auf Bewusstsein reduzieren |
| Knappe Ressourcen | Knappe Ressourcen dürfen nicht selektiv nur bei bestimmten Erkrankungen berücksichtigt werden |
| | Offene Prognose |

In dieser unklaren Situation scheint es ratsam, im Zweifelsfall für das Leben *(in dubio pro vita)* zu entscheiden, d.h. die Behandlung fortzuführen. Dies schon allein deswegen, weil sich der Zustand des Patienten auch gegen alle Erwartung in manchen Fällen noch verbessern kann. Für die Fortführung einer lebenserhaltenden Therapie bei schwerkranken, nicht-sterbenden Patienten spricht auch, dass jede Therapie neben ihrem eigentlichen therapeutischen Ziel eine Beziehungsdimension hat, die auch bei nicht (mehr) bewusstseinsfähigen komatösen Patienten einen moralischen Wert darstellt. Dies gilt allerdings nur dann, wenn die lebenserhaltende Therapie nicht mit zusätzlichem Leiden für den Patienten verbunden ist.

> Therapiebegrenzung bei nicht einwilligungsfähigen Patienten:
> - Liegt eine Patientenverfügung vor?
> - Lässt sich der mutmaßliche Wille des Patienten ermitteln?
> - Vorsicht bei der Berufung auf »allgemein geteilte Wertvorstellungen«!
> - In dubio pro vita

## Abbruch parenteraler Ernährung und Flüssigkeitszufuhr

Die Einstellung von künstlicher Nahrungs- und Flüssigkeitsgabe ist ein besonders starker Eingriff in den Krankheitsverlauf. Ist die enterale oder parenterale Gabe von Nahrung und Flüssigkeit eine **medizinische Therapie**, die im Rahmen einer Therapiebegrenzungsentscheidung abgebrochen werden kann? Oder gehören Ernährung und Flüssigkeitsgabe zur menschlich und pflegerisch unverzichtbaren **Grundversorgung**, die nie zur Disposition gestellt werden darf?

---

**Der Fall**

Frau Matti hat ihren 90. Geburtstag im Pflegeheim gefeiert. Durch immer wiederkehrende Schlaganfälle kann sie seit einigen Monaten nicht mehr schlucken. Der Arzt schlägt der Tochter vor, auf die Anlage einer PEG-Magensonde zu verzichten, da dies aus medizinischer Sicht keinen Sinn mache. Die Tochter ist entrüstet: »Sie können doch meine Mutter nicht verhungern lassen«?

---

**Künstliche Ernährung als medizinische Therapie.** Nach überwiegender Meinung ist die Einleitung einer künstlichen Ernährungs- und Flüssigkeitstherapie eine medizinische Maßnahme, die den Schluckakt als physiologische Funktion ersetzt. Über ihre Indikation muss daher zunächst nach medizinischen Kriterien entschieden werden.

Eine Reihe von Studien konnte zeigen, dass sich bei dementen Patienten deren Schluckfunktion gestört ist, der Ernährungsstatus durch eine Sondenernährung nicht verbessert. Auch die Rate an Aspirationspneumonien wird nicht reduziert, eine Lebensverlängerung lässt sich nicht nachweisen. Dies liegt wohl vor allem daran, dass Schwierigkeiten mit der Nahrungsaufnahme bei Demenzkranken aber auch bei anderen Patienten mit fortgeschrittenen Krankheitsbildern (z.B. Tumorerkrankungen) zumeist Ausdruck der Schwere der Erkrankung sind. Sie sind ein Zeichen dafür, dass die Erkrankung in eine terminale Phase eingetreten ist.

Bei Demenzkranken ist zudem problematisch, dass bei Anlage einer Ernährungssonde in aller Regel eine Fixierung der Patienten erforderlich ist, um ein ungewolltes Entfernen der Sonde zu verhindern.

Wird auf künstliche Ernährung und Flüssigkeitsgabe verzichtet, lassen sich die subjektiven Symptome von Hunger und Durst durch adäquate pflegerische Maßnahmen lindern (künstlicher Speichel, Gabe von kleinen Flüssigkeitsmengen, Eis).

Bei Patienten in fortgeschrittenen Krankheitsstadien sind zudem Durst- und Hungergefühl deutlich reduziert. Obwohl umfangreichere Studien hierzu fehlen, zeigt die palliativmedizinische Erfahrung, dass ein Tod durch Einstellung von künstlicher Ernährung und Flüssigkeitsgabe nicht »grausam« ist. Zunächst kommt es aufgrund des Flüssigkeitsmangels zu Elektrolytstörungen mit zunehmender Bewusstseinstrübung. Die Todesursache ist dann zumeist ein Nierenversagen aufgrund des Wassermangels. Unter diesem Aspekt scheint es nicht sinnvoll, nur die Ernährung einzustellen und weiter Flüssigkeit zu geben, da dies den Sterbeprozess unnötig verlängert.

**Künstliche Ernährung als Grundbedürfnis.** Auf der anderen Seite ist unbestreitbar, dass Nahrung und Flüssigkeit zu den elementaren Grundbedürfnissen des Menschen gehören. Eine angemessene Befriedigung dieser Grundbedürfnisse muss daher unabhängig von Art und Schwere der Erkrankung immer sicher gestellt sein. Die Gabe von Nahrung und Flüssigkeit ist als Zeichen menschlicher Zuwendung und Fürsorge eine elementare menschliche Verpflichtung, die auch dann erfüllt werden muss, wenn der Betreffende selbst nicht mehr in der Lage dazu ist, Nahrung und Flüssigkeit auf natürlichem Weg zu sich zu nehmen.

**Zusammenfassende Bewertung.** Zweifellos ist die angemessene Versorgung mit Nahrung und Flüssigkeit eine grundlegende menschliche Verpflichtung, die jedoch nicht unabhängig von der konkreten Situation besteht. Bei Patienten in einem fortgeschrittenen Krankheitsstadium bringt die Einleitung einer künstlichen Ernährungstherapie in der Regel keine Verbesserung des Krankheitsverlaufs, so dass der Nutzen für den Patienten fraglich ist. Die subjektiven Symptome von Hunger und Durst lassen sich durch pflegerische Maßnahmen lindern und auch diese pflegerischen Maßnahmen sind Ausdruck menschlicher Zuwendung.

Die Entscheidung über die Einleitung oder Nicht-Einleitung einer Ernährungstherapie sollte daher in jedem Einzelfall im Gespräch mit den Angehörigen unter Berücksichtigung des mutmaßlichen Patientenwillens getroffen werden. Eine generelle Verpflichtung zur Einleitung einer solchen Therapie besteht jedoch wegen des oft fraglichen medizinischen Nutzens nicht.

> Ethisch abweichend zu beurteilen ist die Situation bei Patienten, die auf eine künstliche Ernährung angewiesen sind und deren Erkrankung ansonsten stabil ist (z.B. beim apallischen Syndrom). Hier ist die Ernährungstherapie aus medizinischer Sicht klar indiziert und sinnvoll. Entscheidend ist hier der Patientenwille. Falls sich dieser nicht ermitteln lässt, sollte im Zweifel eine Ernährungstherapie eingeleitet bzw. fortgeführt werden (zur kontroversen Diskussion der ethischen Aspekte s.o.)

## Nicht-Beginnen leichter als Abbruch?

Ärzte und Pflegende empfinden den Abbruch einer bereits begonnenen Therapiemaßnahme oft als erhebliche Belastung. Das Handeln (Abschalten des Beatmungsgerätes) wird als »aktives« Eingreifen empfunden, während die Nicht-Einleitung einer Therapie als weniger problematisch gilt.

Aus psychologischer Sicht ist diese Unterscheidung verständlich. Aus ethischer Sicht muss jedoch ein Nicht-Handeln genauso verantwortet werden wie das aktive Handeln: Sowohl für den Abbruch einer lebenserhaltenden Therapie als auch für die Nicht-Einleitung einer solchen Therapie muss es eine ethische Rechtfertigung geben, deren Grundlage der erklärte oder mutmaßliche Wille des Patienten sein sollte.

### 3.1.3 Empfehlungen der Bundesärztekammer

## Grundsätze unterscheiden vier Patientengruppen

Die »Grundsätze der Bundesärztekammer zur ärztlichen Sterbebegleitung« aus dem Jahr 2004 unterscheiden hinsichtlich der Bewertung passiver Sterbehilfemaßnahmen zwischen vier Patientengruppen:

**1. Sterbende.** Ärztliche Aufgabe ist hier die palliativ-medizinische Betreuung, die menschliche Betreuung und die Basisversorgung. Zu dieser Basisversorgung gehören bei Sterbenden nicht immer Nahrungs- und Flüssigkeitszufuhr, »da sie für Sterbende eine schwere Belastung darstellen können«. Die subjektiven Gefühle von Hunger und Durst müssen jedoch durch pflegerische Maßnahmen gestillt werden. Lebensverlängernde Maßnahmen dürfen in Übereinstimmung mit dem Willen des Patienten unterlassen werden.

**2. Patienten mit infauster Prognose.** Auch bei Patienten, die an einer fortgeschrittenen Erkrankung leiden und »aller Voraussicht nach in nächster Zeit sterben werden« kann eine Änderung des Therapieziels von der Lebenserhaltung auf eine palliativmedizinische Versorgung erfolgen, wenn dies dem Willen des Patienten entspricht. Bei extrem unreifen Frühgeborenen, »deren Sterben abzusehen ist«, kann auf eine Behandlung in Absprache mit den Eltern verzichtet werden.

**3. Schwerst beeinträchtigte Neugeborene.** Bei Neugeborenen mit schweren Stoffwechselschäden, Fehlbildungen oder ausgedehnten Schädigungen des Gehirns, bei denen keine Aussicht auf Besserung besteht, kann mit Zustimmung der Eltern eine lebenserhaltende Behandlung unterlassen oder nicht weitergeführt werden.

---

**Der Fall**

Der Neugeborene Leonard leidet an Trisomie 18 (Edwards-Syndrom), einer schweren Chromosomenanomalie mit multiplen Organmissbildungen, die in der Regel innerhalb der ersten Lebensmonate zum Tode führt. In Einzelfällen ist ein Überleben auch bis ins Jugendalter beschrieben. Bei Leonard besteht

▼

> ein kompletter Ösophagusverschluss, ein großer Bauchwandbruch sowie ein ausgedehnter Ventrikelseptumdefekt am Herzen mit offenem Ductus arteriosus. In Absprache mit den Eltern wird auf eine (prinzipiell mögliche) intensive operative Therapie der multiplen Organdefekte verzichtet, da die Lebenserwartung unabhängig von jedem therapeutischen Eingriff sehr begrenzt ist. Leonard erhält eine analgetische und pflegerische Therapie und verstirbt nach 2 Wochen an den Folgen einer bakteriellen Infektion.

Bei »weniger schweren Schädigungen« ist jedoch nach Auffassung der Bundesärztekammer kein Grund zum Behandlungsabbruch gegeben, selbst wenn die Eltern dies fordern sollten.

**4. Schwere zerebrale Schädigung und anhaltende Bewusstlosigkeit.** Bei Patienten im apallischen Syndrom (= »Wachkoma«, »persistent vegetative state«) ist eine lebenserhaltende Therapie auch mit künstlicher Ernährung grundsätzlich geboten. Ein Verzicht auf lebenserhaltende Therapie, die sich allein auf die Dauer der Bewusstlosigkeit gründet, ist nicht zulässig. Bei Entscheidungen zur Therapiebegrenzung ist jedoch der etwa zuvor geäußerte oder der mutmaßliche Wille des Patienten zu beachten.

❯ Die Empfehlungen der British Medical Association gehen im Gegensatz zu denen der Bundesärztekammer davon aus, dass bei einem *persistent vegetative state* nach 12 Monaten der Abbruch einer künstlichen Ernährung gerechtfertigt sein kann, da es sich hierbei um eine dann sinnlose gewordene medizinische Therapie handelt.

## Wie lässt sich der Patientenwille ermitteln?

Bei der Ermittlung des Patientenwillens sollen nach den »Grundsätzen« der Bundesärztekammer die folgenden **Hinweise** beachtet werden:

- Bei **einwilligungsfähigen Patienten** muss die Ablehnung einer lebenserhaltenden Therapie durch einen angemessen aufgeklärten Patienten vom Arzt respektiert werden.
- Bei **nicht einwilligungsfähigen Patienten**, die eine Patientenverfügung verfasst haben, ist diese für den Arzt bindend, »sofern die konkrete Situation derjenigen entspricht, die der Patient in der Verfügung beschrieben

hat, und keine Anhaltspunkte für eine nachträgliche Willensänderung erkennbar sind.«

- Ist bei einwilligungsunfähigen Patienten ein **Betreuer** bestellt, entscheidet dieser über den mutmaßlichen Willen des Patienten. Lehnt der Betreuer eine aus ärztlicher Sicht indizierte lebenserhaltende Maßnahme ab, soll der Arzt das Vormundschaftsgericht anrufen.
- In allen anderen Fällen hat der Arzt so zu handeln, wie es dem **mutmaßlichen Willen des Patienten** entsprechen würde. Hierbei sind alle Anhaltspunkte aus der Umgebung sowie frühere Äußerungen des Patienten zu berücksichtigen.
- Lässt sich ein mutmaßlicher Patientenwille nicht ermitteln, soll der Arzt diejenigen Maßnahmen durchführen, die ärztlich indiziert sind und sich im Zweifelsfall für die Erhaltung des Lebens entscheiden: **in dubio pro vita**.

> Die Grundsätze der Bundesärztekammer im Bereich der passiven Sterbehilfe müssen pauschal bleiben. Im Einzelfall sollte eine Therapiebegrenzung mit allen Beteiligten (Ärzten, Pflegenden, Angehörigen) besprochen werden und eine Entscheidung **im Konsens** angestrebt werden. Bei schwierigen Fällen hat sich eine klinisch-ethische Beratung im Team, ggf. unter Zuziehung externer Moderatoren bewährt.

## 3.1.4 Rechtlicher Kontext

*Peter W. Gaidzik*

### Sterbeprozess hat eingesetzt

Die rechtliche Zulässigkeit von passiver Sterbehilfe bei terminal kranken Patienten lässt sich aus einer Urteilsbegründung des Bundesgerichtshofs (BGHSt 32, 379/80) entnehmen, der deutlich macht, dass es

keine Rechtsverpflichtung zur Erhaltung eines erlöschenden Lebens um jeden Preis gibt. Maßnahmen zur Lebensverlängerung sind nicht schon deswegen unerlässlich, weil sie technisch möglich sind.

In solchen Fällen hält der Bundesgerichtshof die passive Sterbehilfe (nicht aber die aktive Tötung) für rechtlich erlaubt. (BGHSt 37, 376):

Auch bei aussichtsloser Prognose darf Sterbehilfe nicht durch gezieltes Töten, sondern nur entsprechend dem erklärten oder mutmaßlichen Patientenwillen durch die Nichteinleitung oder den Abbruch lebensverlängernder Maßnahmen geleistet werden, um dem Sterben – ggf. unter wirksamer Schmerzmedikation – seinen natürlichen, der Würde des Menschen gemäßen Verlauf zu lassen.

Dabei wird der Abbruch lebenserhaltender Maßnahmen der Nicht-Einleitung lebenserhaltender Maßnahmen gleichgestellt. Zwar ist ein Behandlungsabbruch (Abschalten eines Beatmungsgerätes) eine Handlung, dem »sozialen Handlungssinn« nach jedoch in juristischer Sicht nur ein Unterlassen: das Unterlassen weiterer Rettungsbemühungen. Wünscht der Patient selbst die Einstellung der Therapie, muss dem ohnehin entsprochen werden, da dem Patienten die Therapiehoheit zukommt.

> Passive Sterbehilfe kann also geleistet werden, wenn sie dem tatsächlichen oder dem mutmaßlichen Willen des Patienten entspricht. Dies gilt zunächst in den Fällen, in denen die Erkrankung des Patienten nach ärztlicher Einschätzung einen unumkehrbar tödlichen Verlauf genommen, d.h. der Sterbeprozess eingesetzt hat, so dass der Tod »in kurzer Zeit« (Tage, Wochen) eintreten wird.

## Schwere Grunderkrankung: der »Kemptener Fall«

In Ausnahmefällen kann nach der Auffassung der Rechtsprechung ein Abbruch der medizinischen Behandlung auch dann rechtlich zulässig sein, wenn der Sterbeprozess noch nicht eingesetzt hat, sofern dies dem erklärten oder mutmaßlichen Patientenwillen entspricht. Zu dieser Überzeugung kam der Bundesgerichtshof im Jahr 1994 in seinem Urteil zum sogenannten **Kemptener-Fall** (BGHSt 40, 257). Die dort entschiedene Fallkonstellation einer nicht terminal kranken, einwilligungsunfähigen Patientin mit schwerer Grunderkrankung kommt in der Praxis häufig vor:

---

**Der Fall**

Die 70-jährige Frau Sch. litt seit längerem an einer ausgeprägten präsenilen Demenz. Nach einem Herzstillstand im Jahre 1990 mit anschließender Reanimation hatte sie zusätzlich schwere, irreversible zerebrale Schäden erlitten und war wegen Schluckstörungen auf künstliche Ernährung angewiesen. Zwei Jahre trat keine Besserung ein. Der behandelnde Arzt, Dr. T schlug daraufhin dem Sohn S. der Patientin, der auch ihr Betreuer war, vor, die Ernährung einzustellen und nur noch Tee über die Sonde zu geben. Der Sohn stimmte nach anfänglichem Bedenken zu. Er erinnerte sich, dass seine Mutter bei einer Fernsehsendung, in der über eine wundgelegene, schwer pflegebedürftige Patientin mit Gelenkversteifungen berichtet wurde, ge-

▼

> sagt habe: »So möchte ich nicht enden«. Der Sohn unterschrieb gemeinsam
> mit dem Arzt ein Verordnungsblatt mit folgender Erklärung: »Im Einver-
> nehmen mit Dr. T. möchte ich, dass meine Mutter nur noch mit Tee ernährt
> wird, sobald die vorhandene Flaschennahrung zu Ende ist, oder aber ab
> dem 15.3.1993«.

Entgegen dieser Anordnung führte das Pflegepersonal jedoch die Ernährungstherapie fort und verständigte das Vormundschaftsgericht Kempten, das die
vom Sohn gewünschte Einstellung der künstlichen Ernährung mit Verweis auf
§ 1904 BGB versagte und Sohn und Arzt wegen versuchten Totschlags durch
Unterlassen verurteilte. Nach § 1904 BGB bedarf die Einwilligung des Betreuers in einen ärztlichen Eingriff der Genehmigung des Vormundschaftsgerichts,
»wenn die begründete Gefahr besteht, dass der Betreute auf Grund der Maßnahme stirbt oder einen schweren und länger dauernden gesundheitlichen
Schaden erleidet.«

Frau Sch. verstarb am 29.12.1993 an einem Lungenödem. Der Bundesgerichtshof hob mit Urteil vom 13.9.1994 das Urteil des Vormundschaftsgerichtes
jedoch auf: Es sei genauer zu prüfen, ob die Einstellung der Ernährung nicht
doch dem mutmaßlichen Willen der Erkrankten entsprochen habe. Bei einer
erneuten, sorgfältigen Beweisaufnahme konnte dann das Vormundschaftsgericht feststellen, dass Frau Sch. mutmaßlich ihre Einwilligung zum geplanten
Vorgehen gegeben hätte; die Angeklagten wurden freigesprochen.

Für die Entscheidung des BGH waren die folgenden **Leitsätze** maßgebend:

1. Bei einem unheilbar erkrankten, nicht mehr entscheidungsfähigen Patienten kann der Abbruch einer ärztlichen Behandlung oder Maßnahme aus-
nahmsweise auch dann zulässig sein, wenn der Sterbevorgang noch nicht eingesetzt hat. Entscheidend ist der mutmaßliche Wille des Kranken.

2. An die Voraussetzungen für die Annahme eines mutmaßlichen Ein-
verständnisses sind strenge Anforderungen zu stellen. Hierbei kommt es vor
allem auf frühere mündliche oder schriftliche Äußerungen des Patienten, seine
religiöse Überzeugung, seine sonstigen persönlichen Wertvorstellungen, seine
altersbedingte Lebenserwartung oder das Erleiden von Schmerzen an.

3. Lässt sich auch bei der gebotenen sorgfältigen Prüfung der individuelle mutmaßliche Willen des Kranken nicht feststellen, so kann und muss auf Kriterien zurück gegriffen werden, die allgemeinen Wertvorstellungen entsprechen. Dabei ist jedoch Zurückhaltung geboten; im Zweifel hat der Schutz menschlichen Lebens Vorrang vor persönlichen Überlegungen des Arztes, eines Angehörigen oder einer anderen beteiligten Person.

Der Bundesgerichtshof legte also in diesem Fall besonderen Wert auf die sorgfältige Ermittlung des mutmaßlichen Willens der Betroffenen. Die Entscheidung des Sohns als Betreuer, die Behandlung zu begrenzen, konnte dieser nicht wirksam treffen: Ein Betreuer müsse, für jede Maßnahme mit möglicher Todesfolge, also auch für die Einstellung der Ernährung, die Zustimmung des Vormundschaftsgerichtes einholen. Der § 1904 BGB, in dem von Sterbehilfe nicht gesprochen wird, sei dennoch in solchen Fällen analog anzuwenden. Auch das Vormundschaftsgericht muss aber für seine Entscheidung vorrangig den mutmaßlichen Willen des Betroffenen ermitteln und respektieren.

> ❯ Das Urteil wurde vor allem deswegen kritisiert, weil es die Berufung auf »allgemeine Wertvorstellungen« zulässt, wenn sich keine Hinweise auf einen mutmaßlichen Patientenwillen ermitteln lassen. Folgt man dieser Auffassung sind missbräuchliche Therapiebegrenzungen bei vulnerablen Patientengruppen möglich, die mit Berufung auf allgemein geteilte Überzeugungen gerechtfertigt werden könnten. Aus ethischer Sicht ist eine solche Fremdbestimmung stets problematisch (▶ Kap. 12.6.2).

### ❓ Übungsfragen

- Als »passive Sterbehilfe« werden Therapiebegrenzungsmaßnahmen in ganz verschiedenen Situationen zusammengefasst. Welche Unterscheidungen sind hier wichtig?
- Welche Voraussetzungen müssen erfüllt sein, damit dem Wunsch eines einwilligungsfähigen Patienten nach Therapiebegrenzung entsprochen werden darf?
- Unter welchen Bedingungen kann die Einstellung von künstlicher Ernährung und Flüssigkeitsgabe ethisch zu rechtfertigen sein?

▼

- Welche Empfehlungen zur passiven Sterbehilfe gibt die Bundesärztekammer?
- Welche rechtlichen Leitsätze hat der Bundesgerichtshof im sogenannten »Kemptener Fall« zur passiven Sterbehilfe bei schweren, unheilbaren Erkrankungen aufgestellt?

## 3.2 Indirekte Sterbehilfe

### 3.2.1 Begriffsklärung

Werden therapeutische Maßnahmen ergriffen, welche die Lebensqualität des Patienten verbessern sollen (z. B. eine Sedierung), die aber als Nebenwirkung eine lebensverkürzende Wirkung haben können, spricht man von indirekter Sterbehilfe. Entscheidend ist, dass die Verbesserung der Lebensqualität das eigentliche Ziel der Handlung ist und die »Nebenwirkung« der **Lebensverkürzung nur in Kauf genommen** wird. Wird der Tod des Patienten primär intendiert, z.B. durch eine Steigerung der Sedierung über das notwendige Maß hinaus, handelt es sich nicht mehr um indirekte, sondern um aktive Sterbehilfe (► Kap. 3.3).

> **Der Fall**
> Eine hochdosierte **Opioidtherapie** zur Schmerzlinderung wirkt nicht wie oft vermutet lebensverkürzend, sondern eher lebensverlängernd. Das Problem der indirekten Sterbehilfe stellt sich daher in der Regel nur bei sedierenden Therapien (z.B. mit Neuroleptika oder Benzodiazepinen).

### 3.2.2 Ethische Perspektiven

Dass die primäre **Absicht** (Intention) einer Handlung für deren ethische Beurteilung maßgeblich sein muss, lässt sich mit dem schon in der mittelalterlichen Philosophie entwickelten **Prinzip der Doppelwirkung** verständlich machen.

Wenn eine Handlung (wie zumeist) mehrere Konsequenzen haben kann, ist es wichtig zu unterscheiden, welche Konsequenzen **beabsichtigt** waren und welche lediglich **voraussehbar** aber nicht beabsichtigt waren.

---

**┌─ Der Fall ─**

Herr Neithardt leidet an einem Rezidiv eines Magenkarzinoms, das in die Umgebung infiltrierend vorwächst. Trotz hoher Dosen von Morphin und Antiemetika ist die Übelkeit mit mehrmals täglichem Würgen und Erbrechen nicht ausreichend therapiert. Sein Arzt erwägt, zusätzlich das sedierend und antiemetisch wirkende Haloperidol zu geben und die Dosis so weit zu erhöhen, bis Übelkeit und Erbrechen erträglich geworden sind. Dabei ist ihm bewusst, dass die Sedierung angesichts einer zusätzlich bestehenden chronisch obstruktiven Bronchitis des Patienten die Entstehung von Pneumonien begünstigen und daher lebensverkürzend wirken kann.

---

Beabsichtigte Wirkung der Haloperidol-Gabe bei Herrn Neithardt ist die Reduktion von Übelkeit und Erbrechen oder zumindest die Linderung des bewussten Leidens daran durch die sedierende Wirkkomponente. Die mögliche Nebenwirkung einer Pneumonie ist vorausgesehen, aber nicht beabsichtigt.

Allgemein beruht die moralische Zulässigkeit einer Handlung mit mehreren Konsequenzen nach dem Prinzip der Doppelwirkung auf **vier Voraussetzungen**:

1. Die Handlung selbst muss moralisch zulässig oder zumindest neutral sein, z.B. Sedierung zur Leidenslinderung.
2. Der Handelnde darf nur eine moralisch zulässige Wirkung beabsichtigen, d.h. die Lebensverkürzung wird nicht beabsichtigt.
3. Die moralisch unzulässige Wirkung der Handlung, d.h. die Tötung des Patienten, darf nicht das Mittel sein, das die moralisch zulässige Folge erst hervorbringt. Die Leidenslinderung darf nicht erst durch den eingetretenen Tod erfolgen, sondern muss schon durch die (zulässige) Sedierung gegeben sein.
4. Die beabsichtigte moralisch gute Folge der Handlung muss in einem angemessenen Verhältnis zur in Kauf genommenen negativen Handlungsfolge stehen, d.h. das Leiden muss so unerträglich sein, dass die mögliche Lebensverkürzung dafür in Kauf genommen werden kann.

> ❯ Das Prinzip der Doppelwirkung kann eine Hilfestellung bei der Analyse von ethisch schwierigen Entscheidungen geben. Es leidet jedoch daran, dass es in vielen praktischen Fällen nur unscharf anwendbar ist und sich auf die »Absicht« des Handelnden stützt, die als innere Einstellung oft nur schwer zu ermitteln ist. Befürworter der aktiven Sterbehilfe verweisen zudem darauf, dass auch bei der aktiven Sterbehilfe die Absicht nur die Leidenslinderung ist, während der Tod nur notgedrungen in Kauf genommen wird.

### 3.2.3 Empfehlungen der Bundesärztekammer

Eine mögliche Lebensverkürzung darf bei Sterbenden hingenommen werden, wenn sich auf andere Weise das Leiden nicht lindern lässt. Die Grenze zur aktiven Sterbehilfe darf jedoch nicht überschritten werden.

Bei Patienten mit infauster Prognose, die in absehbarer Zeit sterben werden, kann ein Therapiewechsel im Hinblick auf eine palliative Therapie indiziert sein, wenn der Patient dies wünscht. Auch in diesen Fällen wiegt die Leidenslinderung höher als eine mögliche Lebensverkürzung.

### 3.2.4 Rechtlicher Kontext

*Peter W. Gaidzik*

Aus rechtlicher Sicht ist die Linderung von Schmerzen oder sonstigen Beschwerden auch dann zulässig oder aufgrund der ärztlichen Fürsorgepflicht sogar geboten, wenn dies mit der Folge einer möglichen oder selbst sicheren Lebensverkürzung verbunden ist. Zur Begründung der Straflosigkeit werden die Rechtfertigungsgründe der Pflichtenkollision oder des Notstands herangezogen. Zudem wird diskutiert, dass eine solche Handlung schon ihrem »sozialen Sinngehalt« nach nicht als Tötungsdelikt angesehen werden könne.

Der Bundesgerichtshof hat die rechtliche Situation bei indirekter Sterbehilfe eindeutig gekennzeichnet:

Eine ärztlich gebotene schmerzlindernde Medikation entsprechend dem erklärten oder mutmaßlichen Patientenwillen wird bei einem Sterbenden nicht dadurch unzulässig, dass sie als unbeabsichtigte aber in Kauf genommene unvermeidbare Nebenfolge den Todeseintritt beschleunigen kann (BGHSt 42, 301; 15.11.1999)

Nach Ansicht des Gerichts ist ein Tod in Würde und Schmerzfreiheit gemäß dem erklärten oder dem mutmaßlichen Willen des Patienten im Vergleich zu einem geringfügig verkürzten Leben das höhere Rechtsgut, womit ein auf Leidenslinderung abzielendes Handeln unter dem Aspekt des rechtfertigenden Notstands (§ 34 StGB) erlaubt sei.

**? Übungsfragen**

- Wodurch unterscheidet sich die indirekte Sterbehilfe von der passiven Sterbehilfe?
- Erläutern sie das Prinzip der Doppelwirkung? Welche Kriterien sind für die moralische Zulässigkeit einer Handlung entscheidend?
- Wie stellt sich die rechtliche Situation im Hinblick auf die indirekte Sterbehilfe in Deutschland dar?

## 3.3    Aktive Sterbehilfe

### 3.3.1    Begriffsklärung

Unter aktiver Sterbehilfe versteht man die absichtliche, schmerzlose Tötung eines kranken Menschen durch einen Arzt. Eigentliches Handlungsziel ist dabei nicht die Tötung als solche, sondern die Erlösung des Patienten von unerträglichem Leiden, das auf andere Weise nicht gelindert werden kann. Durch dieses Motiv unterscheidet sich die aktive Sterbehilfe von anderen Tötungshandlungen.

Außerhalb Deutschlands wird der Begriff Euthanasie (engl. »euthanasia« von griechisch »eu« = gut und »thánatos« = der Tod) für die aktive Sterbehilfe benutzt. Dieser Begriff ist im Deutschen belastet durch seine Anwendung im Zusammenhang mit der von den Nationalsozialisten betriebenen »Vernichtung unwerten Lebens« und wird deshalb in Deutschland zu Recht vermieden (▶ Kap. 3.3.7).

Zwei Formen aktiver Sterbehilfe lassen sich unterscheiden:

- Wird die Tötung auf ausdrücklichen Wunsch des Patienten durchgeführt, handelt es sich um **Tötung auf Verlangen** (*voluntary euthanasia*).
- Werden Patienten getötet, die nicht entscheidungsfähig sind (z.B. Neugeborene oder komatöse Patienten), handelt es sich um **nicht-freiwillige aktive Sterbehilfe** (*non-voluntary euthanasia*).

Tötungsmaßnahmen gegen den ausdrücklich geäußerten Wunsch des Patienten werden gelegentlich auch als *unvoluntary euthanasia* bezeichnet. Hierbei handelt es sich jedoch nicht um Sterbehilfe, sondern um Totschlag oder Mord. Sie müssen von den beiden oben unterschiedenen Formen der aktiven Sterbehilfe klar abgegrenzt werden.

> **Unterscheide:**
> Aktive Sterbehilfe = Tötung auf Verlangen
> Passive Sterbehilfe = Therapiebegrenzung mit Todesfolge
> Indirekte Sterbehilfe = Tötung als unbeabsichtigte Folge einer leidenslindernden Therapie

## 3.3.2 Überblick

Die aktive Sterbehilfe ist die aus ethischer Sicht am leidenschaftlichsten diskutierte medizinische Entscheidung am Lebensende. Das liegt vor allem daran, dass hier grundsätzliche Wertentscheidungen über die Verfügbarkeit menschlichen Lebens, die Rolle des Arztes und die Aufgaben der Medizin gefordert werden. Auch die möglichen negativen gesellschaftlichen Folgen einer Zulassung der aktiven Sterbehilfe müssen bei der ethischen Beurteilung bedacht werden (▶ Kap. 3.3.3).

Aus rechtlicher Sicht könnte die Situation in Deutschland nicht klarer sein. Aktive Sterbehilfe ist als Tötung auf Verlangen nach §216 StGB verboten (▶ Kap. 3.3.5).

Auch aus Sicht der medizinischen Standesvertretungen wird die aktive Sterbehilfe abgelehnt. Die Empfehlungen der Bundesärztekammer sind eindeutig: Aktive Sterbehilfe ist unzulässig (▶ Kap. 3.3.4).

## 3.3.3 Ethische Perspektiven

Wie ist die Zulässigkeit aktiver Sterbehilfe aus ethischer Sicht zu beurteilen? Die in der Debatte vorgebrachten Argumente sind vielfältig. Die Befürworter berufen sich vor allem darauf, dass die **Selbstbestimmung des Patienten**, wie bei anderen medizinischen Maßnahmen auch, respektiert werden müsse. Die Gegner der aktiven Sterbehilfe betonen dagegen, dass das **Leben in jedem Fall unverfügbar** bleiben müsse und dass die Zulassung

**▢ Tabelle 3.4.** Argumente für aktive Sterbehilfe

Selbstbestimmungsrecht des Patienten (Autonomie)

Leidenslinderung

Aktive Sterbehilfe ≈ Passive Sterbehilfe

der aktiven Sterbehilfe **verheerende gesellschaftliche Folgen** nach sich ziehen würde.

## Aktive Sterbehilfe: Argumente im Überblick

Die moralische Zulässigkeit aktiver Sterbehilfe wird mit drei Argumenten verteidigt:

1. Die freie Entscheidung des Patienten (Patientenautonomie) muss respektiert werden
2. Jeder Arzt hat eine Pflicht zur Leidenslinderung
3. Es gibt keinen moralisch relevanten Unterschied zwischen aktiver Sterbehilfe und Therapiebegrenzungsmaßnahmen mit Todesfolge (► Kap. 3.1 Passive Sterbehilfe)

Argumente, mit denen die moralische Zulässigkeit der aktiven Sterbehilfe bestritten wird, lassen sich in zwei Gruppen einteilen:

**Prinzipielle Argumente** versuchen zu zeigen, dass die aktive Sterbehilfe an sich moralisch schlecht ist und daher nicht zugelassen werden darf. Fünf prinzipielle Argumente werden angeführt:

1. Menschliches Leben hat einen absoluten Wert und ist unverfügbar
2. Ärztliche Tradition und ärztliches Selbstverständnis verbieten die Tötung von Patienten
3. Die angeblich »freie Entscheidung« des Patienten ist eine Fiktion
4. Die Zulassung aktiver Sterbehilfe ist eine weitere Form der Medikalisierung des Sterbens
5. Sterbebegleitung und Palliativmedizin lassen den Wunsch nach aktiver Sterbehilfe gar nicht erst aufkommen.

**Pragmatische Argumente** weisen auf die negativen praktischen Folgen hin, die aus der Zulassung der aktiven Sterbehilfe resultieren könnten. Auch hier lassen sich fünf Argumente unterscheiden:

**◘ Tabelle 3.5.** Argumente gegen aktive Sterbehilfe

| Prinzipielle Argumente | Pragmatische Argumente |
| --- | --- |
| Leben ist unverfügbar | Schiefe Ebene |
| Gegen das ärztliche Selbstverständnis | Zerstörung des Arzt-Patienten-Verhältnisses |
| Fiktion der freien Entscheidung | Bedrohung der staatlichen Ordnung |
| Medikalisierung des Sterbens | Druck auf Alte und Kranke |
| Sterbebegleitung statt Sterbehilfe! | Weniger Mittel für Palliativmedizin |

1. »Schiefe Ebene« zur Tötung von Patienten aus anderen Gründen
2. Zerstörung eines vertrauensvollen Arzt-Patienten-Verhältnisses
3. Bedrohung der staatlichen Ordnung
4. Zunehmender gesellschaftlicher Druck auf Alte und Kranke
5. Schlechtere palliative Versorgung Sterbender

## Zur Rechtfertigung aktiver Sterbehilfe

**1. Freie Entscheidung des Patienten.** In den 60er und 70er Jahren des vorigen Jahrhunderts wurde zunächst in den USA, nicht zuletzt unter dem Einfluss des damals neuen Fachgebiets Medizinethik, die Herrschaft des ärztlichen Paternalismus weitgehend gebrochen. Wunsch und Wille des Betroffenen sind seither in der Medizin genauso zu respektieren wie in anderen Bereichen einer demokratischen Gesellschaft. Dies gilt für jede Zustimmung zu einer Behandlung, wie auch für jeden Abbruch einer Behandlung. Die Entscheidungen von Patienten müssen daher auch respektiert werden, wenn diese die Beendigung ihres Lebens verlangen.

---
**Der Fall**

Herr Peters ist 76 Jahre alt; er wollte eigentlich immer so lange wie möglich leben. Aber sein metastasiertes Prostatakarzinom lässt dies nicht mehr zu. Eine Peritonealkarzinose mit behandlungsresistenter Übelkeit und ausgedehnte Knochenmetastasen machen ihm das Leben zur Qual. Seit Wochen hat Herr Peters das Haus nicht mehr verlassen, ist kaum aus dem Bett aufgestanden. Und jeden Tag wird es schlimmer. Er bittet seinen Hausarzt ihm statt Morphin »etwas zum Sterben« in den Perfusor zu geben: »Wozu dieses sinnlose Leiden weiter aushalten?«

Selbstverständlich muss geklärt werden, ob ein solcher Wunsch nach Sterbehilfe unbeeinflusst, ohne äußeren Druck und bei geistiger Gesundheit getroffen wurde. Ist dies der Fall, gibt es keinen Grund, sich dem in dieser Weise geäußerten Patientenwunsch zu widersetzen. Schließlich ist es die Aufgabe des Arztes, jeden Patienten im Hinblick auf dessen größtmögliches Wohl zu behandeln. Was das Wohl des Patienten ist, definiert dabei allerdings nicht der Arzt, sondern der Patient selbst, der allein das Recht hat, über seinen Körper zu entscheiden.

Aktive Sterbehilfe muss daher erlaubt werden, weil nur so das **Selbstbestimmungsrecht** des Patienten auch über seinen eigenen Tod angemessen respektiert wird.

Für die Gültigkeit dieses Argumentes kommt es auch nicht darauf an, ob der Sterbeprozess schon eingesetzt hat und der Tod absehbar ist. Zu jedem Zeitpunkt hat ein Patient, der nach seiner subjektiven Einschätzung unerträglich leidet, und dem der Arzt keine andere Therapie anbieten kann, das Recht, . Hilfe bei der Beendigung seines Lebens zu verlangen.

**2. Ärztliche Pflicht zur Leidenslinderung.** Jeder Arzt ist verpflichtet, das Leiden eines Patienten zu lindern, wenn eine Heilung nicht mehr möglich ist. Das gilt auch für den Fall, dass die Leidensminderung zu einer Verkürzung der Lebenszeit führt. Die aktive Sterbehilfe ist daher gerechtfertigt, da in vielen aussichtslosen Situationen das Leiden des Patienten nur mit dem Tod enden wird.

---

**Der Fall**

Herr Castorp ist an amyotropher Lateralsklerose erkrankt, einer unaufhaltsam voranschreitenden Muskelschwäche. Die für die Willkürbewegungen verantwortlichen Nervenzellen in Gehirn und Rückenmark gehen aus noch ungeklärter Ursache zugrunde. Die Erkrankung wurde vor drei Jahren diagnostiziert. Seit drei Monaten leidet er zunehmend unter Luftnot. Besonders bei Hitze ist es unerträglich, schon im Sitzen. Sprechen, abhusten, essen und schlucken sind kaum noch möglich. Herr Castorp wünschte, dass es eine Möglichkeit gäbe, jetzt zu sterben, den weiteren Verlauf nicht durchmachen zu müssen. Ein Bekannter aus der Selbsthilfegruppe ist nach Zürich gefahren. Dort kann man sich Barbiturate verschreiben lassen. Es gibt sogar eine Organisation, die hierbei behilflich ist. Doch dafür ist Herr Castorp jetzt zu schwach, er kann es nicht mehr selber tun. Er braucht jemanden, der ihn tötet.

Es ist offensichtlich, dass das Leiden von Herrn Castorp mit Medikamenten nicht gelindert werden kann. Er leidet nicht so sehr an den Symptomen seiner Erkrankung, die man noch am ehesten palliativ behandeln könnte, sondern an dem zunehmenden Verfall seines Körpers, den er mit vollem Bewusstsein erleben muss. Warum soll Herrn Castorp Hilfe bei der Bewältigung seines Leidens versagt bleiben, nur weil er nicht mehr die Kraft hat, selbst eine tödliche Substanz einzunehmen?

In bestimmten Fällen unerträglichen Leidens kann es sogar moralisch vertretbar sein, der ärztlichen Pflicht zur Leidenslinderung auch dann nachzukommen, wenn der Patient sich krankheitsbedingt hierzu nicht mehr äußern kann. Eines der Motive für die ärztliche (und menschliche) Pflicht, Leiden zu lindern, ist das Gefühl des Mitleids, das leidende Menschen bei ihrem Gegenüber auslösen. Dieses Gefühl kann dem Arzt auch dann eine Orientierung geben, wenn die bewussten Wünsche des Patienten nicht mehr ermittelt werden können.

> Die Befürworter der Sterbehilfe betonen, dass ihr primäres Ziel nicht die Tötung des Patienten, sondern die Linderung seines Leidens ist. Dieses Ziel der Leidenslinderung wird so hoch bewertet, dass selbst Tötungen ohne ausdrücklichen Wunsch des Patienten »aus Mitleid« gerechtfertigt werden. Diese Argumentation ist ethisch bedenklich, da sie eine weitreichende Fremdbestimmung über Leben und Tod im Namen der »Leidensreduzierung« zur Folge haben würde.

**3. Analogie zu Maßnahmen der Therapiebegrenzung mit Todesfolge.** Therapeutische Maßnahmen können sich für den Patienten als sinnlos erweisen und nur sein Leiden verlängern. Der Abbruch einer solchen Therapie ist dann nach herrschender Meinung moralisch gerechtfertigt, selbst wenn der Patient aufgrund des Behandlungsabbruches verstirbt (▶ Kap. 3.1.2). Die aktive Lebensbeendigung, z.B. durch die Injektion einer tödlich wirkenden Substanz unterscheidet sich aber moralisch nicht wesentlich von einem Therapieabbruch mit Todesfolge. In beiden Fällen ist es das **Ziel** der Handlung, Leiden zu lindern. Die Tötung ist nur Mittel zum Zweck der Leidenslinderung. In beiden Fällen ist auch die Handlung des Arztes die **Ursache** für den Tod des Patienten. Zwischen einem Therapieabbruch mit Todesfolge und der aktiven Sterbehilfe besteht also kein moralisch signifikanter Unterschied, da sich die Ziele nicht unterscheiden und der Arzt in beiden Fällen den Tod verursacht. Erlaubt man eine Therapiebegrenzung, wofür vieles spricht, muss daher auch die aktive Sterbehilfe gestattet sein.

**Kritische Erwiderung.** Die aktive Sterbehilfe unterscheidet sich von der bloßen Therapiebegrenzung allerdings zumeist schon dadurch, dass eine aktive Tötung durch Medikamente in jedem Fall absolut irreversibel ist. Wird lediglich eine Behandlung abgebrochen oder unterlassen, besteht dagegen zumindest grundsätzlich noch die Möglichkeit, dass der Patient sich im weiteren Krankheitsverlauf wider alle Erwartung stabilisiert und eine weitergehende Behandlung dann möglicherweise wieder sinnvoll sein kann. Angesichts der großen Unsicherheit im Hinblick auf die Abschätzung der Prognose gebietet es daher schon die einfache Vorsicht, radikale und irreversible Maßnahmen wie die aktive Tötung zu unterlassen. Statt dessen sollten abgestufte Therapiebegrenzungsmaßnahmen vorgezogen werden, welche der Unsicherheit klinischer Prognosen eher angemessen sind.

## Prinzipielle Argumente gegen aktive Sterbehilfe

**1. Absoluter Wert und Unverfügbarkeit menschlichen Lebens.** Das biologische Leben ist für jeden einzelnen Menschen die wesentliche Grundlage seines Daseins: Das Leben ist die Voraussetzung für alles Übrige. Dieser unvergleichliche Wert menschlichen Lebens lässt sich als **Würde** fassen. Jeder andere Wert tritt hinter der Würde menschlichen Lebens zurück. Die Würde begründet das unbedingte Lebensrecht jedes Menschen, das sich jeder Abwägung·entzieht (▶ Kap. 12.4.4). Dieses Recht auf Leben widersetzt sich der Tötung eines Menschen, welche »guten« Gründe hierfür auch immer vorgebracht werden mögen.

Die Auffassung vom **absoluten Wert** menschlichen Lebens kann in einem religiösen Kontext vertreten werden. Der absolute Wert menschlichen Lebens gründet sich dann auf die Tatsache, dass der Mensch ein Geschöpf Gottes ist: Menschliches Leben ist **heilig**. Aber auch ein nicht-religiöses Verständnis kann sich darauf berufen, dass die Tötung eines Menschen in jedem Fall moralisch falsch sein muss, selbst wenn der Betreffende dies wünscht. Niemand kann, ohne mit sich selbst in Widerspruch zu geraten, ernsthaft in etwas einwilligen, was seine Fortexistenz – also ihn selbst – in Frage stellt. Menschliches Leben ist daher auch für den Betroffenen selbst **unverfügbar**.

**Kritische Erwiderung.** Leben ist ein hoher, aber kein absoluter Wert. Es ist nicht immer verwerflich zu töten. Im Rahmen einer Selbstverteidigung beispielsweise kann die Tötung des Angreifers als letztes Mittel moralisch legitim sein.

Auch ist das eigene Leben keineswegs absolut unverfügbar: Niemand kann dazu gezwungen werden zu leben. Wer sich in Freiheit, nach reiflicher Überlegung und bei geistiger Gesundheit gegen das Leben und für eine Selbsttötung entscheidet, ist hierzu kraft seiner Freiheit ethisch berechtigt (▶ Kap. 12.6.2). Die Tötung auf Verlangen ist nur die Ausdehnung dieser Freiheit auf Situationen, in denen der Einzelne körperlich nicht mehr dazu in der Lage ist, die Selbsttötung eigenhändig vorzunehmen.

**2. Ärztliche Tradition und ärztliches Selbstverständnis.** **Aktive** Sterbehilfe ist die Tötung eines Patienten durch seinen Arzt. Auch wenn der Patient es ernsthaft wünschen sollte, darf ein Arzt diesem Wunsch nicht entsprechen, weil Tötungshandlungen mit dem ärztlichen Selbstverständnis als Helfer und Heiler nicht vereinbar sind. Dies zeigt auch die Tradition der ärztlichen Ethik, die sich im **Hippokratischen Eid** (▶ Kap. 12) beispielhaft widerspiegelt: Die Tötung eines Patienten auch auf dessen ausdrücklichen Wunsch wird darin ausgeschlossen:

> **Der Fall**
>
> Ich werde niemandem, auch nicht auf seine Bitte hin, ein tödliches Gift verabreichen oder auch nur dazu raten.

Die Stärke dieser Ablehnung zeigt sich darin, dass Tötungen im medizinischen Bereich bei fast allen Völkern und Kulturen verboten sind. Die Durchführung aktiver Sterbehilfe ist daher aus prinzipiellen Gründen speziell für Ärzte abzulehnen, da sie dem Selbstverständnis des Arztes zuwiderläuft. ·

**Kritische Erwiderung.** Ärztliche Tradition und ärztliches Selbstverständnis sind einem Wandel unterworfen. Dies ist jedoch nicht negativ zu werten, sondern die notwendige Konsequenz medizinischen Fortschritts. Daher sind auch die Verpflichtungen des hippokratischen Eides historisch bedingt und heute nicht mehr in jedem Fall anwendbar:

Denjenigen, der mich diese Kunst [der Medizin] gelehrt hat, werde ich meinen Eltern gleichstellen und das Leben mit ihm teilen; falls es nötig ist, werde ich ihn mitversorgen. Seine männlichen Nachkommen werde ich wie meine Brüder achten und sie ohne Honorar und ohne Vertrag diese Kunst lehren, wenn sie sie erlernen wollen.

Es ist offensichtlich, dass dieser Teil des hippokratischen Eides heute nicht mehr befolgt wird. Auch die übrigen Selbstverpflichtungen des Eides sind nur in einem bestimmten historischen Kontext gültig. Die radikal veränderte gesellschaftliche Situation der Moderne erfordert ein geändertes ärztliches Selbstverständnis. Zudem wird die oberste ärztliche Maxime »Leiden zu lindern« nicht aufgegeben, sondern erhält mit der Möglichkeit der aktiven Sterbehilfe ein zusätzliches Instrument, das auch in sonst aussichtslosen Lagen eine Leidenslinderung ermöglicht.

> Die kritische Erwiderung macht deutlich, dass die alleinige Berufung auf den hippokratischen Eid nicht unproblematisch ist. Aus sich heraus besitzt er als in der Antike wurzelnde ärztliche Selbstverpflichtung nicht automatisch eine moralische Autorität. Er ist »Sitte«, ärztliches Standesethos, das historisch wandelbar sein kann. Die Frage hierbei ist, ob auch die diesem Standesethos zugrunde liegenden ethischen Normen wandelbar sind. Dies lässt sich kontrovers diskutieren (▶ Kap. 12).

**3. Die Fiktion der freien Entscheidung.** Die Befürworter aktiver Sterbehilfe gehen davon aus, dass Patienten sich in freier Selbstbestimmung für den Tod entscheiden und dass diese freie, autonome Entscheidung respektiert werden muss. Die wenigsten Menschen dürften aber in der Lage sein, sich in schwierigen, lebensbedrohlichen Situationen »frei«, »vernünftig« und unbeeinflusst zu entscheiden, wie es die These von der Patientenautonomie voraussetzt.

---

**Der Fall**

Frau Rehberg leidet seit 50 Jahren an Diabetes; kaum eine Komplikation ist ihr erspart geblieben. Seit 20 Jahren ist sie blind, nach mehren Schlaganfällen kann sie alleine nicht mehr ihr Bett verlassen, ihre Tochter pflegt sie, so gut es geht. Tagsüber muss sie arbeiten. Frau Rehberg macht sich Vorwürfe, dass sie als 70-jährige ihrer Tochter so zur Last fällt. Im Radio hört sie, dass es in den Niederlanden die Möglichkeit gibt, vom Arzt »etwas zum Sterben« zu bekommen.

---

Nicht nur das Gefühl, anderen zur Last zu fallen oder die Beeinflussung durch Verwandte, sondern auch Stimmungsschwankungen, psychische Erkrankungen oder ökonomischer Druck lassen die vermeintlich »freie« Entscheidung für aktive Sterbehilfe als Fiktion erscheinen. Es besteht die Gefahr, dass die grundsätzlich zu respektierende Entscheidung des Patienten in der Praxis in vielen Fällen durch Dritte maßgeblich geprägt wird. Bei einer Entscheidung über Leben und Tod darf man sich auf einen solchen unsicheren Grund nicht verlassen. Da niemand mit Sicherheit ermitteln kann, wie »frei« und wie autonom der Wunsch des Patienten ist, muss die Tötung im Zweifel unterbleiben.

**Kritische Erwiderung.** Die freie, autonome Entscheidung bei ausweglosem Leiden ist die Voraussetzung für die Durchführung aktiver Sterbehilfe. Es ist richtig, dass nicht alle Patienten zu einer solchen Entscheidung in der Lage sind. In diesen Fällen darf eine Tötungshandlung nicht vorgenommen werden. Dies bedeutet jedoch nicht, dass auch die Wünsche entscheidungsfähiger Patienten nicht zu respektieren sind:

> **Der Fall**
>
> Vor einem Jahr hatte sich Frau Geveerts zum ersten Mal richtig schlecht gefühlt. Sie konnte nicht mehr sitzen, bekam plötzlich starke Bauchschmerzen, musste sich hinlegen. Nach einigen Wochen und vielen Untersuchungen war die Diagnose klar: Ein Leiomyosarkom, ausgehend vom oberen Jejunum mit Subileus-Symptomatik: daher kamen ihre Bauchschmerzen. Dazu vier Rundherde in der Lunge, drei weitere im rechten Leberlappen. Inoperabel, beim besten Willen. Jetzt ist sie im fünften Zyklus Chemotherapie. Sie schreibt alles auf, für ihre Tochter, wenn die mal groß ist. Das Schreiben ihrer Krankengeschichte ist jetzt ihre Aufgabe, ihre Arbeit, dafür lebt sie noch. Alles andere ist besprochen und erledigt. Wenn sie nicht mehr schreiben kann, soll es ein schnelles Ende geben, ein waches Ende, kein Verdämmern in medikamentöser Sedierung. Ihre Schwester Petra soll dabei sein. Dr. Dijkstra wird es tun. Mit einer Infusion: erst Babiturate, dann Muskelrelaxantien. Ein guter Tod, ein bewusster Abschied. Die Musik ist schon ausgesucht. Feigheit? Vielleicht. »Es gibt Situationen«, so schreibt sie, »in denen es dumm wäre, um jeden Preis mutig sein zu wollen.«

Mit welchem Recht kann sich der Arzt in solch eindeutigen Fällen, dem ausdrücklichen Patientenwunsch nach Sterbehilfe widersetzen?

> Das **Selbstbestimmungsrecht des Patienten** (▶ Kap. 12.6.2) ist aus ethischer Sicht ein hohes Gut, dessen Reichweite in der Regel nur durch die mögliche Verletzung der Rechte Anderer eingeschränkt werden kann. Weitgehende Einigkeit besteht seit der Aufklärung darin, dass die freie Selbstbestimmung des Patienten auch einen Suizid ethisch zulässig macht. Umstritten ist jedoch, ob das Selbstbestimmungsrecht so weit gehen kann, seine eigene Tötung **durch einen anderen Menschen** zu wünschen oder zu verlangen (▶ Kap. 12).

**4. Medikalisierung des Sterbens.** Die unbestreitbaren Erfolge der modernen Medizin haben ihre Schattenseite: Immer weitere Bereiche des menschlichen Lebens, von der Zeugung bis zum Sterben, vollziehen sich unter medizinischer »Betreuung«. Diese problematische Medikalisierung würde durch die Zulassung aktiver Sterbehilfe noch vertieft: Auch das Sterben wäre dann ein medizinisch zu steuernder Vorgang und nicht mehr eine persönliche Lebensaufgabe. Das Lebensende darf nicht der technisch-pharmakologischen Manipulation durch den Medizinbetrieb ausgeliefert werden. Die Zulassung aktiver Sterbehilfe durch Ärzte würde jedoch genau diese letzte Entfremdung erreichen und ist daher abzulehnen.

**Kritische Erwiderung.** Die befürchtete »Medikalisierung« menschlichen Sterbens ist keine an sich ethisch schlechte Entwicklung. Solange sie sich mit ausdrücklicher Zustimmung der Betroffenen vollzieht, kann sie nicht ethisch problematisch sein. Letztes Kriterium ist immer die Einschätzung des betroffenen Individuums. Jeder soll selbst entscheiden können, wie er leben und wie er sterben will.

**5. Sterbebegleitung statt aktiver Sterbehilfe.** Es kommt vor, dass Patienten in einer ausweglosen Situation, bei unerträglichen Schmerzen und ohne Hoffnung auf Besserung den Arzt bitten, ihr Leiden zu beenden und ihnen den Tod zu geben. Diese Bitte als Aufforderung zum Handeln im Sinne einer aktiven Sterbehilfe zu verstehen, ist jedoch ein tragisches Missverständnis. Die Patienten bitten um ein Ende ihrer Leiden und nicht um ein Ende ihres Lebens.

Der Todeswunsch terminal erkrankter Patienten ist oft Ausdruck einer ungenügenden medizinischen und menschlichen Unterstützung (▶ Kap. 3.5). Durch angemessene Schmerztherapie, Behandlung von Depressionen und persönliche Zuwendung verlieren sich die zunächst geäußerten Todeswünsche wieder. Eine solche palliativmedizinische Versorgung ist möglich, wenn die Gesellschaft die entsprechenden Ressourcen hierzu bereitstellt.

**Kritische Erwiderung.** Palliativmedizin und aktive Sterbehilfe müssen sich nicht gegenseitig ausschließen. Jeder Patient soll die Hilfe bekommen, die er in seiner individuell einzigartigen Lage wünscht. Auch hier kann nicht von Fremden für den Betroffenen entschieden werden. Jeder muss die Freiheit behalten, zwischen palliativer Sterbebegleitung und aktiver Lebensbeendigung zu einem frei bestimmten Zeitpunkt zu wählen. Im übrigen sind die Unterschiede zwischen einer palliativmedizinischen Sterbebegleitung in der Endphase, in der, wenn erforderlich, auch eine tiefe, »terminale« Sedierung vorgenommen wird und der rascheren Beendigung des Lebens, z.B. durch einmalige Injektion eines Barbiturates, nicht moralisch relevant: In beiden Fällen wird durch die Gabe der Medikation der Tod aktiv herbeigeführt – das eine mal langsamer, das andere mal rascher.

## Pragmatische Gründe gegen aktive Sterbehilfe

Selbst wenn die prinzipiellen Argumente gegen aktive Sterbehilfe nicht allgemein geteilt werden können, sind doch bei einer Zulassung der aktiven Sterbehilfe in fünf Bereichen ausgeprägte negative Folgen zu befürchten, so dass eine Zulassung ethisch fragwürdig erscheint.

**1. Schiefe Ebene zur Tötung von Patienten aus anderen Gründen.** Wird das allgemeine Tötungsverbot auch nur teilweise aufgehoben, ist zu befürchten, dass Tötungshandlungen auch in anderen Bereichen zunehmend Akzeptanz finden. Zunächst würde nur die aktive Sterbehilfe auf Wunsch eines voll entscheidungsfähigen Patienten zugelassen. In der Praxis finden sich jedoch Patienten in ähnlichen Situationen, die nicht in gleicher Weise frei entscheiden können.

Zu befürchten ist, dass das mit der aktiven Sterbehilfe verbundene Ziel der Leidenslinderung auch bei diesen Patienten verfolgt wird. Aus der Tötung auf Verlangen wird dann eine Tötung **ohne ausdrückliches Verlangen**, eine Tötung aus Mitleid und ohne Einwilligung des Patienten. Eine solche nicht-freiwillige aktive Sterbehilfe könnte eine große Zahl vor allem älterer, nicht mehr entscheidungsfähiger Patienten betreffen, was diese Entwicklung nur um so bedrohlicher macht.

Ein weiteres Abgleiten auf der schiefen Ebene aktiver Tötungshandlungen träte dann ein, wenn nicht mehr das Ziel der Leidenslinderung, sondern ganz andere Ziele die Tötungen motivierten. So könnte es dazu kommen, dass Patienten aus **ökonomischen Gründen** oder auf **Druck und Drängen der Angehörigen** nicht länger behandelt oder gepflegt, sondern im dann vorhandenen »Sterbehilfe-System« getötet würden. Die aktive Tötung unter ärztlicher Leitung und Verantwortung stünde dann im Dienst gänzlich fremder Interessen. Von der Tötung auf Verlangen des Patienten wäre man über die Zwischenstufe der Tötung aus »Mitleid« zur Tötung ohne Rücksicht auf das Interesse des Betroffenen gekommen. Endpunkt dieser schiefen Ebene wäre also ein Tötungssystem, dass sich vom Euthanasie-Programm der Nationalsozialisten kaum noch unterscheiden ließe (▶ Kap. 3.3.7).

Wegen der Gefahr einer katastrophalen Ausweitung der Tötungshandlungen, darf schon der erste Schritt auf dieser schiefen Ebene, die Zulassung aktiver Sterbehilfe auf Wunsch des Patienten, nicht gegangen werden. Dabei kommt es nicht darauf an, ob die aktive Sterbehilfe an sich moralisch zulässig ist oder nicht. Die fatalen Konsequenzen, die sich aus einer Zulassung ergeben würden, rechtfertigen ein Verbot. Dies um so mehr, als erste empirische Daten aus den Niederlanden zeigen, dass die aktive Sterbehilfe keineswegs immer ausschließlich auf Wunsch des Patienten, sondern in vielen Fällen auch ohne ausdrücklichen Wunsch bei entscheidungsunfähigen Patienten durchgeführt wird (▶ Kap. 3.3.6). Die Entwicklung in den Niederlanden zeigt auch, dass selbst restriktive rechtliche Regelungen ein solches Abgleiten auf der schiefen Ebene nicht sicher verhindern können.

**Kritische Erwiderung.** Die oft behauptete schiefe Ebene von der aktiven Tötung auf Verlangen zur Tötung beliebiger Bevölkerungsgruppen auch gegen ihren ausdrücklichen Wunsch lässt sich empirisch nicht nachweisen. Die in den Niederlanden erhobenen Daten zeigen vielmehr, dass genau dieses Abgleiten nicht eingetreten ist. Auch das Euthanasie-Programm der Nationalsozialisten war ja gerade nicht das Ergebnis eines moralischen Dammbruchs in der Endphase einer schleichenden Entwicklung, die von einer Praxis der aktiven Sterbehilfe auf Wunsch des Patienten ausging. Es war von Anfang an das Resultat einer ausdrücklich so konzipierten Vernichtungsideologie (▶ Kap. 3.3.7).

Selbst wenn es eine gesellschaftliche Tendenz gäbe, den Bereich erlaubter Tötungshandlungen immer weiter auszudehnen, müssten die Gegner einer Zulassung aktiver Sterbehilfe zeigen, dass sich diese Tendenz nicht durch gesetzliche Regelungen aufhalten lässt.

> Aus ethischer Sicht hängt die Güte des Arguments zur schiefen Ebene entscheidend davon ab, ob es **empirische Hinweise** dafür gibt, dass ein solches Abgleiten tatsächlich wahrscheinlich oder sogar schon eingetreten ist. Vor diesem Hintergrund sind die (kontrovers interpretierten) Studien in den Niederlanden von besonderer Bedeutung (▶ Kap. 3.3.6). Die retrospektiv erhobenen Daten lassen eine sichere Einschätzung nur mit Einschränkungen zu. Doch gibt es zweifelsfrei in den Niederlanden Fälle nicht-freiwilliger aktiver Sterbehilfe. Gefragt werden kann allerdings, ob es diese Fälle nicht auch ohne die gesetzliche Zulassung aktiver Sterbehilfe gegeben hätte.

**2. Zerstörung eines vertrauensvollen Arzt-Patienten-Verhältnisses.** Auch wenn die aktive Sterbehilfe nur auf ausdrücklichen Wunsch des Patienten durchgeführt werden dürfte, würde sich die Beziehung zwischen Ärzten und ihren Patienten nachhaltig verändern. Schwerkranke und ältere Patienten müssten befürchten, dass ihr Arzt nicht mehr in allen Fällen die Erhaltung des Lebens zum obersten Ziel seines Handelns macht, sondern dass er in bestimmten Fällen auch eine Tötung seiner Patienten in Erwägung zieht und durchführt. Für die Patienten wäre trotz aller denkbaren Absicherungen das grundsätzliche Vertrauen in den Arzt in Frage gestellt. Auch für den Arzt wäre die Zulässigkeit aktiver Sterbehilfe eine schwere Belastung seines Rollenverständnisses. Er müsste im Einzelfall bereit sein, einen Patienten durch eine medizinische Handlung zu töten und würde dadurch in einen unauflöslichen Gewissenskonflikt zu seinem Heilauftrag getrieben.

**Kritische Erwiderung.** Die Bedürfnisse von Ärzten und Patienten sind so verschieden, wie Ärzte und Patienten selbst. Ein allgemein geteiltes Ideal einer vertrauensvollen Arzt-Patientenbeziehung existiert nicht. Daher dürften bestimmte Patienten gerade mit einem Arzt, von dem sie erwarten können, dass er in sonst aussichtslosen Situationen in ihrem Sinne aktive Sterbehilfe leisten wird, eine besonders tragfähige Beziehung aufbauen können. Im übrigen bleibt es jedem Patienten unbenommen, einen Arzt zu wählen, der aktive Sterbehilfe ausdrücklich nicht durchführt. So wie es jedem Arzt freigestellt ist, aktive Sterbehilfe zu leisten oder nicht.

**3. Bedrohung der staatlichen Ordnung.** In letzter Konsequenz widerspricht die Aufhebung des Tötungsverbotes auch dem Zweck und der Idee des Staates, der ein friedliches und gewaltfreies Zusammenleben seiner Bürger gewährleisten muss. Wird in einem Bereich das Tötungsverbot durch eine staatliche Gesetzgebung aufgehoben, ist zu befürchten, dass gewaltsame Lösungen von Problemen auch in anderen Bereichen die staatliche Ordnung zunehmend bedrohen und untergraben. Durch die Zulassung aktiver Sterbehilfe könnte sich eine »Euthanasie-Mentalität« auch auf andere Gebiete ausdehnen.

**Kritische Erwiderung.** Eine Bedrohung der staatlichen Ordnung durch staatlich sanktionierte Tötungshandlungen kann ernsthaft nicht befürchtet werden. Auch in Ländern, in denen beispielsweise die Todesstrafe zulässig ist – eine Tötung gegen den ausdrücklichen Wunsch des Betroffenen – wurde eine solche Auflösung gesellschaftlicher Bindungen bislang nicht beobachtet. Um so unwahrscheinlicher ist eine solche Entwicklung, wenn die Tötungen, wie bei der aktiven Sterbehilfe, nur auf Verlangen des Betroffenen erfolgen.

**4. Gesellschaftlicher Druck auf Alte und Kranke.** Würde aktive Sterbehilfe zugelassen, müssten sich vor allem ältere und schwerkranke Menschen zunehmend fragen, ob es nicht für sie – oder ihre Angehörigen – besser wäre, von dieser Möglichkeit Gebrauch zu machen – unabhängig davon, ob sie dies wirklich wollen. Schon durch die bloße Verfügbarkeit der Option einer aktiven Lebensbeendigung würde diese Patientengruppe unter einen nur schwer erträglichen Druck gesetzt.

Selbst wenn der Wunsch nach aktiver Sterbehilfe letztlich von den Betroffenen selbst geäußert wird, könnte man hier kaum von einer freien Entscheidung reden. Als Folge entstünde ein Klima aus Angst und Selbstvorwürfen. Jeder Alte, jeder ernsthaft Erkrankte müsste sich dafür rechtfertigen, dass er noch am Leben festhält und nicht die schmerzlosere – und auch kostengünstigere – Alternative der Lebensbeendigung wählt. Eine solche unmenschliche Atmosphäre würde eine Gesellschaft, in der aktive Sterbehilfe zugelassen ist, charakterisieren – eine nicht akzeptable schwerwiegende Nebenwirkung.

**Kritische Erwiderung.** Einem möglicherweise zunehmenden gesellschaftlichen Druck auf Alte und Kranke kann durch restriktive Anforderungen an die Durchführung aktiver Sterbehilfe wirksam begegnet werden. Der durchführende Arzt muss sich vergewissern, dass die Entscheidung des Patienten tatsächlich seine eigene Entscheidung ist und nicht auf gesellschaftlichem Druck beruht. Eine solche Prüfung ist dem Arzt in der Regel möglich. Im Zweifelsfall bleibt immer noch die Option, der Bitte um aktive Sterbehilfe nicht zu entsprechen. Im Übrigen entsteht ein solcher Druck auf besonders vulnerable Patienten auch dadurch, dass Therapiebegrenzungsmaßnahmen am Lebensende (► Kap. 3.1) zulässig sind. Die Zulassung aktiver Sterbehilfe führt hier also nicht zu einer Verschlechterung der Situation. Der Schutz besonders vulnerabler Patienten vor gesellschaftlichem Druck ist ein generelles Problem, das nicht erst durch die Zulassung aktiver Sterbehilfe entsteht.

**5. Schlechtere palliative Versorgung Sterbender.** Schließlich ist zu befürchten, dass die Verfügbarkeit aktiver Sterbehilfe zu einer weiteren Verschlechterung der Versorgungssituation schwerkranker Patienten führt. Warum sollten knappe Ressourcen in Palliativ- und Hospizmedizin investiert werden, wenn eine kostengünstigere Alternativlösung zur Verfügung steht?

Die Freiheit, sich zwischen der Tötung auf Verlangen und der Weiterbehandlung zu entscheiden, würde so mehr und mehr zur Fiktion: Bei unterentwickelter palliativmedizinischer Versorgung ist zu erwarten, dass Zustände unerträglichen Leidens am Lebensende mehr und mehr zunehmen. Die aktive Sterbehilfe bliebe dann für immer mehr Patienten die einzige Option.

**Kritische Erwiderung.** Ob durch die Möglichkeit aktiver Sterbehilfe die Ressourcen für den Einsatz palliativmedizinischer Maßnahmen tatsächlich reduziert werden, ist letztlich eine politische Entscheidung. Auch hier kann durch geeignete Steuerungsmaßnahmen einer befürchteten Unterversorgung im Bereich der Sterbebegeleitung wirksam begegnet werden.

## Zusammenfassende Einschätzung

Die Frage, ob aktive Sterbehilfe moralisch zulässig sein kann, entscheidet sich nach den angeführten Argumenten auf zwei Ebenen:

**Prinzipiell.** Auf prinzipieller **Ebene** muss eine Entscheidung getroffen werden, ob der **Selbstbestimmung des Patienten** oder dem absoluten **Schutz menschlichen Lebens** ein höherer Wert beigemessen wird. Die Entscheidung hierüber hängt von den unterschiedlichen zugrundeliegenden Welt- und Menschenbildern ab. Diese »Weltanschauungen« lassen sich durch ethische Reflexion und Analyse zwar aufklären; die grundsätzliche Entscheidung, auf welches Menschenbild jeder Einzelne seine Handlungen gründen will, ist jedoch der moralischen Verantwortung des Handelnden überlassen (► Kap. 12.6.2).

**Pragmatisch.** Auf pragmatischer Ebene kommt es weniger auf die moralischen Grundüberzeugungen an, sondern auf die praktischen Konsequenzen, die sich aus der Zulassung aktiver Sterbehilfe ergeben würden. Hier scheinen die möglichen negativen Folgen einer institutionalisierten Sterbehilfepraxis so schwerwiegend zu sein (Missbrauchsgefahr mit Abgleiten auf der schiefen Ebene zur Tötung ohne Wunsch des Patienten, gesellschaftlicher Druck auf Alte und Kranke), dass schon aus diesen Gründen eine Zulassung aktiver Sterbehilfe als nicht vertretbar erscheint. Dies gilt um so mehr, als die weit überwiegende Zahl von Patienten im Sterbevorgang bei adäquater Therapie keine »unerträglichen Leidenszustände« ertragen muss (▶ Kap. 3.5).

### 3.3.4  Empfehlungen der Bundesärztekammer

Aktive Sterbehilfe wird von den deutschen medizinischen Fachgesellschaften einhellig als nicht zum ärztlichen Behandlungsauftrag gehörig abgelehnt. Die Linderung eines unerträglichen Leidenszustandes sei auch durch andere, palliativmedizinische Maßnahmen möglich. In den »Grundsätzen der Bundesärztekammer zur ärztlichen Sterbebegleitung« aus dem Jahr 2004 heißt es:

> Aktive Sterbehilfe ist unzulässig und mit Strafe bedroht, auch dann, wenn sie auf Verlangen des Patienten geschieht. [...] Eine gezielte Lebensverkürzung durch Maßnahmen, die den Tod herbeiführen oder das Sterben beschleunigen, ist unzulässig und mit Strafe bedroht.

Es ist deutlich, dass hier ausdrücklich auf die **rechtlichen** Rahmenbedingungen der aktiven Sterbehilfe in Deutschland Bezug genommen wird (▶ Kap. 3.3.5). Die **ethischen** Gründe für die Ablehnung aktiver Sterbehilfe lassen sich indirekt aus dem Arztbild erschließen, das die Präambel der Grundsätze eröffnet:

> Aufgabe des Arztes ist es, unter Beachtung des Selbstbestimmungsrechtes des Patienten Leben zu erhalten, Gesundheit zu schützen und wiederherzustellen sowie Leiden zu lindern und Sterbenden bis zum Tod beizustehen.

Die ärztliche Verpflichtung zur Lebenserhaltung verbietet also zunächst die aktive Tötung von Patienten. Der in der Präambel deutlich werdenden Kern des Problems wird jedoch in den »Grundsätzen« nicht diskutiert: Dass nämlich ein Konflikt zwischen der Aufgabe der Lebenserhaltung und der ebenfalls zu beachtenden Aufgabe der Leidenslinderung oder dem Selbstbestimmungsrecht des Patienten entstehen kann.

### 3.3.5 Rechtlicher Kontext

*Peter W. Gaidzik*

Eine spezialgesetzliche Regelung der Sterbehilfe fehlt in Deutschland bislang. Das prinzipielle Fremdtötungsverbot verankert in den §§ 211 bis 216 StGB, gilt auch für den Bereich der Sterbehilfe. Die auf Wunsch des – einwilligungsfähigen – Patienten geleistete aktive Sterbehilfe bleibt als Tötung auf Verlangen nach § 216 StGB strafbar (Strafrahmen: Freiheitsentzug zwischen 6 Monaten und 5 Jahren). Der besonderen, vom Wunsch des »Opfers« geprägten Motivationslage des Täters trägt der Gesetzgeber lediglich durch eine Herabsetzung des Strafrahmens gegenüber den sonstigen Tötungsdelikten Rechnung. In der juristischen Literatur wird seit längerem diskutiert, ob in extremen Ausnahmesituationen im Sinne eines rechtfertigenden oder entschuldigenden Notstands (§§ 34, 35 StGB) die Tat erlaubt sein bzw. von einer Strafe abgesehen werden kann. Dem widerspricht jedoch nach überwiegender Meinung die durch den Gesetzgeber mit Einführung des § 216 StGB getroffenen Wertung, wonach der Wille des Betroffenen nicht ausreichen soll, die Tötung durch einen anderen zu legitimieren oder auch nur über den entschuldigenden Notstand oder sonstige Ausnahmenvorschriften (z. B. Absehen von Strafe wegen besonderer Betroffenheit des Täters durch die Folgen gemäß § 60 StGB) straflos zu stellen. Entscheidungen des Bundesgerichtshofs zur möglichen Straffreiheit der aktiven Sterbehilfe unter besonderen Umständen liegen bislang nicht vor. Vorstöße von Teilen der Rechtswissenschaft oder der Politik, durch eine Änderung des § 216 StGB die Tötung auf Verlangen unter bestimmten Umständen zu erlauben oder doch wenigstens straflos zu stellen, blieben bislang erfolglos.

Erfolgt die aktive Lebensverkürzung ohne ausdrücklichen Wunsch des Patienten (*non-voluntary euthanasia*) handelt es sich um Mord oder – bei Fehlen der besonderen Mordmerkmale – zumindest um Totschlag (§§ 211–213 StGB). Handelt hier der Täter nachvollziehbar aus Mitleid mit dem Opfer und verfolgt er keine eigennützigen Motive, so wäre dies allenfalls im Rahmen der Strafzumessung berücksichtigungsfähig.

### 3.3.6 Aktive Sterbehilfe in den Niederlanden

Im Jahre 1971 beendete die Ärztin Geertruda Postma das Leben ihrer schwer behinderten Mutter durch eine tödliche Morphin-Injektion. Anschließend stellte sie sich der Justiz. Sie wurde zu einer Woche (!) Gefängnis auf Bewährung verurteilt. Die milde Strafe drückte die Überzeugung des Gerichtes aus, dass ein Arzt das Recht haben kann, unerträgliches Leiden zu lindern, selbst wenn dies das Leben des Patienten verkürzt. Seit dem damaligen Prozess ist die Diskussion um die aktive Sterbehilfe in den Niederlanden nicht abgerissen. Mit der gesetzlichen Freigabe der aktiven Sterbehilfe unter bestimmten Bedingungen im Jahre 2002 waren die Niederlande das erste Land, in dem aktive Sterbehilfe nicht mehr strafbar ist.

In den Niederlanden wird die aktive Sterbhilfe als »Euthanasie« bezeichnet. Unter Euthanasie wird dabei ausschließlich diejenige Form der aktiven Sterbehilfe verstanden, die **auf Wunsch des Patienten** durchgeführt wird. Sterbehilfe ohne ausdrücklichen Wunsch des Patienten (non-voluntary euthanasia) gilt in den Niederlanden nicht als Euthanasie.

## Sorgfaltskriterien

Die für lange Zeit (bis April 2002) gültige Grundlage der aktiven Sterbehilfe in den Niederlanden legte der Oberste Gerichtshof im Jahr 1984. Dieser erklärte die aktive Sterbehilfe für entschuldbar, wenn ein Fall von »höherer Gewalt« vorliegt. Dies sei dann der Fall, wenn

- für den Arzt ein Konflikt zwischen zwei Verpflichtungen besteht: der Verpflichtung, den Wunsch des Patienten nach einem würdevollen Sterben zu respektieren und der Verpflichtung, das gesetzliche Verbot der Sterbehilfe zu beachten.
- der Arzt mit aller gebotenen medizinischen Sorgfalt ein verantwortungsvolles Urteil im Hinblick auf die vom Patienten verlangte Sterbehilfe getroffen hat. Hierbei soll der Arzt die vom ärztlichen Berufsstand entwickelten medizinethischen Kriterien berücksichtigen.

Ebenfalls im Jahr 1984 hat die Königlich-Niederländische Ärztegesellschaft (KNMG) Kriterien veröffentlicht, unter denen eine aktive Sterbehilfe zulässig sein soll und die als **Sorgfaltskriterien** für die Straffreiheit aktiver Sterbehilfe maßgeblich sind. Alle der folgenden sechs Anforderungen müssen erfüllt sein:

1. Freiwilliger und dauerhafter Wunsch eines entscheidungsfähigen Patienten
2. Vollständige Information des Patienten über seinen Zustand und die Konsequenzen seines Wunsches
3. Unerträgliches und hoffnungsloses Leid

4.  Keine Alternativen zur aktiven Sterbehilfe
5.  Einholung der Meinung eines zweiten, unabhängigen Arztes
6.  Beachtung der notwendigen medizinischen Sorgfalt

Bei Erfüllung dieser sechs Sorgfaltskriterien und der Meldung jedes Sterbehilfefalles kann sich der Arzt, der aktive Sterbehilfe leistet, auf »höhere Gewalt« berufen und damit straffrei bleiben, obwohl die aktive Sterbehilfe im Strafrecht nach wie vor verboten blieb.

Das erste der sechs Sorgfaltskriterien betont die Bedeutung des freiwilligen Wunsches eines entscheidungsfähigen Patienten. Durch Gerichtsurteile wurde die Zulässigkeit aktiver Sterbehilfe allerdings auch auf Bereiche ausgedehnt, in denen eine freie Entscheidung des Patienten in Zweifel steht oder gar nicht gegeben sein konnte: Bei Patienten mit psychischen Erkrankungen und bei Neugeborenen.

## Aktive Sterbehilfe bei psychischen Erkrankungen

In einer Entscheidung vom 21. Juni 1994 stellte das höchste niederländische Gericht fest, dass die Berufung auf »höhere Gewalt« bei der Durchführung aktiver Sterbehilfe auch bei Patienten gelten muss, bei denen der Sterbevorgang noch nicht eingesetzt hat und auch bei schweren psychischen Leiden ohne organische Grunderkrankung. Der Entscheidung zugrunde liegt die Patientengeschichte von Frau D.:

---

**Der Fall**

Frau D. war mit 22 Jahren eine unglücklich verlaufende Ehe eingegangen. Sie hatte zwei Söhne. Der älteste beging im Jahr 1986 Selbstmord. Die Ehe wurde zunehmend unerträglich, der Mann immer gewalttätiger. Sie hatte erste suizidale Gedanken und wurde für kurze Zeit stationär psychiatrisch behandelt. Ihr zweiter Sohn starb am 3. Mai 1991 an einem malignen Tumor. Am Abend dieses Tages versuchte Frau D., sich das Leben zu nehmen, jedoch ohne Erfolg. Von da an wurde sie mehr und mehr vom Gedanken beherrscht, aus dem Leben zu scheiden. Sie sprach mit anderen über ihren Wunsch und suchte nach einem Weg dieses Vorhaben zu realisieren.

---

In dieser Situation kam sie über die Niederländische Sterbehilfe-Gesellschaft mit dem Psychiater Chabot in Kontakt, der über zwei Monate im Jahr 1991 insgesamt 24 Stunden mit ihr sprach. Außerdem beriet er sich mit Angehörigen (ihrer Schwester und ihrem Schwager) sowie mit sieben weiteren Experten (vier Psychiatern, einem Allgemeinarzt, einem Medizinethiker und einem Experten in Trauerbewältigung). Die Mehrheit dieser Fachleute, die sich jedoch auf den schriftlichen Bericht von Dr. Chabot stützten und die Patientin nicht selbst gesehen hatten, war mit ihm der Meinung, dass Frau D. sich in einer Situation unerträglichen Leidens befand ohne Hoffnung auf eine Therapie, die dieses Leiden lindern könnte. Nach der Diagnose von Dr. Chabot litt die Patientin an einer Anpassungsstörung mit depressiver Verstimmung ohne psychotische Symptome im Kontext eines komplizierten Trauerprozesses. Trotz dieser Erkrankung war seiner Einschätzung nach die Patientin jedoch entscheidungsfähig und in der Lage, eine wohlüberlegte Bitte auf Beihilfe zum Suizid zu formulieren. Daraufhin stellte Dr. Chabot der Patientin am 28. September 1991 tödlich wirkende Medikamente zur Verfügung. Frau D. nahm diese in seinem Beisein. Außerdem waren noch ihr bester Freund und ein Allgemeinarzt anwesend.

In der Beurteilung dieses Falls stellte das Oberste Gericht klar, dass die Beihilfe zum Suizid bei Patienten, die nicht an einer körperlichen Erkrankung leiden und deren Sterbeprozess noch nicht eingesetzt hat, nur dann gerechtfertigt ist, wenn die beteiligten Ärzte »äußerste Sorgfalt« walten lassen. Eine aktive Sterbehilfe oder eine Beihilfe zum Suizid darf nur in Betracht gezogen werden, wenn objektiv keine anderen Behandlungsmöglichkeiten mehr bestehen. Andererseits kam das Gericht zu der Einschätzung, dass auch die Bitte eines psychiatrischen Patienten um Beihilfe zum Suizid durchaus eine »frei getroffene Entscheidung« sein kann. Es ist also nicht automatisch davon auszugehen, dass psychiatrische Patienten eine Entscheidung von solcher Tragweite nicht autonom treffen könnten. Chabot habe es jedoch an der notwendigen Sorgfalt fehlen lassen: Es wäre geboten gewesen, die Patientin zumindest von einem weiteren Experten unmittelbar untersuchen zu lassen. Chabot wurde daher schuldig gesprochen, eine Strafe wurde jedoch nicht verhängt.

## Aktive Sterbehilfe bei Neugeborenen

1996 entschieden Berufungsgerichte in Amsterdam und Leeuwarden, dass zwei Ärzte, die zwei schwer behinderte Neugeborene durch aktive Sterbehilfe getötet hatten, sich ebenfalls auf »höhere Gewalt« berufen konnten und straffrei bleiben sollten. Sie hatten die schwer leidenden Neugeborenen mit Zustimmung der Eltern getötet. Das eine Neugeborene litt unter Spina bifida, Hydrozephalus, einer Rückenmarksschädigung und Hirnschäden, das andere an Trisomie 13, einer Erkrankung die mit schweren Missbildungen, Nierenfunktionsstörungen und Hirnschädigungen einhergeht und in der Regel innerhalb von 6–12 Monaten zum Tode führt. In beiden Fällen waren nicht therapierbare Schmerzen der Grund, die aktive Sterbehilfe durchzuführen. Die Tötung der Neugeborenen wurde von den Gerichten vor allem deshalb akzeptiert, weil eine intensivierte Schmerztherapie, die vielleicht auch möglich gewesen wäre, nach Meinung des Gerichtes ebenfalls das Leben verkürzt hätte.

In der Konsequenz dieser Urteile scheint neben der »Euthanasie« im eigentlichen (engen) niederländischen Verständnis auch die Tötung zumindest einer Gruppe von Nicht-Einwilligungsfähigen in bestimmten Fällen von der Strafverfolgung ausgenommen zu sein.

## Das niederländische Sterbehilfegesetz

Mit dem »Gesetz über die Kontrolle der Lebensbeendigung auf Verlangen und der Hilfe bei der Selbsttötung« (Sterbehilfegesetz), das seit dem 1. April 2002 in Kraft ist, wurde die bisherige Praxis der aktiven Sterbehilfe in den Niederlanden in einem Spezialgesetz zusammengefasst. Danach wird ein Arzt, der die Sterbehilfe nach den im Sterbehilfegesetz festgelegten Bedingungen durchführt und den Leichenbeschauer über den Vorgang informiert, nicht mehr bestraft. Die sechs Sorgfaltskriterien wurden in Artikel 2 des neuen Gesetzes aufgenommen. Alle gemeldeten Sterbehilfefälle werden von fünf regionalen Kontrollkommissionen beurteilt. Hierbei wird überprüft, ob die Sorgfaltskriterien eingehalten wurden. Wenn nicht, werden Staatsanwaltschaft oder Gesundheitsbehörde informiert, die über mögliche weitere Sanktionen entscheiden.

Die aktive Sterbehilfe ohne ausdrücklichen Patientenwunsch ist im Gesetz nicht geregelt. Hier sollen weiterhin Gerichte und Staatsanwaltschaft im Einzelfall entscheiden, ob diese Form der Sterbehilfe straffrei bleiben kann oder nicht.

> Unabhängig von der Frage der ethischen Zulässigkeit aktiver Sterbehilfe auf Wunsch des Patienten ist die Ausdehnung der Sterbehilfepraxis auf nichteinwilligungsfähige Patienten (psychisch Kranke, Neugeborene) ethisch höchst problematisch und durch die Berufung auf das Selbstbestimmungsrecht des Patienten nicht zu rechtfertigen. Es ist zu befürchten, dass hier der Weg hin zu **Tötungen »aus Mitleid«** beschritten wurde, was zur zunehmenden Tötung von Patienten auch ohne deren Einwilligung führen kann.

## Empirische Daten

Empirische Daten zur Praxis der aktiven Sterbehilfe sind auch für die ethische Bewertung von Bedeutung. Es geht um die Frage, ob es Hinweise darauf gibt, dass mit der Zulassung aktiver Sterbehilfe in den Niederlanden tatsächlich eine schiefe Ebene betreten wurde, an deren Ende auch die Tötung von nicht einwilligungsfähigen Patienten in der Praxis durchgeführt wird.

**Auf der schiefen Ebene?** In den Jahren 1990, 1995 und 2001 wurden drei umfangreiche Studien zu den »Medizinischen Entscheidungen am Lebensende« in den Niederlanden durchgeführt. Die mit identischem Design durchgeführten Studien bestanden aus einer Analyse von Todesbescheinigungen und einem Interview-Teil. In den Interviews wurde eine repräsentative Gruppe von Ärzten unterschiedlicher Fachgebiete zu ihren Erfahrungen und Einstellungen im Hinblick auf aktive Sterbehilfe, Beihilfe zum Suizid und Tötung eines Patienten ohne dessen ausdrücklichen Wunsch befragt.

Kritisch zu betrachten ist der über die Jahre konstant bleibende Anteil von 0,7-0,8% aller Todesfällen in den Niederlanden, bei denen eine aktive Tötung **ohne ausdrückliches Verlangen** der Patienten erfolgte, hochgerechnet auf die

**☐ Tabelle 3.6.** Ergebnisse der Totenscheinstudien. In Klammern absolute Zahl der Todesfälle bzw. 95% Vertrauensintervall (nach Onwuteaka-Philipsen et al. 2003)

|  | 1990 % | 1995 % | 2001 % |
|---|---|---|---|
| Gesamtzahl der Todesfälle | 100 (= 128 824) | 100 (= 135 675) | 100 (= 140 377) |
| aktive Sterbehilfe | 1,7 (1,4–2,1) | 2,4 (2,1–2,6) | 2,6 (2,3–2,8) |
| Hilfe zum Suizid | 0,2 (0,1–0,3) | 0,2 (0,1–0,3) | 0,2 (0,1–0,3) |
| Tötung ohne ausdrückliches Verlangen | 0,8 (0,6–1,1) | 0,7 (0,5–0,9) | 0,7 (0,5–0,9) |
| Indirekte Sterbehilfe | 18,8 (17,9–19,9) | 19,1 (18,1–20,1) | 20,1 (19,1–21,1) |
| Passive Sterbehilfe/ Therapiebegrenzung | 17,9 (17,0–18,9) | 20,2 (19,1–21,3) | 20,2 (19,1–21,3) |

Gesamtzahl aller Todesfälle sind das immerhin etwa 1000 Patienten pro Jahr. Um diese Patientengruppe gab es seit der ersten Erhebung im Jahre 1990 eine hitzige Kontroverse. Gegner der aktiven Sterbehilfe sehen in diesen Zahlen eine Bestätigung des Abgleitens auf der schiefen Ebene von der aktiven Sterbehilfe auf Wunsch des Patienten zur Tötung auch von Patienten, die keinen solchen Wunsch geäußert haben. Verteidiger der niederländischen Praxis betonen, dass Tötungen ohne ausdrücklichen Patientenwunsch in möglicherweise ähnlicher Größenordnung auch in anderen Ländern vorkämen. Dies bliebe allerdings im Dunkeln, weil keine Studien zu dieser Frage durchgeführt würden. Außerdem umfasse die Gruppe der Patienten, die ohne ausdrücklichen Wunsch getötet wurde, ganz verschiedene Fälle.

Eine genauere Analyse der niederländischen Daten zeigt aber, dass 21% dieser Tötungen ohne ausdrücklichen Patientenwunsch **bei an sich entscheidungsfähigen** Patienten vorgenommen wurden, in immerhin 18% der Fälle neben Morphin oder anderen sedierenden Substanzen ein Muskelrelaxans zum Einsatz kam und in 5% der Fälle der Arzt mit niemandem über die Entscheidung zur Tötung seines Patienten gesprochen hat.

> Selbst wenn die Tötungshandlungen ohne ausdrücklichen Patientenwunsch in diesen Studien nur eine prozentual relativ kleine Anzahl von Patienten betreffen, ist zu vermuten, dass sie in Ländern, in denen die aktive Sterbehilfe institutionalisiert ist, deutlich häufiger vorkommen als in Ländern in denen jede Tötung von Patienten verboten ist. Harte empirische Daten hierzu liegen allerdings nicht vor.

### 3.3.7  Zur Geschichte der Euthanasie

Die Diskussion um die aktive Sterbehilfe und die sorgfältige Vermeidung des Wortes »Euthanasie« in der deutschen Debatte lässt sich nur verstehen, wenn zumindest die Grundzüge der historischen Entwicklung bekannt sind.

In der Antike bezeichnete der Begriff »euthanasia« den angenehmen, raschen und schmerzfreien Tod zur rechten Zeit und ohne quälenden Todeskampf. Euthanasie war also eine Weise des guten Sterbens und keine Weise des Tötens.

Die moderne Geschichte der Euthanasie begann in den 70er bis 90er Jahren des 19. Jahrhunderts und wurde wesentlich von der Entdeckung der schmerzstillenden und betäubenden Wirkung des Chloroforms beeinflusst (Entdeckung 1831, erste Anwendung 1847). So schrieb der englische Lehrer Samuel Williams in seinem Essay *Euthanasia* im Jahr 1873:

> [...] in all cases of hopeless and painful illness it should be recognized duty of the medical attendant, whenever so desired by the patient to administer chloroform [...] to destroy consciousness at once, and put the sufferer at once to a quick and painless death.

Hier wird der Begriff erstmals in seiner modernen Form als Tötung unheilbar Erkrankter verstanden.

In den ersten Jahrzehnten des 20. Jahrhunderts kam es dann zu einer Erweiterung des Euthanasie-Begriffes: Jetzt sollte unter Euthanasie nicht nur die lebensverkürzende Sterbehilfe auf Wunsch des Betroffenen im Endstadium seiner Erkrankung verstanden werden. Euthanasie meinte auch die Tötung von unheilbar Kranken und Behinderten ohne rasch zum Tode führende Grunderkrankung und ohne deren ausdrücklichen Wunsch. Unter der nationalsozialistischen Gewaltherrschaft wurde Euthanasie dann zum Synonym der Vernichtung »lebensunwerten« Lebens.

## Sozialdarwinismus, Eugenik und Rassenhygiene

Grundlage dieser Vernichtungspraxis waren Ideen, die auf eine krude Interpretation der Darwinschen Evolutionstheorie vor allem durch den deutschen Zoologen Ernst Haeckel zurückgehen: In seinem Werk »Die Lebenswunder« aus dem Jahr 1904 schrieb Haeckel:

> Hunderttausende von unheilbaren Kranken, namentlich Geisteskranke, Aussätzige, Krebskranke u.s.w. werden in unseren modernen Kulturstaaten künstlich am Leben erhalten und ihre beständigen Qualen sorgfältig verlängert, ohne irgend einen Nutzen für sie selbst oder für die Gesamtheit. [...] Welche ungeheure Summe von Schmerz und Leid bedeuten diese entsetzlichen Zahlen für die unglücklichen Kranken selbst, welche namenlose Fülle von Trauer und Sorge für ihre Familien, welcher Verlust an Privatvermögen und Staatskosten für die Gesamtheit!

Und die Lösung dieses »Problems« war schon damals leicht zu finden:

> Wie viel von diesen Schmerzen und Verlusten könnten gespart werden, wenn man sich endlich entschließen wollte, die ganz Unheilbaren durch eine Morphium-Gabe von ihren namenlosen Qualen zu befreien!

Zusätzlich bestand seit den 60er Jahren des 19. Jahrhunderts bei Teilen der Bevölkerung die Überzeugung, dass der Einfluss der Zivilisation den segensreichen natürlichen Ausleseprozess neutralisiert, so dass Kranke, Arme, Alte, Schwache und Behinderte an Zahl zunahmen und auf Kosten der »gesunden«

Mitglieder der Volksgemeinschaft ihr Leben fristeten. Diesen naturwidrigen Schutz zu beseitigen, die »Krankheiten des Volkskörpers« auszumerzen, waren das Ziel der Eugenik: einer »Wissenschaft«, die um die »gute« genetische Ausstattung des Volkes besorgt war.

## Die Ideologie der Vernichtung lebensunwerten Lebens

Die aktive Tötung solcher »Minderwertiger« wird dann mit dem Buch *Die Freigabe der Vernichtung lebensunwerten Lebens* (1920) von Karl Binding (Professor für Strafrecht an der Universität Leipzig) und Alfred Hoche (Psychiater an der Universität Freiburg im Breisgau) ausdrücklich gerechtfertigt.

Dabei sind zwei Situationen zu unterscheiden:
1. Binding fordert zunächst die Legalisierung der Tötung von Kranken, deren Tod absehbar sei. Diese Handlung bezeichnet er als Euthanasie. Eine Einwilligung der Erkrankten sei hierzu nicht unbedingt erforderlich, das Mitleid Motiv genug. Der Staat muss hierzu das gesetzliche Tötungsverbot lockern. Es besteht eine »Pflicht gesetzlichen Mitleids«.
2. Weitergehend müsse aber auch gefragt werden, ob es richtig sei, den Lebensschutz für »wertlose« Menschen weiter aufrechtzuerhalten. Und hier wird unter Euthanasie mehr und Schlimmeres verstanden:

> Gibt es Menschenleben, die so stark die Eigenschaft des Rechtsgutes eingebüßt haben, dass ihre Fortdauer für die Lebensträger wie für die Gesellschaft dauernd allen Wert verloren hat? (Binding und Hoche 1920, S. 27)

Solche Menschen gibt es nach Binding tatsächlich, ihre Tötung ist für sie selbst eine Erlösung und für den Staat die »Befreiung von einer Last«. Eine große Gruppe stellen hier die »unheilbar Blödsinnigen« dar, die, nach Binding, »weder den Willen zu leben noch zu sterben« haben. Hier kann aus Vernunftgründen eine Tötung erfolgen: Es ist ein Gebot der Vernunft, Menschen, deren Unterhalt die Gesellschaft belastet, die keinerlei Nutzen für die Gesellschaft bieten und die schließlich auch selbst noch an ihrem Zustand leiden, zu töten. Ein staatlicher »Freigebungsausschuss«, besetzt mit einem Psychiater, einem Arzt für körperliche Erkrankungen und einem Juristen, soll – einstimmig – über die Tötung entscheiden. Die Euthanasie sei dann mit einem schmerzlosen Verfahren durchzuführen.

Als Arzt hofft Hoche auf eine »Entlastung des [ärztlichen] Gewissens«, wenn Ärzte am Sterbebett nicht mehr vom »kategorischen Gebote der unbedingten Lebensverlängerung eingeengt und bedrückt würden«. Auch Hoche sieht in der Gruppe der »unheilbar Blödsinnigen« – der »geistig Toten« – Menschen, für deren Unterhalt der Einsatz von gesellschaftlichen Mitteln nicht zu rechtfertigen sei. Vor allem die von Geburt an geistig Behinderten, die »Frühverblödungen« seien als reine Ballastexistenzen zur Vernichtung freizugeben. Bei »Spätverblödungen«, die erst im Laufe des Lebens ihre Behinderung erworben hätten, müsse zurückhaltender verfahren werden. Hier sei immerhin noch von einem gewissen »Affektionswert« für ihre Angehörigen auszugehen.

## Das Euthanasieprogramm der Nationalsozialisten

Dieses Programm wurde dann von den Nationalsozialisten mit erschreckender Effizienz umgesetzt. Nach anfänglicher taktischer Zurückhaltung in der Euthanasiefrage – Hitler wollte warten »bis Krieg sein soll« – wurde Mitte des Jahres 1939 zunächst die so genannte »Kindereuthanasie« von Hitler und seiner Kanzlei freigegeben. Ein streng vertraulicher Erlass des Reichsministeriums des Innern vom 18. August 1939 verpflichtete Ärzte und Hebammen, alle Kinder zu melden, die an schweren angeborenen Krankheiten litten. Meldepflichtig waren »Idiotie«, »Mikrozephalus«, »Hydrozephalus«, »Missbildungen jeder Art« und »Lähmungen«. Lautete das Urteil »Behandlung«, wurde das betreffende Kind in einer speziellen »Fachabteilung«, die meist an einer psychiatrischen Heil- und Pflegeanstalt angesiedelt war, umgebracht, in der Regel mit Luminal. Bis 1945 fielen etwa 5000–8000 Kinder diesem Programm zum Opfer.

Die »Erwachseneneuthanasie«, d.h. die Tötung erwachsener Geisteskranker oder Behinderter, wurde ebenfalls nach Beginn des Krieges planmäßig umgesetzt. Zunächst wurden alle für eine Tötung in Frage kommenden »Ballastexistenzen« erfasst: Zu melden waren alle Patienten, die keine Arbeitsleistung für die Gesellschaft mehr erbringen konnten und die u.a. an Schizophrenie, Epilepsie, Altersdemenz, Paralyse oder Schwachsinn litten. Außerdem alle, die seit mehr als fünf Jahren dauernd in Anstalten lebten, die als kriminelle Geisteskranke eingewiesen waren, die nicht die deutsche Staatsangehörigkeit besaßen oder die nicht deutschen oder artverwandten Blutes waren.

Ein ärztlicher Gutachterausschuss entschied auch hier über das Schicksal der gemeldeten Patienten. Hauptkriterium war die Arbeitsfähigkeit. Die zur Tötung bestimmten Patienten wurden von Wagen der »Gemeinnützigen Kranken-Transport GmbH« (»Gekrat«) abgeholt und in speziellen Vernichtungszentren (u.a. Grafeneck, Brandenburg, Hadamar) in als Duschräume getarnten

Vergasungskammern durch Kohlenmonoxyd getötet und anschließend sofort eingeäschert. Etwa 70.000 Patienten fielen dieser »Aktion T4« (nach dem Sitz der Euthanasieverwaltung in der Tiergartenstraße 4 in Berlin) zum Opfer. Die unter strengster Geheimhaltung durchgeführte Aktion wurde jedoch öffentlich bekannt und löste große Unruhe aus. Wegen zunehmenden Widerstandes in der Bevölkerung und weil Hitler eine Verschlechterung der allgemeinen Stimmung nach den Niederlagen an der Ostfront und im Luftkampf fürchtete, wurde die Aktion T4 am 24. August 1941 wohl von Hitler selbst gestoppt. Die Vernichtung von lebensunwertem Leben ging jedoch in anderer Form – als »wilde Euthanasie« – bis zum Kriegsende weiter. Durch systematischen Nahrungsentzug oder Medikamentenüberdosierung wurden noch einmal 90.000 Patienten zum Opfer einer lebensfeindlichen Ideologie. Die Euthanasieverwaltung T4 stellte anschließend ihr »Know-How« und ihre Mitarbeiter für die systematischen Tötungen in den Konzentrationslagern im Rahmen der »Endlösung« zur Verfügung.

> Das **Euthanasie-Programm** der Nationalsozialisten kann nicht als Ergebnis eines »Dammbruchs« verstanden werden, der von einer Praxis aktiver Sterbehilfe auf Verlangen des Patienten schließlich bei der Ermordung von »lebensunwertem Leben« endete. Die gezielte Tötung von »Ballastexistenzen« war vielmehr ein eigenständiges politisches Programm und Teil der nationalsozialistischen Vernichtungsideologie.

## Euthanasie als historisch belasteter Begriff

Die deutsche Geschichte des Begriffes »Euthanasie« ist eine Geschichte der missbräuchlichen Verwendung des Wortes in der Zeit des Nationalsozialismus. Von den Mördern wurde der Begriff Euthanasie absichtlich benutzt: Das Vernichtungszentrum Hadamar z.B. wurde als »Eu-Anstalt« bezeichnet. Der Begriff bot sich auch an, um die Unvorstellbarkeit des Massenmordes durch einen Begriff zu verschleiern, der in anderen Zeiten für den guten Tod auf Verlangen des Patienten stand.

Die Scheu vor der Verwendung des Wortes »Euthanasie« in der heutigen Debatte um aktive Sterbehilfe wird daraus verständlich. Ein erneuter Gebrauch des Begriffs im Sinne des 19. Jahrhunderts, d.h. als Synonym für eine aktive Tötung durch Ärzte auf Wunsch des Patienten, wie er außerhalb Deutschlands üblich ist, scheint in Deutschland aufgrund der geschilderten historischen Vergiftung des Begriffs nur schwer vorstellbar.

**❓ Übungsfragen**

- »Jeder Patient soll selbst frei entscheiden dürfen, ob er bei unerträglichem Leiden seinem Leben mit ärztlicher Hilfe ein Ende setzen will«. Welche kritischen Einwände lassen sich gegen diese Position vorbringen?
- Welche pragmatischen Gründe sprechen gegen die Zulässigkeit einer aktiven Sterbehilfe?
- Erläutern Sie das gegen die Zulässigkeit aktiver Sterbehilfe auf Wunsch des Patienten angeführte Argument der schiefen Ebene?
- Welche Voraussetzungen müssen nach dem niederländischen Sterbehilfegesetz vorliegen, damit aktive Sterbehilfe geleistet werden darf?
- Auf welchen weltanschaulichen Grundlagen hat sich die nationalsozialistische Ideologie der »Vernichtung lebensunwerten Lebens« entwickelt?

## 3.4    Hilfe zur Selbsttötung

### 3.4.1    Begriffsklärung

Wird die Tötungshandlung vom betroffenen Patienten selbst durchgeführt, der vom Arzt hierzu lediglich eine Hilfe (z.B. in Form von Medikamenten) erhält, handelt es sich um Hilfe zur Selbsttötung. Im Unterschied zur aktiven Sterbehilfe geht hierbei zumindest der letzte Handlungsschritt vom Patienten selbst aus.

### 3.4.2    Ethische Perspektiven

**Zur ethischen Bewertung des Suizids**

Zur Klärung der ethischen Zulässigkeit der Beihilfe zum Suizid muss zunächst gefragt werden, wie der Suizid als solcher aus ethischer Sicht einzuschätzen ist.

Die rational verantwortete Selbsttötung wurde schon in der Antike und seit der Aufklärung in zunehmendem Maße als ethisch legitim beurteilt. Für den

Philosophen David Hume ist die Selbsttötung in seinem Essay *Über den Selbstmord* (1777) Ausdruck der »angeborenen Freiheit« des Menschen und eine Handlung, »die frei von Schuld und Tadel [ist], wie dies auch die gemeine Ansicht aller alten Philosophen ist«. Dass der Mensch sich ausweglosen Situationen durch eine Selbsttötung entziehen kann, ist ein zentraler Bestandteil seiner unveräußerlichen Freiheit und zeigt, dass er sich nicht im »Gefängnis seines Lebens« einsperren lässt.

Das philosophische Ideal eines frei-verantworteten Suizids ist jedoch für die meisten Selbsttötungen nicht zutreffend, wie soziologische und psychiatrische Studien zeigen konnten:

1. Suizide stehen in den meisten Fällen am Ende eines Prozesses der sozialen Isolierung. Die Betroffenen sind in ihrem gesellschaftlichen Kontext vereinsamt und verfügen nicht über die notwendigen sozialen Netzwerke, die ihnen bei der Lösung ihrer Probleme helfen könnten.
2. Bei 90–95% aller Suizide oder Suizidversuche liegt eine potentiell behandelbare psychische Erkrankung zugrunde (z.B. Depression, Schizophrenie, Suchterkrankungen).

Der »philosophische« Suizid d.h. eine Selbsttötung in freier Entscheidung, bei der unter rationaler Abwägung von positiven und negativen Aspekten die Gesamtbilanz des Lebens negativ bleibt – der sogenannte Bilanzselbstmord – ist eine seltene Ausnahme.

## Beihilfe zur Selbsttötung

Hier soll nur die Beihilfe zu einem solchen frei gewählten Bilanzselbstmord betrachtet werden. Die Beihilfe zu einer Selbsttötung, deren eigentliche Ursachen in psychischen Erkrankungen oder in sozialer Isolierung und nicht in der freien Entscheidung des Betroffenen zu suchen sind, wäre ethisch nicht zu rechtfertigen: Statt Hilfe zur Selbsttötung müsste hier Hilfe zur Überwindung der sozialen oder psychischen Probleme geleistet werden.

**Zur Rechtfertigung des assistierten Suizids.** Wenn ein Bilanzselbstmord als Ausdruck menschlicher Freiheit ethisch erlaubt ist, kann es nicht verboten sein, bei einer solchen Handlung Beihilfe zu leisten.

> **Der Fall**
>
> Bei Frau Hein wurde vor 2 Jahren ein Osteosarkom im Bereich des Oberkiefers diagnostiziert. Trotz einer versuchten Radikaloperation mit Bestrahlung war der Tumor rezidiviert und hatte in den letzten zwei Monaten zu einer weitgehenden Destruktion des linken Oberkieferknochens geführt. Dabei war der Tumor in die linke Orbita vorgewachsen. Frau Hein litt unter stärksten Schmerzen im Bereich der linken Gesichtshälfte, die sich bislang durch keine therapeutischen Maßnahmen beseitigen ließen. Wegen der Entstellungen im Gesichtsbereich traute sie sich nicht mehr auf die Straße. Sie bittet Frau Dr. B., ihr eine Substanz zu verschaffen, die sie sicher tötet. Außerdem bespricht sie diesen Wunsch mit ihrem Ehemann und ihren Kindern, die Verständnis für ihre Entscheidung haben. Über mehrere Wochen wiederholt sie ihre Bitte gegenüber Frau Dr. B., die sich nach längerer Überlegung entscheidet, Frau Hein Pentobarbital zur Verfügung zu stellen. Am nächsten Abend trinkt die Patientin eine Lösung der Substanz, die sie selbst zubereitet hat im Beisein ihrer Angehörigen und schläft ein. Am anderen morgen stellt Frau Dr. B. den Tod ihrer Patientin fest.

Dass bei Frau Hein eine frei verantwortete Entscheidung vorlag, scheint nach der Krankengeschichte eindeutig. Schmerztherapeutische Verfahren konnten keine Besserung bringen. Erschwerend kommt die Entstellung des Gesichtes hinzu, die für Frau Hein ein wichtiger weiterer Grund ist, so nicht weiterleben zu wollen. Auch die Familie ist in die Entscheidung mit eingebunden und will sie mittragen. Nach allen Informationen handelt es sich um einen Bilanzsuizid. Die Unterstützung des Suizids durch die Gabe von Pentobarbital ist Ausdruck des Respekts vor der Entscheidung der Patientin. Aufgrund der ärztlichen Verpflichtung, Leiden zu lindern, ist sie aus Verantwortung für den Patienten (▶ Kap. 12.6.2) ethisch gerechtfertigt.

**Kritische Einwände.** Eine Beihilfe zum Suizid erscheint aus den folgenden Gründen ethisch fragwürdig:

1. Handelt der Suizident wirklich in freier Selbstbestimmung? Leidet er nicht, wie in den allermeisten Fällen, an einer (oft nicht erkannten) behandlungsfähigen psychiatrischen Erkrankung, vor deren Hintergrund zusätzliches Leiden nicht mehr ertragen werden kann?
2. Ist nicht eine soziale Isolierung die Ursache für seinen Wunsch nach Selbsttötung?

3. Bei einer Beihilfe zum Suizid können auch eigennützige Motive des Helfers eine Rolle spielen, die oft schwer durchschaubar sind: finanzielle Vorteile durch Verkauf des tödlichen Giftes, Erbschaftsverhältnisse, persönlicher Ehrgeiz als »Sterbehelfer« bekannt zu werden etc.
4. Speziell für einen Arzt verstößt es gegen das allgemein geteilte ärztliche Selbstverständnis, Patienten mit medizinischen Kenntnissen bei einer Selbsttötung zu helfen. Ärztliches Handeln ist immer gegen Krankheit und Tod gerichtet. Bei der Beihilfe zu einer Tötungshandlung wird diese Grundorientierung ärztlichen Handelns, der Lebensschutz, in gefährlicher Weise aufgegeben.
5. Der Einwand, dass beim assistierten Suizid die letzte Handlung vom Patienten allein ausgehe, kann wenig überzeugen. In jede Handlung gehen eine Vielzahl von Motiven, Ursachen und kontextuellen Einflüssen ein. Keine Entscheidung wird »im Moment« getroffen. So entsteht durch die Bereitschaft des Arztes, an der Selbsttötung mitzuwirken, eine Handlungsgemeinschaft zwischen Arzt und Patient, die auch den Arzt in ethischem Sinne verantwortlich für das Handeln des Patienten macht: Er hätte versuchen können, die Handlung des Suizidenten zu verhindern. Statt dessen bestärkt er ihn durch seine Hilfe in seinem Entschluss und muss so einen Teil der Verantwortung für das Geschehen übernehmen.
6. Würde die ärztliche Beihilfe zum Suizid allgemein anerkannte Praxis, entstünde unweigerlich zunehmender Druck auch auf weniger leidende Kranke und alte Menschen, sich doch dieses »vernünftigen« Auswegs zu bedienen.

**Zusammenfassende Bewertung.** Die Einwände zeigen, dass eine ärztliche Mitwirkung beim Suizid in den allermeisten Fällen schon deswegen nicht in Frage kommt, weil zunächst geklärt werden muss, ob nicht eine psychische oder soziale Beeinträchtigung vorliegt, die mit geeigneten Maßnahmen beseitigt werden kann. In vielen Fällen dürfte zudem davon auszugehen sein, dass eine unzureichende Schmerztherapie den Wunsch nach Suizid verstärkt oder erst entstehen lässt.

Dass es seltene Ausnahmen gibt, bei denen eine Hilfe zur Selbsttötung nach Ausschöpfung aller übrigen Hilfsmöglichkeiten ethisch vertretbar erscheint, zeigt die Patientengeschichte von Frau Hein. Ob es allerdings **einem Arzt** erlaubt sein darf, mit seinem Wissen bei der Tötung zu helfen, ist zumindest im Hinblick auf das Standesethos (▶ Kap. 3.4.3 und Kap. 12.2.2) fraglich.

Aus pragmatischer Sicht spricht gegen die Zulassung des assistierten Suizids durch Ärzte vor allem die mögliche Missbrauchsgefahr, die darin besteht, dass vulnerable Patientengruppen sich verpflichtet fühlen könnten, von ihrem »Recht auf Suizid« Gebrauch zu machen, ohne dies selbst zu wollen.

### 3.4.3   Empfehlungen der Bundesärztekammer

Die Mitwirkung bei einer Selbsttötung wird von der Bundesärztekammer in ihren Empfehlungen aus dem Jahre 2004 als unärztlich abgelehnt. Diese standesrechtliche Verurteilung der ärztlichen Mitwirkung am Suizid, die sich auf die Tradition des hippokratischen Eides stützt, kann für den Arzt standesrechtliche Sanktionen zur Folge haben:

---

**Der Fall**

Der Chirurg Julius Hackethal hatte im Jahr 1984 einer schwerstkranken Frau, die an einem auf das Gehirn übergreifenden unheilbaren Tumor im Gesichtsbereich litt, das Gift Kaliumzyanid zur Verfügung gestellt. Die Frau hatte in Abwesenheit von Hackethal das Gift genommen und war gestorben. Nach Einstellung des strafrechtlichen Ermittlungsverfahrens wurde der Fall vor dem Berufsgericht der Bayerischen Ärztekammer verhandelt. Dieses empfahl, Hackethal wegen »unärztlichem Verhalten« die Approbation als Arzt zu entziehen.

---

Hierzu kam es jedoch nicht. Die zuständige Verwaltungsbehörde verzichtete auf den Entzug der Approbation, da sich Hackethal verpflichtete, künftig keine weiteren Verstöße gegen die berufsständischen Regelungen im Bereich der Sterbehilfe zu begehen.

### 3.4.4   Rechtlicher Kontext

*Peter W. Gaidzik*

#### Garantenstellung des Arztes

Weder die Selbsttötung noch die Beihilfe zur Selbsttötung sind nach deutschem Recht strafbar. Straflose Beihilfe zum Suizid liegt dann vor, wenn der Suizident bis zuletzt Herr des Geschehens ist, d.h. nicht bloß duldend den Tod vom Anderen entgegennimmt. Seine Entscheidung muss außerdem frei von Irrtümern und Zwängen getroffen werden.

Allerdings wird die versuchte Selbsttötung juristisch als »Unglücksfall« angesehen, bei dem jedermann zur Hilfeleistung aufgefordert ist. Dies gilt nach der Rechtsprechung des Bundesgerichtshofes auch dann, wenn ein freiverantwortlicher Selbsttötungsversuch vorliegt (Bilanzselbstmord).

Für den Arzt kommt hinzu, dass er aufgrund seiner besonderen Verantwortung eine **Garantenstellung** gegenüber dem Lebensmüden einnimmt. Er muss also, wenn er am Ort des Geschehens eintrifft, spätestens dann, wenn der Lebensmüde bewusstlos geworden ist, versuchen, dessen Leben zu retten, sofern dies medizinisch noch möglich ist. Andernfalls kann er sich der Tötung durch Unterlassen strafbar machen.

## Der Fall Dr. Wittig: »Bitte kein Krankenhaus, Erlösung!«

In der Praxis kommt es hierbei jedoch auf die gerichtliche Würdigung des Einzelfalls an:

---

**Der Fall**

Die 76jährige Witwe U. litt an hochgradiger Verkalkung der Herzkranzgefäße und konnte wegen einer Arthrose der Hüft- und Kniegelenke kaum noch gehen. Ihr Ehemann war vor drei Jahren gestorben; seitdem empfand sie ihr Leben als sinnlos. Immer öfter äußerte sie ihren Wunsch, aus dem Leben zu scheiden, auch gegenüber ihrem Hausarzt Dr. Wittig, der vergeblich versuchte, sie davon abzubringen. Sie verfasste eine schriftliche Willenserklärung: »Im Vollbesitz meiner Sinne bitte ich meinen Arzt keine Einweisung in ein Krankenhaus oder Pflegeheim, keine Intensivstation und keine Anwendung lebensverlängernder Medikamente. Ich möchte einen würdigen Tod sterben. Keine Anwendung von Apparaten. Keine Organentnahme. Ich bin über 76 Jahre alt und möchte nicht länger leben.« Bei einem abendlichen Hausbesuch wenig später fand Dr. Wittig die Patientin bewusstlos, ohne fühlbaren Puls und mit stark verlangsamter Atmung im Bett liegend vor, in den Händen hielt sie einen Zettel: »An meinen Arzt – bitte kein Krankenhaus, Erlösung!«. Sie hatte eine Überdosis Morphin und Schlafmittel zu sich

▼

> genommen. Nach längerer Überlegung entschloss sich Dr. Wittig, die Patientin nicht zu reanimieren, weil er um ihren Wunsch, nicht mehr weiterzuleben, wusste und seiner Einschätzung nach eine Wiederbelebung nicht ohne erhebliche Folgeschäden möglich gewesen wäre. Er blieb bis zum Morgen an Ihrem Bett und konnte um 7 Uhr früh ihren Tod feststellen.

Der Bundesgerichtshof hat Dr. Wittig in einer grundlegenden Entscheidung aus dem Jahr 1984 (BGHSt 32, 367) wegen der besonderen Umstände des Falles vom Vorwurf der Tötung durch Unterlassen freigesprochen. Ausschlaggebend hierfür war der Konflikt des Arztes zwischen seinem ärztlichen Auftrag, jede Chance zur Rettung des Lebens zu nutzen, und dem Gebot, das Selbstbestimmungsrecht der Patientin zu achten. Nach Einschätzung des Gerichtes ist es der pflichtgemäßen ärztlichen Entscheidung zu überlassen, welche der beiden Verpflichtungen im Kollisionsfall den Vorrang hat. Der Arzt muss sich bei seiner Entscheidung an den allgemeinen Maßstäben der Rechtsordnung und an der Standesethik orientieren.

Dabei darf der Arzt berücksichtigen, dass es keine rechtliche Verpflichtung gibt »erlöschendes Leben« um jeden Preis zu erhalten:

[...] Wenn der Angeklagte in dieser Grenzsituation den Konflikt zwischen der Verpflichtung zum Lebensschutz und der Achtung des Selbstbestimmungsrechts der nach seiner Vorstellung bereits schwer und irreversibel geschädigten Patientin dadurch zu lösen suchte, dass er nicht den bequemeren Weg der Einweisung in eine Intensivstation wählte, sondern in Respekt vor der Persönlichkeit der Sterbenden bis zum endgültigen Eintritt des Todes bei ihr ausharrte, so kann seine ärztliche Gewissensentscheidung nicht von Rechts wegen als unvertretbar angesehen werden. (BGHSt 32, 367).

Die mögliche Straffreiheit der ärztlichen Beihilfe zum Suizid wird daher stark von den Umständen des Einzelfalls abhängen. Der Tenor des Urteils im Fall »Dr. Wittig«, man dürfe einem Suizidenten im Vorfeld straflos helfen, müsse aber als Garant nach Verlust der Handlungsfähigkeit gleichwohl Rettungsmaßnahmen ergreifen, wurde im juristischen Schrifttum als inkonsequent kritisiert. Es kommt hinzu, dass in der oben dargestellten neueren Rechtsprechung des Bundesgerichtshofs zur Sterbehilfe dem Patientenwillen eine zentralere Rolle zugebilligt wird, als dies noch 1984 der Fall war, womit weitere Wertungswidersprüche drohen. Eindeutig ist jedoch, dass der Arzt strafrechtlich in der Verantwortung steht, wenn der Patient in Folge einer Erkrankung nicht mehr voll entscheidungsfähig ist (z.B. bei einer psychischen Störung) und es dem Arzt möglich und zumutbar gewesen wäre, den Suizid zu verhindern.

**? Übungsfragen**

- Was versteht man unter einem Bilanzselbstmord?
- Mit welchen ethischen Argumenten kann versucht werden, die Hilfe des Arztes beim Suizid zu rechtfertigen?
- Was bedeutet die »Garantenstellung« des Arztes im Hinblick auf die Beihilfe zum Suizid eines seiner Patienten?
- In welchen Fällen ist die Beihilfe eines Arztes zu einer Selbsttötung in jedem Fall strafbar?

## 3.5 Sterbebegleitung

### 3.5.1 Begriffsklärung

Sterbehilfe wird oft mit der **Hilfe zum Sterben** gleichgesetzt. Zunächst ist es aber vor allem erforderlich, den – unausweichlichen – Sterbeprozess durch angemessene Unterstützung zu erleichtern und zu begleiten, d.h. **Hilfe beim Sterben** zu geben.

Eine Sterbebegleitung in diesem Sinne stützt sich vor allem auf die Palliativmedizin, d.h. die Linderung von Leiden und Schmerzen mit allen den verschiedenen medizinischen Fachgebieten zur Verfügung stehenden Mitteln.

### 3.5.2 Ethische Perspektiven

**Sterben in Würde**

Sterben ist Teil des Lebens und ein guter Tod ist daher das wünschenswerte Ende eines guten Lebens – für den Betroffenen wie für seine Angehörigen. Daher ist es ethisch geboten, die Qualität der medizinischen und menschlichen Versorgung Sterbender zu verbessern, und ihnen ein Sterben in Würde und ohne unerträgliches Leiden in ihrer vertrauten Umgebung zu ermöglichen.

> **Der Fall**
>
> Bei Herrn Borcherts wurde vor 9 Monaten ein metastasiertes anaplastisches Bronchialkarzinom diagnostiziert. Zwei Monate später war er bettlägerig, konnte durch Pilzinfektionen im Mund kaum trinken und essen und litt unter starken Schmerzen. Sein Hausarzt gab ihm »keine drei Monate mehr«. Herr Borcherts bat um »Erlösung«. Der Hausarzt lehnte ab. Seiner Frau gelang es einen Platz in einer neu eröffneten Palliativstation zu bekommen. Nach Behandlung der oralen Pilzinfektion und der Implantation einer Morphin-Pumpe stabilisierte sich sein Zustand und Herr Borcherts konnte das Bett wieder verlassen. Der Tumor war progredient, aber mit Unterstützung eines ambulanten Pflegeteams kehrte Herr Borcherts nach Hause zurück. Zum Sterben. Die Prognose seines Hausarztes hat er allerdings mittlerweile um vier Monate überlebt. Die Schmerzen sind morgens immer noch stark. Durch zusätzliche Bolusinjektionen von Morphin lassen sie sich aber meist beherrschen. Seinen früheren Wunsch »alles zu beenden« versteht Herr Borcherts noch sehr gut: »Es war nicht mehr auszuhalten«. Er fragt sich allerdings, warum ihn sein Hausarzt nicht auf die Möglichkeiten einer palliativen Therapie aufmerksam gemacht hat, die ihm die Zeit und die Lebensqualität gegeben hat, sein Leben in Frieden und im Kreis seiner Familie zu beenden.

Erfahrungen aus der Palliativmedizin zeigen, dass Patientengeschichten wie die von Herrn Borcherts kein Einzelfall sind. Der Wunsch nach aktiver Sterbhilfe beruht, wenn er geäußert wird, auf tatsächlich unerträglichem Leiden, das aber durch geeignete Therapie in fast allen Fällen erträglich gemacht werden kann.

## Analgesie, psychischer Beistand, Sedierung

So lässt sich durch eine angemessene analgetische Therapie nach dem Stufenschema der WHO bei 90–95 % der Krebspatienten eine adäquate Schmerzlinderung erreichen. Ist eine konventionelle medikamentöse Therapie nicht ausreichend, kann z.B. durch die epidurale Gabe von Analgetika eine Verbesserung erreicht werden. Auch Nervenblockaden der betroffenen Bereiche sind eine Therapiemöglichkeit.

Bei therapieresistenten Schmerzen, unstillbarer Übelkeit oder unerträglicher Atemnot, kann eine Sedierung mit Benzodiazepinen, Neuroleptika oder Barbituraten erforderlich werden, wenn sich die Beschwerden nicht anders

**◻ Tabelle 3.7.** Todeswunsch bei 44 Krebspatienten im Endstadium (nach Brown et al. 1986)

|  | Patienten mit Depression (n = 11) | Patienten ohne Depression (n = 33) |
|---|---|---|
| Suizidgedanken in der Vergangenheit | 2 | 0 |
| Aktuelle Suizidgedanken | 1 | 0 |
| Wunsch zu sterben | 7 | 0 |
| Kein Todeswunsch | 1 | 33 |

kontrollieren lassen. Die Dosierung dieser Medikamente wird hier so gewählt, dass das therapeutische Ziel, d.h. die Linderung der bestehenden Leiden erreicht wird: **palliative Sedierung**. Der Tod wird nur als unerwünschte Wirkung der Leidenslinderung im Sinne einer indirekten Sterbehilfe in Kauf genommen. Die Tötung ist nicht, wie bei der direkten Sterbehilfe, das eigentliche Mittel zur Leidenslinderung.

Bei allen Fällen von therapeutisch schwer zu beeinflussenden Schmerzzuständen ist zudem zu prüfen, ob nicht psychische Erkrankungen (z.B. eine depressive Verstimmung oder, Angstzustände) die Schmerzen verstärken. Auch hier ist eine angemessene medizinische Therapie z.B. mit Antidepressiva oder Anxiolytika indiziert.

In einer Studie an 44 Patienten im Endstadium verschiedener Krebserkrankungen fand sich bei allen Patienten, die den Wunsch zu sterben äußerten, eine klinisch relevante Depression. Umgekehrt äußerten Patienten ohne depressive Symptomatik trotz gleicher Schwere der Grunderkrankung in keinem Fall den Wunsch, ihr Leben solle früher als nötig zu Ende gehen.

## Menschliche Unterstützung

Neben der medizinischen Betreuung ist für die adäquate Versorgung Sterbender auch die menschliche Begleitung von großer Wichtigkeit. Das Gefühl, nicht alleingelassen zu sein, die Gewissheit, trotz körperlicher Schwäche und Verfall noch Teil der menschlichen Gemeinschaft zu sein, erleichtern den notwendigen Abschied.

Für den Todkranken wenig hilfreich sind die oft leichtfertig abgegebenen Schätzungen zur möglichen Überlebenszeit. Zum einen zeigen empirische Studien, dass auch erfahrene Ärzte die Überlebenszeit oft um Monate bis Jahre (in beide Richtungen) falsch einschätzen. Zum anderen ist zu berücksichtigen, dass diese Überlebensschätzungen den auch für den Todkranken noch offenen Zukunftshorizont unnötig festlegen. Hier ist zu bedenken, dass es auch am Ende des Lebens noch Hoffnungen und Ziele geben muss: und wenn sie nur auf den nächsten Tag, die nächste Woche oder den nächsten Frühling gehen. Die Hoffnung auf diese (noch) erreichbaren Ziele – vielleicht erweitert um die Hoffnung auf weitere »Ziele« jenseits des Todes – gibt eine starke Unterstützung beim Sterbeprozess. Wo Hoffnung ist, ist auch noch Leben, selbst wenn das Handeln in der Welt zunehmend schwieriger wird und das Leben in immer größerem Ausmaß in der Erwartung des Todes gelebt wird.

Auch die existentielle und spirituelle Begleitung im Sterbeprozess ist eine ärztliche Aufgabe. Gefordert ist hier allerdings nicht so sehr der Arzt als »Gesundheitsprofi«, sondern der Arzt als Mensch.

**?** **Übungsfragen**

- Welcher ethisch relevante Unterschied besteht zwischen einer palliativ-medizinischen Sedierung und der aktiven Sterbehilfe?
- Wie würden Sie sich selbst ihr eigenes Sterben wünschen?

## Zur Vertiefung

Benzenhöfer U (1999) Der gute Tod? Euthanasie und Sterbehilfe in Geschichte und Gegenwart. München, Beck (*Ausgezeichneter, knapper aber trotzdem quellennaher Überblick zur Geschichte der Sterbehilfe*)

Thomasma DC (1998) Asking to die: inside the Dutch debate about euthanasia. Dordrecht; Boston, Kluwer Academic Publishers. (*Sammelwerk mit Beiträgen von Befürwortern und Gegnern der Sterbehilfe. Wertvoll vor allem die Erfahrungsberichte aus Sicht der Angehörigen*)

# 4 Patientenverfügungen

*Michael Gommel, Christian Hick*

 **Einleitung**

In der Hoffnung auf ein selbstbestimmtes Sterben versuchen immer mehr Menschen, Regelungen für die medizinische Versorgung in der letzten Phase ihres Lebens zu treffen. Meistens wird eine Therapiebegrenzung vor Beginn des eigentlichen Sterbeprozesses gewünscht. Die Patientenverfügung ist dabei ein Instrument, das es dem Patienten ermöglicht, seinem Willen in der Zukunft Geltung zu verschaffen - auch wenn er sich nicht mehr selbst äußern kann.

## 4.1    Begriffsklärung

Jede medizinische Behandlung muss sich am Willen des Patienten orientieren. Dies gilt auch für Patienten, die sich **nicht mehr selbst äußern** können. Es ist in diesem Fall ärztliche Aufgabe, den Willen des Patienten zu ermitteln, was ohne konkrete Hinweise auf die Vorstellungen des Patienten zumeist schwierig ist. Der Patient kann aber seine Wünsche hinsichtlich einer künftigen ärztlichen Behandlung mündlich oder schriftlich zum Ausdruck bringen. Eine solche **vorweggenommene Willenserklärung des Patienten** im Hinblick auf seine künftige medizinische Behandlung wird als **Patientenverfügung** bezeichnet. Der ebenfalls gelegentlich gebrauchte Ausdruck »Patiententestament« ist irreführend, weil mit einem Testament Verfügungen für die Zeit nach dem Tod getroffen werden, während Patientenverfügungen Entscheidungen zu Lebzeiten des Verfügenden betreffen.

Die Patientenverfügung kann und sollte mit einer **Vorsorgevollmacht** verbunden werden (► Kap. 4.5.2), in der der Patient eine Person bevollmächtigt, als sein Stellvertreter in Gesundheitsangelegenheiten für ihn zu sprechen und zu entscheiden.

## 4.2    Ethische Perspektiven

Im Zentrum jeder Arzt-Patienten-Beziehung steht der **Dialog** zwischen dem Patienten und seinem behandelnden Arzt. Wenn diagnostische oder therapeutische Maßnahmen durchgeführt werden sollen, muss der Patient nach angemessener Aufklärung in diese Maßnahmen einwilligen oder sie ablehnen (► Kap. 1.3). Bei entscheidungsfähigen Patienten wird der Patient diese Entscheidung in der Regel im Dialog mit dem Arzt entwickeln (▶ Kap. 1.5.5).

Bei bewusstlosen, dementen oder aus anderen Gründen einsichts- und entscheidungsunfähigen Patienten ist ein solcher Dialog mit dem Arzt zur gemeinsamen Entscheidungsfindung nicht mehr möglich. Der Arzt ist auf die (immer schwierige) Ermittlung des **mutmaßlichen Willens** (▶ Kap. 12.6.2) des Patienten angewiesen. Die rechtzeitige Abfassung einer Patientenverfügung als schriftliche Dokumentation des eigenen Willens im Hinblick auf künftige medizinische Behandlungen bietet sich daher als Ausweg in dieser schwierigen Situation an.

Allerdings ist zu bedenken, dass eine Entscheidung »im Dialog« dabei nicht mehr stattfindet. Die Patientenverfügung ist für den mit ihr konfrontierten Arzt in der Regel eine (notgedrungen) **einseitige Entscheidung des Patienten,** die vielfach ohne vorausgehende ärztliche Beratung fixiert wurde. Die in der Verfügung getroffenen Entscheidungen sind daher für den behandelnden Arzt oft schwer zu akzeptieren.

Aus Sicht des Patienten aber ist die Patientenverfügung eine Antwort auf die von vielen Patienten gefürchtete **einseitige Entscheidung des Arztes,** der nach eigenen Ermessen (oder der jeweiligen Stationsroutine) über Behandlung oder Nicht-Behandlung entscheidet, wenn der Patient sich nicht mehr selbst äußern kann.

Diese Einseitigkeit der ärztlichen Entscheidung fürchten viele Patienten umso mehr, als der medizinische Fortschritt immer eingreifendere Behandlungen ermöglicht. Behandlungen, die das biologische Leben zwar verlängern, an deren Sinn für die Lebensführung der Betroffenen jedoch oft berechtigte Zweifel bestehen. Besonders ältere und schwerkranke Menschen fürchten, dass ihnen ein Tod in Würde versagt wird, weil der Arzt dem Diktat des medizinisch Machbaren unkritisch folgt und ihr Leben ins Unerträgliche verlängert.

---

**Der Fall**

Frau Schweiger ist 96 Jahre alt und lebt in einem Pflegeheim. Nach ihrem dritten Schlaganfall wird sie in die Stroke Unit einer Universitätsklinik eingeliefert. Frau Schweigers Tochter kommt am Abend desselben Tages mit einer Patientenverfügung und einer Vorsorgevollmacht in die Klinik und spricht mit den behandelnden Ärzten. In der Patientenverfügung, die nach

▼

dem letzten Schlaganfall vor einem knappen Jahr angefertigt wurde, ist un-missverständlich dargelegt, dass Frau Schweiger nach einem erneuten Schlaganfall keine weitergehenden medizinischen Maßnahmen wünscht. Im Einzelnen sind Intubation, Reanimation nach Herzstillstand, antibiotische Therapie bei Pneumonie und die Anlage einer Ernährungssonde (PEG) als nicht erwünscht aufgeführt.

Frau Schweiger ist die meiste Zeit nicht bei Bewusstsein. Die ausgedehnte Ischämie und die Vorgeschichte der Patientin lassen die Prognose eher ungünstig erscheinen. Die behandelnden Ärzte sichern Frau Schweigers Tochter zu, dem in der Patientenverfügung niedergelegten Willen der Patientin zu folgen.

Einige Tage nach der Einlieferung von Frau Schweiger wird der junge Assistenzarzt Henrik Dietmann im Rahmen seiner Rotation auf die Stroke Unit versetzt. Er ist emotional von Frau Schweigers Zustand sehr betroffen und verbringt viel Zeit an ihrem Bett. Als er von einem Kollegen erfährt, dass auf Wunsch der Patientin keine lebensverlängernden Maßnahmen durchgeführt werden sollen, wird Herr Dietmann bleich. Einen solchen Wunsch könne er sich überhaupt nicht vorstellen. Er erzählt, dass seine Großmutter in einem ähnlichen Zustand unbedingt weiterleben wollte. Ein älterer Kollege meint, dass er dies gut verstehen könne, der schriftlich festgelegte Wille dieser Patientin hier aber wohl vorgehen müsse.

Am folgenden Tag versucht Herr Dietmann mehrmals, von Frau Schweiger zu erfahren, ob sie noch zu ihrer Patientenverfügung steht. Als sie einmal relativ wach zu sein scheint, fragt Herr Dietmann: »Sollen wir Ihre Patientenverfügung nicht vergessen und versuchen, was wir machen können, damit es Ihnen besser geht?« Das Kopfnicken von Frau Schweiger interpretiert er als Zustimmung. In der Teambesprechung am nächsten Morgen teilt er mit, dass Frau Schweiger ihre Patientenverfügung widerrufen habe.

Diese Patientengeschichte zeigt, dass Patientenverfügungen in ihrer Gültigkeit oft auch innerhalb eines Behandlungsteams unterschiedlich bewertet werden. Welche Gründe hatten die behandelnden Ärzte, die Verfügung von Frau Schweiger zunächst zu akzeptieren? Welche ethischen Gründe (oder auch psychologischen Motive) hatte Henrik Dietmann, die Gültigkeit der Patientenverfügung in Frage zu stellen und aktiv nach Hinweisen zu suchen, ob Frau

Schweiger sie nicht widerrufen wolle? Mit welchen Argumenten kann für oder gegen die Gültigkeit von Patientenverfügungen argumentiert werden?

## 4.2.1 Patientenverfügungen als lebensgefährliche Zukunftsfestlegung

**Gegen** die Gültigkeit von Patientenverfügungen werden **drei grundsätzliche Einwände** vorgebracht:

### 1. Mangelnde Vorhersehbarkeit der künftigen Situation

Niemand kann sicher sagen, in welche medizinischen Situationen er in Zukunft geraten wird und welche Behandlungsoptionen sich dann bieten werden. Wie kann sich ein Patient bei solcher **Unsicherheit** für oder gegen bestimmte Behandlungen entscheiden? Dieser Einwand wird durch viele der real-existierenden Patientenverfügungen gestützt, bei denen oft unklar bleibt, ob der Patient sie tatsächlich auf die aktuell vorliegende Behandlungssituation beziehen wollte.

---

**Der Fall**

»Ganz besonders wünsche ich keine Intensivtherapie«. Ärzte und Notärzte hatten bei Frau Kerr offensichtlich gegen ihre Patientenverfügung verstoßen. Nach einem schweren Autounfall mit ausgedehntem Thoraxtrauma, multiplen Rippenfrakturen und Verletzungen des Lungenparenchyms hatten sie Frau Kerr einer mehrwöchigen Beatmungstherapie unterzogen. Am Entlassungstag bedankt sich Frau Kerr beim behandelnden Arzt: »Ich wusste doch gar nicht, was ihr so alles könnt! Mit meinen 67 Jahren sagte ich mir: bloß keine künstliche Lebensverlängerung, wenn es mit mir zu Ende geht. An einen Unfall, von dem ich mich wieder erholen könnte, habe ich nicht gedacht...«

---

### 2. Einstellungsänderungen im Verlauf des Lebens

Niemand kann sicher wissen, was er in einer ihm gegenwärtig unvorstellbaren Situation in Zukunft wollen wird. Gerade bei schweren Erkrankungen ändern sich sehr oft die persönlichen Einstellungen zu Sinn und Qualität des eigenen Überlebens ganz grundlegend. Völlig zu Recht formulierten die Grundsätze der Bundesärztekammer zur Sterbebegleitung aus dem Jahr 1998 mit Bezug auf Patientenverfügungen, dass

der Arzt daran denken [sollte], dass solche Willensäußerungen meist in gesunden Tagen verfasst wurden und dass Hoffnung oftmals in ausweglos erscheinenden Lagen wächst.

## 3. Fehlende Patientenaufklärung durch einen Arzt

Eine Patientenverfügung wird in der Regel vom Patienten allein verfasst. Ärztliche Aufklärung und Beratung finden nicht statt. So können möglicherweise irrige Vorstellungen des Patienten über die Belastung durch bestimmte Therapieverfahren oder die Prognose von Erkrankungen nicht korrigiert werden. Eine unter diesen Bedingungen verfasste Verfügung kann für den Arzt nie bindend sein, da er nicht weiß, ob der Patient tatsächlich versteht, was er in der Verfügung fordert oder ablehnt. Voraussetzung jeder Einwilligung wie auch jeder Ablehnung ist eine **angemessene medizinische Information** (▶ Kap. 1.5). Wenn nicht sicher ist, ob der Patient bei der Abfassung seiner Verfügung über den medizinischen Kontext hinreichend informiert war, darf dieser Verfügung daher nicht gefolgt werden.

## Pragmatische Einwände

Neben diesen grundsätzlichen Bedenken lassen sich auch **pragmatische Einwände** vorbringen, welche vor allem auf die **Folgen** einer möglichen Verbindlichkeit von Patientenverfügung hinweisen:

1.  Werden Patientenverfügungen auch vom Gesetz als für den Arzt verbindlich angesehen, könnte sich eine **gefährliche Bequemlichkeit** breit machen: Ärzte würden sich im klinischen Zeitdruck lieber »blind« auf die ja rechtlich verbindliche Patientenverfügung verlassen als in komplizierten Abwägungsprozessen in jedem Einzelfall zu prüfen, was der Patient tatsächlich gewollt hat.

2.  Auf **vulnerable Patientengruppen** (z.B. Bewohner von Alten- oder Pflegeeinrichtungen) kann aus ökonomischen Motiven Druck ausgeübt werden, eine Patientenverfügung mit möglichst weitgehendem Behandlungsverzicht zu verfassen.

## 4.2.2 Patientenverfügungen als vorweggenommene Selbstbestimmung

**Für die Zulässigkeit** von Patientenverfügungen wird vor allem auf das Selbstbestimmungsrecht des Patienten verwiesen. Zudem lässt sich zeigen, dass die gegen Patientenverfügungen vorgebrachten Argumente (▸ Kap. 4.2.1) nicht zwingend sind.

### Selbstbestimmung als ethisches Grundrecht

Es ist ein ethischer Grundwert, dass jeder Mensch allein darüber bestimmen kann, was mit ihm und seinem Körper geschieht: **Selbstbestimmungsrecht** (▸ Kap. 12.6.2). Dies gilt im Bereich der Medizin sowohl für die Einleitung als auch für die Weiterführung oder Beendigung einer Behandlung. Der Patient hat aufgrund dieses Selbstbestimmungsrechts auch das Recht, Behandlungen abzulehnen, die lebensverlängernd oder medizinisch notwendig sind (▸ Kap. 1.3.2).

Das Selbstbestimmungsrecht lässt sich aber als ethisches Grundrecht nicht auf Patienten beschränken, die dieses Recht aktuell ausüben können. Auch bewusstlose und schwerkranke Patienten, die sich im Krankheitsfall nicht mehr unmittelbar äußern können, haben das Grundrecht der Bestimmung über den eigenen Körper nicht verloren. Es muss ihnen daher gestattet sein, diese Selbstbestimmung auch vorausschauend in Form einer Patientenverfügung auszuüben. Da das Selbstbestimmungsrecht und das Recht auf körperliche Unversehrtheit den ethischen (und rechtlichen) Hintergrund von Patientenverfügungen bilden, sind diese Verfügungen vom Arzt zu respektieren.

Der Respekt vor einer Patientenverfügung ist also ethisch nichts anderes als der geschuldete Respekt vor der Selbstbestimmung des Patienten.

### Zurückweisung der Gegenargumente

Zudem können die von Gegnern des Einsatzes von Patientenverfügungen vorgebrachten Argumente nicht überzeugen:

1. Natürlich lässt sich nicht jede medizinische Situation **eindeutig voraussehen**. In vielen Fällen, vor allem bei Patienten mit chronischen Erkrankungen, sind aber die in Zukunft anstehenden Entscheidungen durchaus sehr klar abzusehen (wie z.B. bei Frau Schweiger, s.o.).
2. Es ist unbestritten, dass sich die **Einstellungen** zu Krankheit und Tod im Laufe des Lebens **ändern** und in verschiedenen Situationen unterschiedlich sein können. Diese (triviale) Feststellung kann jedoch das Grundrecht

auf Selbstbestimmung, das Patientenverfügungen ethisch rechtfertigt, nicht einschränken. Ohnehin werden viele Lebensentscheidungen mit Blick auf die notwendig ungewisse eigene Zukunft getroffen. Das Risiko einer in Zukunft geänderten Bewertung von Situationen trägt der einzelne Patient. Dies ist ihm auch von anderen existentiellen Entscheidungen (Freundschaft, Heirat, Berufswahl etc.) durchaus bekannt. Die hier sichtbar werdende **Verantwortung für das eigene Leben** mit der Möglichkeit falsche, auch katastrophal falsche Entscheidungen zu treffen, ist lediglich die Kehrseite des Selbstbestimmungsrechtes. Die Möglichkeit falsche Entscheidungen treffen zu können, kann daher nicht als Argument gegen die vorweggenommene Selbstbestimmung angeführt werden.

3.  Zwangsläufig ist bei schweren Erkrankungen oder bei Bewusstlosigkeit kein Dialog zwischen Arzt und Patient möglich. Die Entscheidung zur weiteren Behandlung oder Nicht-Behandlung muss daher notwendig einseitig getroffen werden. Wenn aber nur eine Seite entscheiden kann, darf dies **nur der Patient und nicht der Arzt** sein – da es ja um das Leben des Patienten geht! Es ist dann auch Sache des Patienten, sich die notwendigen medizinischen Informationen im Voraus zu beschaffen (z.B. über seinen Hausarzt) oder in freier Entscheidung auf diese Informationen zu verzichten.

Die pragmatischen Einwände gegen Patientenverfügungen sind ebenfalls wenig stichhaltig, da sich die befürchteten Folgen bei einer angemessenen praktischen Regelung des Umgangs mit Patientenverfügungen vermeiden lassen:

- Der »gefährlichen Bequemlichkeit« eines raschen Therapieabbruchs wäre z.B. dadurch zu begegnen, dass die Verfügungen im Rahmen einer kollegialen Beratung (z.B. durch ein Ethik-Konsil) geprüft und interpretiert werden, bevor die Therapieentscheidungen umgesetzt werden.
- Dem befürchteten Druck auf vulnerable Patientengruppen könnte durch geeignete Maßnahmen des Gesetzgebers begegnet werden. So könnte gesetzlich festgelegt werden, dass niemand zur Abfassung einer solchen Verfügung gezwungen werden darf und das Vorliegen einer Verfügung kein Kriterium für den Erhalt weiterer Gesundheits- oder Pflegeleistungen sein darf.

**Psychologische Hindernisse.** Die gegen Patientenverfügungen vorgebrachten ethischen Argumente halten also nach Auffassung der Befürworter von Patientenverfügungen einer Prüfung nicht stand. Es scheint aber eine Reihe von psychologischen Gründen zu geben, die es Ärzten schwer machen, den Wunsch des Patienten nach einer Reduzierung medizinischer Maßnahmen zu respektieren. Hierbei können vor allem die folgenden Aspekte eine Rolle spielen:

- Angst vor Strafbarkeit aus Unkenntnis der Rechtslage;
- Probleme im Umgang mit Sterben und Tod und mit der eigenen Vergänglichkeit;
- Verinnerlichung des ärztlichen Auftrages Leben zu erhalten;
- das Gefühl einer persönlichen Niederlage;
- Fehlen der Einsicht, dass der Patient Wertvorstellungen hat, die von den eigenen abweichen;
- Ausblenden der Tatsache, dass Behandlungsentscheidungen vor allem den Patienten betreffen und daher gemeinsam mit dem Patienten getroffen werden müssen

### 4.2.3  Zusammenfassende Bewertung

Bei einer Prüfung der für und gegen Patientenverfügungen vorgebrachten Argumente, lässt sich die folgende ethische Einschätzung rechtfertigen:

- Die Selbstbestimmung des Patienten ist anerkanntermaßen ein ethischer Grundwert (▶ Kap. 12.6.2). Patientenverfügungen müssen daher als Ausdruck vorweggenommener Selbstbestimmung vom Arzt respektiert werden.
- Allerdings ist es Aufgabe des Arztes sicherzustellen, dass die Verfügung auf die vorliegende Entscheidungssituation »passt« und dass keine Hinweise darauf bestehen, dass der Patient seine Meinung geändert haben könnte.
- Problematisch bleibt jedoch die Unsicherheit darüber, ob der Patient zum Zeitpunkt der Abfassung der Verfügung über alle notwendigen medizinischen Informationen verfügte, die er für seine Entscheidung benötigte. Hier lässt sich zwar vorbringen, dass ein Patient in anderen Situationen das Recht hat, auf Information und Aufklärung zu verzichten (▶ Kap. 1.5.6). Bei einer Patientenverfügung bleibt jedoch in der Regel offen, ob ein **bewusster** Verzicht auf Aufklärung vorlag, ob der Patient nur keine Möglichkeit hatte, die erforderlichen Informationen zu erhalten, oder ob ihm die Notwendigkeit weiterer Information nicht klar war.

> Aus diesem Grunde ist es sinnvoll und für den weiterbehandelnden Arzt hilfreich, wenn Patientenverfügungen vor der Abfassung grundsätzlich mit dem Hausarzt besprochen werden. Die bei dieser Gelegenheit geleistete ärztliche Aufklärung des Patienten über die medizinischen Hintergründe und Konsequenzen seiner Entscheidung könnte dann in der Verfügung dokumentiert werden.

## 4.3    Klinische Praxis

### 4.3.1    Gültigkeit

Als vorweggenommene Selbstbestimmung bindet die Patientenverfügung Ärzte, Pflegende, Institutionen, Betreuer und Bevollmächtigte gleichermaßen. Voraussetzung einer Bindungswirkung ist allerdings die **Gültigkeit** der Patientenverfügung, die in jedem Einzelfall geprüft werden muss. Auf die folgenden Punkte ist dabei besonders zu achten:

**Freie Entscheidung des Patienten**

Der Verfügende muss bei Abfassung der Patientenverfügung in seiner Entscheidung frei gewesen sein. Auszuschließen sind daher krankheitsbedingte Einschränkungen der Willensfreiheit aber auch mögliche Zwänge aus dem familiären oder sozialen Umfeld.

**Form**

Für eine Patientenverfügung bestehen zurzeit keine bestimmten rechtlichen Formerfordernisse. Die Patientenverfügung kann hand- oder maschinenschriftlich abgefasst sein. Eine notarielle Beurkundung ist nicht erforderlich. Eine Patientenverfügung kann auch in mündlicher Form erteilt werden.

> Bei **mündlichen Patientenverfügungen** ist allerdings große Sorgfalt angebracht. Hier müssen die Bezeugenden (häufig die Angehörigen) sehr genau befragt werden. Die Ergebnisse dieser Gespräche sind schriftlich zu dokumentieren. Auf mögliche Interessenkonflikte der Bezeugenden (Erbschaft?) ist besonders zu achten. Im Zweifelsfall ist eine vormundschaftsgerichtliche Klärung ratsam.

Eine Erneuerung der Unterschrift in regelmäßigen Abständen zur Dokumentation der Aktualität der Verfügung kann sinnvoll sein. Sie ist jedoch keine Voraussetzung für die Gültigkeit der Verfügung.

Zurzeit sind etwa 200 Musterpatientenverfügungen im Umlauf. Vorgefertigte Formulare, die mit Textbausteinen arbeiten und die Möglichkeit bieten, bestimmte Abschnitte anzukreuzen, sind als Patientenverfügungen ebenso wirksam wie frei verfasste Verfügungen.

## Inhalt

Die Patientenverfügung kann konkrete medizinische Entscheidungen vorgeben: »Keine Beatmung bei erneuter Exazerbation der COPD«. Sie kann aber auch die allgemeinen Wertvorstellungen des Patienten darlegen: »Mein Ziel ist nicht ein möglichst langes, sondern ein möglichst gutes Leben«.

Werden lediglich allgemeine Wertvorstellungen beschrieben, kann die Patientenverfügung als Hilfsmittel zur Ermittlung des mutmaßlichen Willens dienen.

Die in der Patientenverfügung gewünschten Therapien oder Therapiebegrenzungen dürfen nicht gegen geltendes Recht verstoßen. Eine Forderung nach aktiver Sterbehilfe (▸ Kap. 3.3) wäre also unzulässig.

Die meisten der im Zustand relativer Gesundheit abgefassten Patientenverfügungen versuchen, die folgenden Situationen zu regeln:

- unmittelbare Sterbephase;
- Endstadium von unheilbaren Erkrankungen;
- schwerste zerebrale Schädigungen;
- Demenzerkrankungen.

Selten wird in Patientenverfügungen eine »Maximaltherapie« gefordert – dies zumeist aus Angst vor einer Therapiebegrenzung aus ökonomischen Motiven. Grenze dieser Forderung bleibt aber die medizinische Indikation. Eine medizinisch nicht-indizierte Therapie kann auch über eine Patientenverfügung nicht eingefordert werden.

## Reichweite

In der Diskussion umstritten ist die »Reichweite« von Patientenverfügungen. Dabei geht es um die Frage, ob die Gültigkeit von Patientenverfügungen auf bestimmte Krankheitsbilder beschränkt werden soll oder muss. Vorgeschlagen wurde beispielsweise, dass eine Patientenverfügung nur bei Patienten »mit irreversibler Grunderkrankung, die nach ärztlicher Erkenntnis in absehbarer Zeit zum Tode führt«, zulässig sein solle.

Diese Begrenzung der Reichweite einer Patientenverfügung hält jedoch einer ethischen Prüfung (▶ Kap. 4.2) nicht stand. Wenn Patientenverfügungen Ausdruck der Selbstbestimmung des Patienten sind, ist es ethisch nicht möglich, sie auf bestimmte Erkrankungen oder Erkrankungsstadien zu begrenzen. Dadurch würde für Patienten, die nicht an diesen »zulässigen« Krankheitsformen leiden, letztlich eine Behandlungspflicht resultieren, was im Widerspruch zum grundlegenden ethischen Abwehrrecht vor Eingriffen Dritter in die eigene körperliche Unversehrtheit stünde (▶ Kap. 12.6.2).

## 4.3.2 Widerruf der Patientenverfügung

Eine Patientenverfügung kann jederzeit, auch mündlich, widerrufen werden.

Eine Schwierigkeit entsteht dann, wenn nicht klar ist, ob der Patient beim Widerruf einer Verfügung noch entscheidungsfähig ist (z.B. bei progressiver Demenz) oder ob bestimmte Verhaltensäußerungen des Patienten als gegen die eigene Patientenverfügung gerichteter »Lebenswille« zu interpretieren sind (das Kopfnicken von Frau Schweiger ▶ Kap. 4.2).

Idealerweise sollte die Patientenverfügung auch für diese Situation eine Entscheidungshilfe enthalten, etwa indem sie klarstellt, ob die Verfügung über eine Therapiebegrenzung bei non-verbalen Anzeichen von »Lebenswillen« aufrecht erhalten werden soll oder nicht.

Die Auffassung, dass erkennbare, lebensbejahende Äußerungen eines Patienten (z.B. bei fortgeschrittener Demenz) **in jedem Fall** eine therapiebegrenzende Patientenverfügung außer Kraft setzen, dürfte jedoch zu weit gehen. Im Zweifelsfall ist hier eher davon auszugehen, dass die in entscheidungsfähigem Zustand verfasste Patientenverfügung Gültigkeit haben soll, zumal die Interpretation von non-verbalen Äußerungen als »Lebenswille« in der Regel schwierig ist.

> ❯ Zu bedenken ist, dass »Äußerungen von Lebenswillen«, die eine Patientenverfügung außer Kraft setzen würden, vom Behandlungsteam als psychische Erleichterung empfunden werden können, wenn dadurch ein in der Patientenverfügung festgelegtes »Sterbenlassen« des Patienten vermieden werden kann. Auch aus diesem Grund ist besondere Vorsicht geboten, um nicht non-verbale Äußerungen des Patienten irrtümlich als »Lebenswillen« zu interpretieren.

## 4.4 Empfehlungen der Bundesärztekammer

Die »Grundsätze der Bundesärztekammer zur ärztlichen Sterbebegleitung« (aktuelle Fassung aus dem Jahr 2004) bekräftigen, dass die in einer Patientenverfügung niedergelegten Patientenwünsche für den Arzt bindend sind, auch wenn der Patient eine Therapiebegrenzung fordert:

> Bei einwilligungsunfähigen Patienten ist die in einer Patientenverfügung zum Ausdruck gebrachte Ablehnung einer Behandlung für den Arzt bindend, sofern die konkrete Situation derjenigen entspricht, die der Patient in der Verfügung beschrieben hat, und keine Anhaltspunkte für eine nachträgliche Willensänderung erkennbar sind.

Patientenverfügungen, Vorsorgevollmachten und Betreuungsverfügungen sind nach Auffassung der Bundesärztekammer als **wesentliche Hilfe** für das Handeln des Arztes anzusehen.

## 4.5 Rechtlicher Kontext

*Peter W. Gaidzik*

### 4.5.1 Patientenverfügung

Aus rechtlicher Sicht kommt einer Patientenverfügung generell eine Bindungswirkung zu. Eine explizite Regelung hierzu gibt es derzeit nicht, allerdings existieren diverse Gesetzesempfehlungen bzw. -entwürfe (vgl. hierzu die Stellungnahmen des Nationalen Ethikrates, der Enquête-Kommission des Deutschen Bundestages und der Arbeitsgruppe »Patientenautonomie am Lebensende« des Bundesjustizministeriums, ▶ Kap. 4.6).

Die aktuelle Rechtsauffassung hat sich durch eine Reihe von höchstrichterlichen Urteilen als Richterrecht herausgebildet. Danach ist eine Patientenverfügung vom behandelnden Arzt zu respektieren, wenn sie sich auf die aktuelle Behandlungssituation bezieht und eine irreversible, zum Tode führende Erkrankungssituation vorliegt. Ein vermeintlich abweichender mutmaßlicher Patientenwille stellt die Gültigkeit nicht infrage, es sei denn dass **nachprüfbare Hinweise** bestehen, dass der Patient an der Verfügung nicht mehr festhalten will.

Auch Betreuer oder Bevollmächtigte sind an die in der Patientenverfügung geäußerten Wünsche gebunden.

Diese eindeutige Festlegung hat der Bundesgerichtshof (BGH) in einem Beschluss vom 17. März 2003 zu folgendem Sachverhalt getroffen:

---
**Der Fall**

Der Betroffene erlitt Ende November 2000 infolge eines Herzinfarktes einen hypoxischen Hirnschaden. Er befand sich seither im apallischen Syndrom, ohne, so der Senat, eine Möglichkeit zur Kontaktaufnahme mit der Umgebung. Die Nahrungszufuhr erfolgte über eine PEG-Sonde. Auf Anregung der Klinik bestellte das zuständige Vormundschaftsgericht den Sohn des Betroffenen zum Betreuer mit dem Aufgabenkreis u.a. der Gesundheitssorge. Im April 2002 beantragte der Sohn aufgrund der nicht zu erwartenden Zustandsbesserung die vormundschaftsgerichtliche Genehmigung zur Einstellung der Ernährung über die PEG-Sonde. Dabei konnte er auf eine maschinenschriftliche und von seinem Vater handschriftlich unterzeichnete Verfügung mit folgendem Wortlaut verweisen: »Für den Fall, dass ich zu einer Entscheidung nicht mehr fähig bin, verfüge ich: Im Fall meiner irreversiblen Bewusstlosigkeit, schwerster Dauerschäden meines Gehirns oder des dauernden Ausfalls lebenswichtiger Funktionen meines Körpers oder im Endstadium einer zum Tode führenden Krankheit, wenn die Behandlung nur noch dazu führen würde, den Vorgang des Sterbens zu verlängern, will ich:

- keine Intensivbehandlung
- Einstellung der Ernährung
- nur angst- oder schmerzlindernde Maßnahmen, wenn nötig,
- keine künstliche Beatmung,
- keine Bluttransfusionen,
- keine Organtransplantation,
- keinen Anschluss an eine Herz-Lungen-Maschine.

Meine Vertrauenspersonen sind (es folgen Namen und Anschriften der nächsten Angehörigen). Diese Verfügung wurde bei klarem Verstand und in voller Kenntnis der Rechtslage unterzeichnet.
Lübeck, den 27.11.1998«

---

Die Patientenverfügung ist nach Auffassung des BGH zu respektieren, da eine solche im einwilligungsfähigen Zustand getroffene »antizipative« Willensbekundung als Ausdruck des fortwirkenden **Selbstbestimmungsrechts,** aber auch der **Selbstverantwortung des Patienten** den Betreuer wie auch den behandelnden Arzt binde.

Schon die Würde des Betroffenen (Art. 1 Abs. 1 GG) verlange, dass eine von ihm eigenverantwortlich getroffene Entscheidung auch dann noch respektiert wird, wenn er die Fähigkeit zu eigenverantwortlichem Entscheiden inzwischen verloren hat.

Die Willensbekundung des Betroffenen für oder gegen bestimmte Maßnahmen dürfe deshalb vom Betreuer nicht durch einen »Rückgriff auf den mutmaßlichen Willen« des Betroffenen »korrigiert« werden, es sei denn, dass der Betroffene sich von seiner früheren Verfügung mit erkennbarem Widerrufswillen distanziert oder die Sachlage sich nachträglich so erheblich geändert habe, dass die frühere selbstverantwortlich getroffene Entscheidung die aktuelle Sachlage nicht umfasse:

> Die in eigenverantwortlichem Zustand getroffene Entscheidung darf nicht unter spekulativer Berufung darauf unterlaufen werden, dass der Patient vielleicht in der konkreten Situation doch etwas anderes gewollt hätte.

Der für das Betreuungsrecht zuständige 12. Zivilsenat hat sich damit vorangegangenen Entscheidungen der Strafsenate des BGH angeschlossen, wonach eine Patientenverfügung auch bei Erkrankungen oder in Erkrankungsstadien Wirksamkeit entfalten könne, in denen der unmittelbare Sterbeprozess (noch) nicht eingesetzt hat. Daher brauchen alle Beteiligten (Betreuer, Angehörige, Ärzte und Pflegekräfte) straf- und haftungsrechtlichen Risiken nicht zu befürchten, wenn sie der in einer Patientenverfügung getroffenen Entscheidung zum Behandlungsabbruch folgen. Ggf. ist im Konfliktfall oder beim Streit um die Auslegung der Patientenverfügung das Vormundschaftsgericht anzurufen. Auch die eingangs erwähnten Empfehlungen für eine gesetzliche Regelung sehen vor, die Entscheidungsnotwendigkeit der Vormundschaftsgerichte auf Konfliktfälle zu beschränken.

Umgekehrt könnte sich für die behandelnden Ärzte ein **Begründungszwang** ergeben, wenn sie sich einer solchen Patientenverfügung oder der entsprechenden Entscheidung des Betreuers widersetzen möchten und entsprechende Therapiemaßnahmen nicht, wie gewünscht, unterlassen oder einstellen.

Zu fragen wäre auch welche Anforderungen im Falle einer Nichtbefolgung der Patientenverfügung vom Staatsanwalt oder Gericht an den »erkennbaren

Widerrufswillen« des Patienten oder eine »erheblich geänderte Sachlage« (s.o.) gestellt würden.

> Als Fazit bleibt festzuhalten, dass Patientenverfügungen nach Auffassung des BGH ein hohes Maß an rechtlicher Verbindlichkeit zukommt. Eine genaue Prüfung (erkennbarer Widerrufswillen? geänderte Sachlage?) ist allerdings für jeden Einzelfall erforderlich. Trotzdem scheint nicht zweifelsfrei, Entscheidungen über Leben und Tod rechtlich in so starker Weise an eine vom Betroffenen in gesunden Tagen und damit gleichsam »am grünen Tisch« unterzeichnete Erklärung zu binden, bei der die genauen Umstände der Unterschriftsleistung, die Motivation des Betroffenen und sein damals vorhandener Informationsstand sich in der Akutsituation kaum je ermitteln lassen. Es kommt hinzu, dass in »gesunden Tagen« ohne konkrete Krankheitserfahrung von medizinischen Laien getroffene Verfügungen Formulierungsunschärfen aufweisen (müssen), die ihre Anwendbarkeit auf die aktuelle medizinische Situation in Frage stellen können, nicht zuletzt auch im Hinblick auf prognostische Unsicherheiten einer Erkrankung.

## 4.5.2   Vorsorgevollmacht und Betreuungsverfügung

### Vorsorgevollmacht

Von der Patientenverfügung ist die **Vorsorgevollmacht** zu unterscheiden. Hiermit kann der Patient eine Vertrauensperson als Bevollmächtigten (§§ 164 ff. BGB) benennen, die an seiner Stelle z.B. auch **in Gesundheitsangelegenheiten** entscheiden kann, wenn der Patient hierzu selbst nicht mehr in der Lage ist. Eine Vorsorgevollmacht ist schriftlich abzufassen. Soll sie sich auch auf Vermögensgeschäfte beziehen ist eine notarielle Beurkundung ratsam.

Entscheidungen in Gesundheitsangelegenheiten können z.B. die folgenden Punkte betreffen:

- Einwilligung in Heilbehandlungen auch wenn diese mit Lebensgefahr verbunden sein können
- Einwilligung in das Unterlassen oder die Beendigung von lebensverlängernden Maßnahmen
- Entscheidung über Unterbringung mit freiheitsentziehender Wirkung oder über freiheitsentziehende Maßnahmen (z.B. Fixierungen, Bettgitter)
- Durchsetzung des in einer Patientenverfügung festgelegten Willens

Eine Vorsorgevollmacht kann eine Patientenverfügung sinnvoll ergänzen. Der Bevollmächtigte kann einerseits darüber wachen, dass die in der Patientenverfügung festgelegten Entscheidungen umgesetzt werden. Er kann andererseits aber auch für in der Verfügung nicht abgedeckte Sachverhalte den Willen des Patienten mit Autorität zur Geltung bringen. Der Bevollmächtigte ist an die in der Patientenverfügung festgelegten Entscheidungen des Patienten gebunden, es sei denn, die Patientenverfügung stellt den Bevollmächtigten hiervon ausdrücklich frei.

## Betreuungsverfügung

Wenn ein Patient einwilligungsunfähig wird und keine Vorsorgevollmacht vorliegt, wird vom Gericht ein Betreuer bestellt. In der Regel wird das Vormundschaftsgericht zwar bei der Bestellung eines Betreuers auf verwandtschaftliche und sonstige persönliche Bindungen des Patienten Rücksicht zu nehmen, dies ist jedoch nicht sicher. Vor allem wenn der Betreute über Vermögen verfügt (z.B. Immobilien) wird vielerorts ein fremder Betreuer von Amts wegen bestellt, um tatsächliche oder vom Gericht unterstellte Interessenkonflikte bei Angehörigen auszuschließen. Mit Hilfe einer Betreuungsverfügung kann der Betroffene aber schon vorab festlegen, wer im Falle seiner eigenen Entscheidungsunfähigkeit als Betreuer bestellt werden soll. Das Gericht ist, von den potentiellen Missbrauchsfällen abgesehen, an diese Bestimmung gebunden.

> **Angehörige sind nicht automatisch der gesetzliche Vertreter eines entscheidungsunfähigen Patienten.** Behandlungsentscheidungen können sie daher nur dann treffen, wenn sie entweder über eine Vorsorgevollmacht bevollmächtigt sind oder vom Gericht als Betreuer bestellt wurden.

**? Übungsfragen**

1. Welche Argumente werden von den Gegnern der Zulässigkeit von Patientenverfügungen vorgebracht?

2. Welchen formalen Kriterien muss eine Patientenverfügung genügen um gültig zu sein?

3. Unter welchen Bedingungen muss ein Arzt davon absehen, dem in der Patientenverfügung erklärten Willen seines Patienten Folge zu leisten?

4. Versuchen Sie, für sich selbst eine Patientenverfügung zu erstellen. Wo liegen die besonderen Schwierigkeiten?

## Zur Vertiefung

Arbeitsgruppe »Patientenautonomie am Lebensende« des Bundesjustizministeriums: Abschlussbericht Patientenautonomie am Lebensende. Ethische, rechtliche und medizinische Aspekte zur Bewertung von Patientenverfügungen vom 10.06.2004. Online im Internet. URL: http://www.bmj.de/media/archive/695.pdf (11.10.2006)

Enquete-Kommission »Ethik und Recht der modernen Medizin«: Zwischenbericht Patientenverfügungen vom 13.09.2004. BT-Drucksache 15/3700. Online im Internet. URL: http://dip.bundestag.de/btd/15/037/1503700.pdf (11.10.2006)

Nationaler Ethikrat (Hrsg.): Patientenverfügung – Ein Instrument der Selbstbestimmung. Berlin 2005. Online im Internet. URL: http://www.ethikrat.org/stellungnahmen/pdf/Stellungnahme_Patientenverfuegung.pdf (11.10.2006)

Vetter Petra (2005) Selbstbestimmung am Lebensende. Patientenverfügung und Vorsorgevollmacht. Boorberg, Stuttgart (Sehr anschaulich geschriebene, einfach zu verstehende Broschüre, in der die mit Patientenverfügungen und Vorsorgevollmachten zusammenhängenden Rechtsfragen erörtert werden.)

# 5 Entscheidungen am Beginn des Lebens

##  Einleitung

Zu Beginn des menschlichen Lebens können medizinethische Konflikte vor allem in drei Bereichen auftreten:
1. Pränatale Diagnostik
2. Schwangerschaftsabbruch
3. Neonatale Intensivtherapie

Die **pränatale Diagnostik** wird in Zukunft, vor allem durch die zunehmenden Möglichkeiten von Chromosomen- und DNA-Analyse, immer mehr Krankheiten und Krankheitsdispositionen aufdecken können. Dabei stellen die mit Hilfe der vorgeburtlichen Diagnostik gewonnenen Informationen die Schwangere schon heute oftmals vor kaum lösbare Konflikte (► Kap. 5.1).

Als Mittel zur Feststellung bestimmter Merkmale des Ungeborenen kann die vorgeburtliche Diagnostik die Behandlung von Erkrankungen erleichtern oder zur Entscheidung beitragen, einen **Schwangerschaftsabbruch** durchzuführen. Dieser Eingriff stellt einen der ältesten medizinethischen Konflikte für den Arzt dar. Hier stehen das ärztliche Berufsethos (Tötungsverbot) und das Lebensrecht des Ungeborenen dem Wunsch der Schwangeren auf Selbstbestimmung gegenüber (► Kap. 5.2).

Durch die immensen Fortschritte der **neonatalen Intensivmedizin** in den letzten Jahren überleben immer mehr kleine und unreife Frühgeborene. Dieser Erfolg wird jedoch dadurch relativiert, dass ein hoher Anteil dieser Kinder in ihrem späteren Leben durch neurologische oder andere Schädigungen oft erheblich behindert sind, was großes Leid für das Kind und seine Familie bedeuten kann (► Kap. 5.3).

## 5.1    Vorgeburtliche Diagnostik

*Michael Gommel*

### 5.1.1    Begriffsklärung

Die in Deutschland angewandte **pränatale Medizin** zielt in erster Linie auf eine umfassende Betreuung der Schwangeren und des Ungeborenen. Sie beinhaltet alle »diagnostischen Maßnahmen, durch die morphologische, strukturelle, funktionelle, chromosomale und molekulare Störungen vor der Geburt erkannt oder ausgeschlossen werden können.« (Bundesärztekammer, Richtlinien 1998)

Ziel dieser pränatalen Diagnostik (PND) ist es,

- Störungen der embryonalen und fetalen Entwicklung zu erkennen,
- durch Früherkennung von Fehlentwicklungen eine optimale Behandlung der Schwangeren und des ungeborenen Kindes zu ermöglichen,
- Befürchtungen und Sorgen der Schwangeren zu objektivieren und abzubauen und
- Schwangeren Hilfe bei der Entscheidung über die Fortsetzung oder den Abbruch einer Schwangerschaft zu geben.

Zu den diagnostischen Maßnahmen der PND zählen:

- Anamnese der Schwangeren, Familien-, Sozial- und Schwangerschaftsanamnese.
- Allgemeine Diagnostik zur Überwachung einer problemlos verlaufenden Schwangerschaft nach den Mutterschaftsrichtlinien, z. B. drei Ultraschall-Screening-Untersuchungen zwischen der 9. und 12. SSW, der 19. und 22. SSW und der 29. und 32. SSW, sowie die eventuell notwendige weitere sonografische Diagnostik im Programm der Mutterschaftsvorsorge.
- Serologische Untersuchungen der Schwangeren nach den Mutterschaftsrichtlinien, z. B. auf Lues, Röteln, die ABO-Blutgruppe und den Rh-Faktor D.
- Diagnostik zur Risikoermittlung und –spezifizierung durch die Feststellung biochemischer Marker (z.B. Triple-Test zur Risikoabschätzung von Trisomie 21 oder Spina bifida)
- Weiterführende, gezielte pränatale Diagnostik mit invasiven Methoden wie z. B. Chorionzottenbiopsie, Amniozentese, Nabelschnurpunktion, Organbiopsien, Embryoskopie oder Fetoskopie.

Als **Präimplantationsdiagnostik** (PID) bezeichnet man die Untersuchung einzelner, zum Zwecke der Analyse entnommener Zellen eines frühen Embryos **vor der Implantation des Embryos** in die Gebärmutter Diese Analyse kann ausschließlich im Rahmen der assistierten Reproduktion nach vorausgehender extrakorporaler Befruchtung durchgeführt werden. Die PID ist in Deutschland nicht zulässig (▶ Kap. 5.1.5).

Die **Polkörperdiagnostik** (PKD) ist hingegen erlaubt und wird auch gezielt durchgeführt. Hierbei werden die im Verlauf der zwei Reifeteilungen der Eizelle abgeschnürten Polkörper auf Chromosomenanomalien (z. B. Fehlverteilungen) untersucht. Ihre Aussagekraft ist jedoch begrenzt, da nur das genetische Material der maternalen Seite – und dies auch nur zum Teil – einer Untersuchung zugeführt werden kann.

In Deutschland kommen etwa 750.000 Kinder jährlich zur Welt (2004). Etwa 97% davon sind vollständig gesund. Die Zahl invasiver pränataler Untersuchungen steigt seit der Kostenübernahme durch die gesetzlichen Krankenkassen im Jahre 1976 stetig an. Ende der 90er Jahre wurde bei fast jeder 10. Schwangerschaft eine invasive Diagnostik durchgeführt, zumeist eine Amniozentese (Nationaler Ethikrat, 2003).

> »Das zentrale ethische Problem der pränatalen Diagnostik ist die Frage nach einem eventuellen Schwangerschaftsabbruch bei Nachweis einer Erkrankung oder Behinderung des ungeborenen Kindes.« (Bundesärztekammer, Richtlinien 1998)

## 5.1.2  Historischer Hintergrund

Durch die Anwendung von Methoden vorgeburtlicher Diagnostik werden Informationen erhoben, die erheblichen Einfluss auf das Wohl und Wehe der ganzen Familie haben können. Vorgeburtliche Diagnostik stellt immer einen **medizinischen Eingriff in die Fortpflanzung** des Menschen dar.

Im nationalsozialistischen Deutschland war die Fortpflanzung des Menschen Ziel umfassender staatlicher Eingriffe: Zu den fortpflanzungshygienischen Maßnahmen zählten nicht nur der Versuch, Menschen mit erwünschten Eigenschaften gezielt zu züchten: »**positive Eugenik**«, Projekt »Lebensborn«. Es ging vor allem auch um die Ausschaltung der Fortpflanzung von Menschen, die als »unwert« oder »entartet« charakterisiert wurden: »**negative Eugenik**« (► Kap. 6.2.2; ► Kap. 3.3.7).

Die Wurzeln dieser eugenischen Bewegung liegen in der rassistisch-fortschrittsgläubig motivierten **Degenerationsangst** des 19. Jahrhunderts. Erste Maßnahmen, die auf die Sterilisierung bestimmter Menschengruppen hinausliefen, wurden bereits zu Beginn des 20. Jahrhunderts in verschiedenen westlichen Ländern unternommen. Im Deutschen Reich und in besetzten Gebieten wurden nach der Verkündung des **Gesetzes zur Verhütung erbkranken Nach-**

**wuchses** am 14. Juli 1933 etwa 350.000 Menschen unfruchtbar gemacht (Rost 1987).

Hätten den Nationalsozialisten die heutigen Methoden pränataler Medizin zur Verfügung gestanden, wäre vermutlich neben der Ausschaltung unerwünschten Nachwuchses durch Sterilisierung von rassisch oder völkisch »Minderwertigen«, die gezielte Auslese und Klonierung von Embryonen mit erwünschten Merkmalen als »positive Eugenik« ein zweites rassenhygienisches »Arbeitsgebiet« gewesen.

Hier zeigt sich, dass die Methoden der pränatalen Medizin auch für ethisch hoch problematische und verbrecherische Zwecke eingesetzt werden können. Aus diesem Grund ist eine gesellschaftliche Debatte über die ethischen Konsequenzen pränataler Diagnostik und Medizin und die gesellschaftlich akzeptablen Ziele dieser Verfahren unverzichtbar.

> Wenn eine Schwangere heute pränatale Diagnostik in Anspruch nimmt, tut sie dies in aller Regel, weil sie sich um die Gesundheit ihres Ungeborenen und um die Zukunft ihrer Familie sorgt. Es ist daher abwegig, schwangere Frauen, die sich gegen das Austragen einer Schwangerschaft entscheiden, in die geistige Nähe der nationalsozialistischen Eugenik zu rücken, da die ethisch relevanten Motive in beiden Fällen unterschiedlich sind. Umgekehrt bedeutet dies jedoch nicht, dass eine Schwangerschaftsunterbrechung nach pränataler Diagnostik in jedem Fall ethisch zu rechtfertigen ist (▶ Kap. 5.2)

## 5.1.3 Ethische Perspektiven

### Wissen oder nicht wissen?

**Der Fall**

Frau Krause ist 38 Jahre alt und wird zum dritten Mal Mutter. Ihre ersten Kinder, Zwillinge, bekam sie mit 22 Jahren – kurz nach Beginn des Betriebswirtschaftsstudiums, das sie abbrach, um sich ganz der Erziehung der Kinder widmen zu können. Die Mitteilung ihrer Frauenärztin, dass sie schwanger sei, schockiert sie eher, da sie dies nicht erwartete. Ihr Mann und die Zwillinge nehmen dies zunächst ebenfalls irritiert, dann aber mit wachsender Freude zur Kenntnis. Die ganze Familie bereitet sich auf das freudige Ereignis vor.

▼

> Im routinemäßig durchgeführten Diagnostikprogramm fällt in der 16. SSW
> ein positiver Triple-Test auf, nachdem die bisherigen Ultraschall-Untersu-
> chungen keine Auffälligkeiten ergeben hatten. Die Ärztin klärt Frau Krause
> detailliert über die weiteren diagnostischen Möglichkeiten auf, insbesonde-
> re über Chorionzottenbiopsie und Amniozentese. Verwirrt und verunsichert
> geht Frau Krause nach Hause, um sich mit ihrer Familie zu besprechen. Eine
> Abtreibung kommt für sie gar nicht in Frage – wozu also weitere Untersu-
> chungen?

Durch positive Triple-Tests (biochemischer Bluttest zur Abschätzung des
Risikos, ein Kind mit einer Trisomie 21 zu erwarten) werden jedes Jahr viele
Schwangere in Aufregung versetzt. Es ist auch medizinischen Laien durchaus bekannt, dass die Wahrscheinlichkeit, ein Kind mit einer Trisomie 21
zu bekommen, unter anderem vom Alter der Mutter abhängt. Trotzdem
ist die Wahrscheinlichkeit einer 38-Jährigen, ein Kind **ohne** Down-Syndrom zu bekommen, etwa 100mal höher als die Wahrscheinlichkeit, dass
ihr Kind ein Down-Syndrom hat. Ein positiver Triple-Test bringt in dieser
Situation oft zusätzliche Verunsicherung, da dieser Test gerade bei älteren
Schwangeren sehr viele falsch-positive Ergebnisse hervorbringt. Um einen
Trisomie-Verdacht zu sichern bzw. auszuschließen, muss daher im weiteren
Verlauf auf invasive Techniken zurückgegriffen werden, die ihrerseits ein
nicht geringes Risiko eines Abortes mit sich bringen (zwischen 0,5% und
4%).

❯ Alleine die Möglichkeit, mit Hilfe von diagnostischen Verfahren bestimmte Informationen über das ungeborene Kind zu gewinnen, birgt ein erhebliches
Konfliktpotenzial.

Nicht von ungefähr betont die Deutsche Gesellschaft für Gynäkologie und
Geburtshilfe (DGGG), dass dem Recht der Schwangeren auf Wissen gleich-
wertig ein **Recht auf Nichtwissen** gegenüber steht. Die Schwangere muss vor
jeder diagnostischen Maßnahme aufgeklärt und ergebnisoffen beraten werden
(▶ Kap. 1.3) – auch über das Risiko der eingesetzten Verfahren und über die
Problematik eines Schwangerschaftsabbruches als möglicher Konsequenz der
Diagnostik.

> Die Entscheidung für oder gegen pränatale Diagnostik steht **der Schwangeren** zu. Der Arzt ist zu umfassender Aufklärung verpflichtet und muss die getroffene Entscheidung respektieren. Nutzen und Risiko der pränatalen Diagnostik für Mutter und Kind sind in jedem Einzelfall sorgfältig und besonnen abzuschätzen. Eine routinemäßige Durchführung pränataler Diagnostik ohne Aufklärung und Einwilligung ist ethisch nicht zu rechtfertigen. Dies gilt unabhängig davon, ob bereits ein Verdacht besteht oder nur bestimmte Hinweise (Alter der Schwangeren, verdächtiger Sonografiebefund, anamnestische Daten) vorliegen.

## Ethische Argumente für die PND

Für die pränatale Diagnostik lassen sich vor allem drei Argumente anführen:

- Schwerste, häufig letal verlaufende Störungen der Kindesentwicklung lassen sich heute recht sicher und direkt nachweisen. Da diese Fälle alles andere als häufig vorkommen, kann durch eine sinnvoll eingesetzte PND vielen Schwangeren die Angst vor solchen seltenen Störungen genommen werden.
- Pränatale Diagnostik ist auch dann sinnvoll und aus ärztlicher Sicht geboten, wenn eine Erkrankung des Ungeborenen dadurch entdeckt und somit noch vor der Geburt behandelt werden kann, oder wenn die Behandlung nach der Geburt rechtzeitig eingeleitet werden kann. Ein Beispiel hierfür wäre der intrauterine Blutaustausch bei Rhesus-Inkompatibilität.
- Auch Erkrankungen der Mutter lassen sich schließlich im Rahmen der Pränataldiagnostik erfassen und Schäden für Mutter und Kind dadurch abwenden.

Die pränatale Diagnostik muss in diesen Fällen als Hilfsangebot an die Schwangere und an ihr Kind verstanden werden, das aus ärztlicher Verantwortung erfolgt (▶ Kap. 12.6.2), und einen erheblichen Nutzen für beide mit sich bringen kann bzw. Schaden von ihnen abwendet. Der beratende Arzt steht hier in der **Sorgfaltspflicht** gegenüber Patientin und Kind, die medizinisch mögliche Diagnostik anzubieten.

> **Der Fall**
>
> Frau Weber ist strenggläubige Katholikin und hat sich schon vor ihrer ersten Schwangerschaft entschieden, auf die meisten vorgeburtlichen Untersuchungen zu verzichten. Sie argumentiert ihrem Frauenarzt gegenüber, dass sie sowieso keine Abtreibung durchführen ließe, selbst wenn das Kind eine schwere Schädigung habe. Sie bringt in fünf Jahren vier Kinder zur Welt – alle gesund nach problemlosen Schwangerschaften.
>
> Entgegen der dringenden Empfehlung ihres Frauenarztes versäumt Frau Weber auch die späten Routine-Ultraschalluntersuchungen in ihrer fünften Schwangerschaft. In der 36. SSW fährt sie mit einer Freundin in ein abgelegenes Ferienhaus, um sich mit ihr über die Zeit nach der Geburt ihres fünften Kindes zu besprechen. Wie aus heiterem Himmel stellen sich am dritten Abend ihres Aufenthaltes plötzlich stark zunehmende, jedoch schmerzlose Vaginalblutungen ein. Da die Mobiltelefone der beiden Frauen kein Netz finden, fährt die Freundin von Frau Weber in großer Eile in die nächstgelegene Ortschaft, um einen Arzt zu holen. Trotz des schnellen Einsatzes verstirbt Frau Weber an ihren großen Blutverlusten, und mit ihr zusammen ihr ungeborenes Kind, an den Folgen einer Placenta praevia.

Eine Placenta praevia wäre in einer Ultraschalluntersuchung mit höchster Wahrscheinlichkeit entdeckt worden, so dass frühzeitig angemessene Maßnahmen hätten eingeleitet werden können, um das Leben von Mutter und Kind zu sichern. Aus medizinischer Sicht wäre die Sonografie auf jeden Fall indiziert gewesen. Das Nicht-Wissen-Wollen von Frau Weber musste im Hinblick auf das Selbstbestimmungsrecht der Patientin von ihrem Frauenarzt respektiert werden. Durch diesen schrecklichen Ausgang wurde er trotzdem in Gewissensnöte getrieben:

- Hat er die Schwangere ausreichend über die Gefahren einer mehr oder weniger unbegleiteten Spätschwangerschaft aufgeklärt?
- Hätte er sie zu einer Ultraschalluntersuchung überreden sollen, um eine solche Störung der Plazentaentwicklung, wie sie bei Frauen mit mehreren Geburten nicht selten auftritt, sicher ausschließen zu können – selbst auf die Gefahr hin, in den Besitz von Informationen über mögliche Erkrankungen oder Missbildungen des Kindes zu gelangen, die Frau Weber nicht wissen wollte?

Der beschriebene Fall ist ein gutes Beispiel für den klassischen Konflikt zwischen dem **Wohl des Patienten**, für das der Arzt Verantwortung übernehmen soll, und der **Selbstbestimmung des Patienten**, die der Arzt ebenfalls zu respektieren hat (▶ Kap. 12.6.2).

> ❯ In der Praxis wird die ärztliche Aufklärung zum Wohle des Patienten umso eindringlicher sein müssen, je mehr die Entscheidung des Patienten seine Gesundheit in Gefahr zu bringen droht. Letztlich ist aber eine Entscheidung des Patienten auch dann zu respektieren, wenn dieser dadurch seine Gesundheit oder sein Leben aufs Spiel setzt (▶ Kap. 1.3; 1.6).

## Ethische Argumente gegen die PND

Ethische Argumente gegen pränatale Diagnostik weisen vor allem auf drei Problemfelder hin:
- Den Schwangerschaftsabbruch (▶ Kap. 5.2) als einer möglichen Konsequenz
- Die zunehmende Medikalisierung der Schwangerschaft
- Die Gefährdung des Ungeborenen durch invasive Untersuchungstechniken

Von den zahlreichen Störungen, Behinderungen oder Krankheiten, die sich im Rahmen der PND »entdecken« lassen – sei es als Zufallsbefunde, sei es als Ergebnisse gezielter Suche –, sind die wenigsten einer kausalen Therapie zugänglich. Auch Abweichungen vom gesunden, »normalen« Wunschkind lassen sich mit Hilfe medizinischer Eingriffe nur selten in Richtung des gewünschten Zustandes korrigieren. In den meisten Fällen führt daher der einzige Weg zum »Wunschkind« über eine Schwangerschaftsunterbrechung - und eine anschließende erneute Schwangerschaft:

---

**Der Fall**

Maria und Norbert Schiller, beide Mitte 30 und als sehr erfolgreiches Sängerehepaar an einem renommierten Opernhaus engagiert, kommen zum Frauenarzt. Frau Schiller erwartet ihr erstes Kind und befindet sich in der 11. Woche ihrer bis dahin unproblematischen Schwangerschaft. Anamnestisch bestehen keine Risikofaktoren für Störungen oder Probleme

▼

> in der Kindesentwicklung. Nach einigem Zögern verrät Herr Schiller schließ-
> lich den Grund des gemeinsamen Besuchs: Da er und seine Frau in einer
> schönen Stimme und in nichts anderem den wahren Wert des Lebens er-
> kennen, würden beide nun gerne wissen, ob ihr Kind an irgendeiner Krank-
> heit leiden könnte, die sich auf die Stimme auswirkt. Konkret fragt er den
> Frauenarzt nach der Möglichkeit, eine Lippen-Kiefer-Gaumen-Spalte früh-
> zeitig zu diagnostizieren. Vom Arzt gefragt, was denn geschehen solle,
> wenn bei ihrem Kind tatsächlich eine solche Variante festgestellt würde,
> antwortet Frau Schiller, dass sie dann die Schwangerschaft abbrechen ließe.
> Sie könne mit allem leben, mit einem Kind mit Down-Syndrom, mit einer
> schweren geistigen oder körperlichen Behinderung, aber nicht mit einem
> Kind, das keine schöne Stimme habe.

An diesem extremen Beispiel wird deutlich, worin der ethische Kern-
konflikt der Pränataldiagnostik besteht. Die Eltern wünschen sich ein »**ge-
sundes**« **Kind**. In diesem Fall eines, das zumindest im Hinblick auf seine
stimmliche Leistungsfähigkeit keinen anatomischen Einschränkungen unterliegt. Auf dem Weg zu diesem Ideal ist ihnen auch die Kombination aus
PND und anschließender Schwangerschaftsunterbrechung ein zulässiges
Mittel.

Aus **Sicht des Kindes** sieht die Situation ganz anders aus. Im Namen eines
in diesem Fall eher schwierig nachzuvollziehenden Gesundheitsideals, wollen
die Eltern dem Kind sein Lebensrecht vorenthalten. Die stimmliche Einschränkung würde das Kind, wie einen Großteil der Bevölkerung, vermutlich nicht
weiter stören – wenn es sie denn erleben dürfte.

Der Arzt steht hier zwischen beiden Seiten und muss entscheiden, welchen
Wertüberlegungen er folgen soll.

In diesem Fall ist die Entscheidung nahe liegend. Die Überlegungen der
Eltern sind ausschließlich auf **ihre** Situation fixiert. Die Lebenschancen des
Kindes unabhängig von den elterlichen Wertvorstellungen werden nicht hinreichend berücksichtigt. In der Abwägung gegen das Lebensrecht des Kindes
müssen die Wertvorstellungen der Eltern ethisch eindeutig zurückstehen.

Dazu kommt, dass mit chirurgischen Verfahren eine vollständige operative
Korrektur einer möglichen Lippen-Kiefer-Gaumen-Spalte zumeist möglich
ist.

> Die gezielte Suche nach Defekten oder bestimmten Merkmalen im Rahmen einer Pränataldiagnostik ist in der Regel kritisch zu bewerten. Dies vor allem dann, wenn die einzige dann mögliche Handlungsoption die Schwangerschaftsunterbrechung ist.

## Diskriminierung durch PND?

Auch die **Nichtanwendung** von pränataler Diagnostik kann einen ethischen Konflikt heraufbeschwören, wie das folgende Beispiel zeigt:

---

**Der Fall**

Frau Ergec, 27 Jahre alt, ist verheiratet und Mutter von vier Töchtern im Alter von zwei bis sieben Jahren. Sie stellt sich einer Frauenärztin vor, weil sie wieder schwanger ist und wissen möchte, ob mit ihrem Kind alles in Ordnung ist. Nach der ersten Routinediagnostik kann die Frauenärztin sie beruhigen: es gibt keine Hinweise auf Probleme. Frau Ergec zeigt sich enttäuscht und fragt, ob man im Blut nicht sehen könne, ob es ein Junge werde. Auf die Frage der Ärztin, ob sie sich einen Jungen wünsche, antwortet Frau Ergec: »Ja, ich habe meinem Mann schon vier Töchter geboren, und immer wollte er einen Jungen. Wenn er noch eine Tochter bekommt, verlässt er mich. Aber ohne ihn kann ich auf keinen Fall überleben.« Auf die Nachfrage der Ärztin, was denn wäre, wenn man feststellen könnte, dass es ein Mädchen werde, antwortet sie, dass sie das Kind dann auf jeden Fall abtreiben würde.

---

Die Ärztin entscheidet sich in diesem Fall dagegen, eine weiterführende Diagnostik hinsichtlich des Geschlechtes des ungeborenen Kindes durchführen zu lassen (z.B. mit Hilfe einer Chorionzottenbiopsie). Sie könne eine Diskriminierung auf Grund des Geschlechts nicht mitverantworten, teilt sie Frau Ergec als Begründung mit. Ihre Patientin erwidert, dass sie dann auch ohne weitere Diagnostik auf jeden Fall abtreiben werde. Von Herrn Ergec erfährt sie zwei Wochen später, dass dies tatsächlich so geschehen ist. Seine Frau hatte abgetrieben, es wäre ein Junge geworden.

Die Ärztin befindet sich in einem für sie **unlösbaren Konflikt**: auf der einen Seite steht eine nicht indizierte, nicht risikofreie pränatale Untersuchung, die mit etwa 50%iger Wahrscheinlichkeit einen Jungen »retten« könnte Auf der anderen Seite droht die sichere Abtreibung, die mit ebenso hoher Wahrscheinlichkeit einen Jungen »opfert«. Das potentielle Mädchen würde in beiden Fällen nie geboren.

Der eigentliche ethische Konflikt in diesem Fall liegt jedoch tiefer: Ethisch problematisch ist hier die systematische Diskriminierung von Frauen, in diesem Fall von weiblichen Neugeborenen in bestimmten Kulturkreisen. Diese Diskriminierung lässt sich auch durch die Berufung auf »Tradition« oder »kulturelle Besonderheiten« ethisch nicht rechtfertigen. Das **Lebensrecht** unabhängig von Geschlecht, Rasse oder sonstigen Eigenschaften ist keine kulturelle Sondermeinung bestimmter Gesellschaften. Es steht vielmehr jedem Menschen unabhängig von den konkreten Umständen zu jeder Zeit und in allen Kulturen zu (▶ Kap. 12.6.2).

## Zumutbarkeit des Kindes

Vor diesem Hintergrund ist auch die Frage nach der **Zumutbarkeit** von Eigenschaften des ungeborenen Kindes für die Eltern zu beantworten. Da die »unerwünschte« Eigenschaft – sei es das »falsche« Geschlecht, sei es eine anatomische oder physiologische Variante – nicht geändert werden kann, ist häufig der Abbruch der Schwangerschaft die gewählte »Lösung«. Systematisch unterbewertet wird bei dabei aber das Lebensrecht des Embryos, der als eigenständiges Lebewesen nicht der alleinigen Verfügbarkeit der Eltern ausgesetzt werden darf.

❯ Mit den weiter zunehmenden Möglichkeiten pränataler Diagnostik werden auch die Fragen nach der Zumutbarkeit bestimmter Eigenschaften des Ungeborenen häufiger werden. Eine öffentliche Diskussion der ethischen Aspekte des Schwangerschaftsabbruchs in diesem Kontext, auch im Hinblick auf den Wert von Begriffen wie Normalität oder Behinderung, ist daher dringend erforderlich.

Dass die Angst vor einer Zunahme der Diskriminierung von Menschen mit Behinderungen nicht unberechtigt ist, zeigt das Erscheinen von Kosten-Nutzen-Rechnungen, die den möglichen Einsparungseffekt durch PND im Vergleich zur Behandlung behinderter Menschen aufzeigen (z.B. Passarge und Rüdiger 1979).

## Präimplantationsdiagnostik

Die Methode der **Präimplantationsdiagnostik** (PID) führt zu einer Zuspitzung der ethischen Fragestellungen im Bereich der pränatalen Medizin.

**Prinzipielle Argumente gegen die PID:** Durch den besonderen Kontext der assistierten Reproduktion und der anschließenden zielgerichtet auf die Entdeckung von »unzumutbaren« Schäden oder Behinderungen gerichteten Diagnostik wird deutlich, wie das zukünftige Kind in diesem Verfahren zum bloßen **Objekt der Entscheidungen seiner Eltern** gemacht und nicht mehr **um seiner selbst willen** angenommen wird. Der ethische Konflikt besteht zwischen der reproduktiven Freiheit der Eltern und der Selbstzweckhaftigkeit des Kindes (► Kap. 12.6.2)

Wenn aus ethischer Sicht die körperliche Unversehrtheit und die Freiheit vor Fremdbestimmung das höchste ethische Gut sind (► Kap. 12.6.2) und dies auch für den Embryo gilt, wird die reproduktive Freiheit der Eltern bei einer Abwägung zurückstehen müssen.

> ❯ Der Anspruch der Eltern, ein Kind nur unter von ihnen selbst gesetzten Bedingungen anzunehmen, kann nicht Bestandteil ihrer reproduktiven Freiheit sein.

**Pragmatische Argumente gegen PID:** Gegen die Legalisierung der PID lässt sich auch im Hinblick auf die möglichen Folgen einer Zulassung argumentieren:

- Die Zahl von assistierten Reproduktionen würde zunehmen.
- Embryonen müssten zur Durchführung der PID zusätzlich erzeugt werden.
- Menschen, die mit einer Eigenschaft leben, die als Indikation für PID angesehen wird, würden mit der Tatsache konfrontiert, dass der Staat die Verhinderung der Geburt von Menschen mit dieser Eigenschaft für rechtmäßig hält. Ein solches Unwerturteil würde zu einer Abwertung der von dieser Erkrankung Betroffenen und dadurch zu einer Diskriminierung führen.
- Nach einer Legalisierung der PID könnte der Katalog der Indikationen langsam erweitert werden, so dass es zu einer eugenischen Auslese kommen würde (»negative Eugenik«). Eine solche Ausweitung ist in der der inneren Logik der PID bereits angelegt.
- Es ist keineswegs auszuschließen, dass sich mithilfe der PID (sobald dies technisch möglich geworden ist) mit Blick auf gewünschte und genetisch feststellbare Merkmale eine Praxis der Selektion entwickeln könnte, vergleichbar jener, die schon heute in den USA und anderen Ländern in Bezug auf Eizell- und Samenmärkte besteht (»positive Eugenik«).

Die Leistungen der PID sind in einem solchen Kontext nicht mehr mit dem gültigen ärztlichen Ethos von Heilung oder Leidensminderung abgedeckt. Ärzte würden im Extremfall zu »Menschendesignern«. Die mit einer schrankenlosen Legalisierung der PID verbundenen Möglichkeiten der Selektion bergen die Gefahr, dass Menschen nicht mehr als Subjekte angesehen werden, die Zweck an sich selbst sind (▶ Kap. 12.6.2), sondern als Objekte, die für einen bestimmten Zweck außerhalb ihrer selbst geschaffen und nach ihrer Funktionalität bewertet werden.

**Argumente für eine begrenzte Zulassung der PID.** Es gibt aber auch Stimmen, die sich für eine Zulassung der PID in bestimmten eng umgrenzten Situationen **im Sinne eines kleineren Übels** aussprechen (Nationaler Ethikrat, 2003). Eine PID soll danach unter den folgenden Bedingungen zulässig sein:

- Ein **existenzieller Konflikt** für ein Paar, das andernfalls ein hohes Risiko hätte, ein Kind mit einer schweren und kaum therapierbaren genetisch bedingten Erkrankung oder Behinderung zu bekommen, kann abgewendet werden.
- Es kann verhindert werden, dass ein Paar eine **Chromosomenstörung** vererbt, die unweigerlich dazu führen würde, dass der Embryo die extrauterine Lebensfähigkeit niemals erreicht. Der Einsatz der PID kann hier zur Verminderung der Zahl der Spätabtreibungen führen.
- Die **Sterilitätstherapie** infertiler Paare kann verbessert werden. Wenn durch die Durchführung einer PID die Anzahl der im Rahmen der assistierten Reproduktion zu transferierenden Embryonen reduziert werden kann und damit das Risiko für eine Mehrlingsschwangerschaft verringert wird, wäre ein Fetozid zur Mehrlingsreduktion seltener erforderlich.

Dieser begrenzte Einsatz der PID wäre keine Eugenik, d.h. keine Auswahl von Embryonen im Hinblick auf genetisch »gute« oder »erwünschte« Eigenschaften. Weder die Eltern noch der Staat verstünden die Anwendung der PID als Methode zur Verbesserung des kollektiven Genpools. Das Paar, das ein Kind haben möchte, handelt darüber hinaus nicht mit dem primären Ziel, Embryonen zu verwerfen. Es ist im Gegenteil gerade daran interessiert, dass bei den in vitro erzeugten Embryonen eine bestimmte Schädigung **nicht** gefunden wird. Das Verwerfen des Embryos bei einem positiven Befund ist damit kein direktes Ziel, sondern ein in Kauf genommenes Mittel, einen für die Frau ansonsten absehbaren Konflikt (nämlich den späteren Abbruch der Schwangerschaft nach PND) zu vermeiden.

**Zusammenfassende Bewertung:** Sicherlich gibt es Ausnahmesituationen, bei denen eine PID unter bestimmten Bedingungen – im Sinne des geringeren Übels – moralisch vertretbar sein kann. Bei einer gesetzlichen Zulassung bleibt jedoch das Risiko einer späteren Ausweitung der PID mit der Folge einer ethisch nicht zu rechtfertigenden Embryonenselektion nach beliebigen Kriterien.

## 5.1.4 Richtlinien und Empfehlungen

Hinsichtlich der **pränatalen Diagnostik** existieren in Deutschland keine speziellen gesetzlichen Regelungen. Die »Richtlinien zur pränatalen Diagnostik von Krankheiten und Krankheitsdispositionen« und die »Erklärung zum Schwangerschaftsabbruch nach Pränataldiagnostik« der Bundesärztekammer sind weder für den Arzt noch für die Schwangere rechtsverbindlich, bringen jedoch die aus medizinischer Sicht gebotenen Voraussetzungen und Grenzen der PND zum Ausdruck (▶ Kap. 5.1.6).

## 5.1.5 Rechtlicher Kontext

*Peter W. Gaidzik*

### Allgemeines

Übernimmt ein Arzt die Betreuung einer Schwangeren, wird damit ein Behandlungsvertrag begründet, der sich in seinen Schutzwirkungen auch auf das Ungeborene erstreckt.

Im Rahmen des Behandlungsvertrags ist der Arzt verpflichtet, auf die Möglichkeit hinzuweisen, manifeste Erkrankungen oder genetische Krankheitsdispositionen des Ungeborenen diagnostizieren zu können. Wird dies versäumt, oder wird eine begründete diagnostische Maßnahme, in die die Schwangere eingewilligt hat, nicht bzw. nicht ordnungsgemäß durchgeführt, verletzt der Arzt den Behandlungsvertrag und ist ggf. schadensersatzpflichtig.

Das Ergebnis der pränatalen Diagnostik muss der Mutter mitgeteilt werden, es sei denn, sie verzichtet nach Aufklärung auf die Mitteilung von bestimmten Untersuchungsergebnissen: **Recht auf Nichtwissen**.

❯ Pränatale Diagnostik orientiert sich rechtlich zum einen am Lebensrecht des Ungeborenen, zum andern an den Persönlichkeitsrechten der Schwangeren.

Das Recht der Schwangeren auf **Selbstbestimmung** erfordert zwingend ihre Einwilligung (▶ Kap. 1.3) in alle diagnostischen Verfahren der PND. Da ein Arzt jedoch nicht zur Durchführung einer aus seiner Sicht unverantwortlichen Diagnostik gezwungen werden kann, er sie sogar ablehnen darf, ist die Einwilligung der Schwangeren eine notwendige, nicht aber eine hinreichende rechtliche Bedingung für die Durchführung der PND.

Wenn im Rahmen der pränatalen Diagnostik eine manifeste oder mit hoher Wahrscheinlichkeit drohende schwere Erkrankung des Ungeborenen diagnostiziert wird, kann eine Voraussetzung für die Unzumutbarkeit der Fortsetzung der Schwangerschaft gegeben sein. Dabei ist zu bedenken, dass für einen Schwangerschaftsabbruch mit Beratungspflicht nach § 218a Abs. 1 StGB nur solche Untersuchungsergebnisse zur Entscheidung herangezogen werden können, die der Schwangeren vor Ende der 12-Wochen-Frist (gerechnet post conceptionem, p.c.) und unter Berücksichtigung der 3-tägigen Bedenkzeit zur Kenntnis gelangen – die Motive der Schwangeren sind dabei unerheblich. Hingegen unterliegt der Abbruch aus medizinischer Indikation (§ 218a Abs. 2 StGB) keiner Befristung (▶ Kap. 5.2.5), so dass alle Ergebnisse der PND in die Entscheidungsfindung einfließen können.

❯ Die **frühere embryopathische Indikation** des Schwangerschafstabbruchs ist also in der zeitlich unbefristeten medizinischen Indikation aufgegangen. Hierdurch hat die pränatale Diagnostik vor allem in der Spätschwangerschaft eine besonders konfliktträchtige Rolle übernommen.

## Arzthaftung nach Geburt eines »unerwünschten« Kindes

In seinem Urteil vom 18. Juni 2002 hat der Bundesgerichtshof (BGH NJW 2002, 2636) in Fortsetzung seiner bisherigen Spruchpraxis den Eltern eines schwer behindert geborenen Kindes Schmerzensgeld (20.000 DM) und Schadensersatz in Höhe des gesamten Kindesunterhaltes gegen die behandelnde Ärztin zugesprochen.

> **Der Fall**
>
> Im Oktober 1996 wurde Sebastian geboren. Seine beiden Oberarme waren
> nicht ausgebildet, der rechte Oberschenkel verkürzt, der linke fehlte, an bei-
> den Beinen fehlte das Wadenbein und beide Füße wiesen eine Knick-Hack-
> fußstellung auf. Die betroffene Ärztin hatte beim Ultraschall diese erkenn-
> bare Behinderung nicht diagnostiziert und die Eltern nicht über die mögli-
> che Behinderung und die Notwendigkeit einer weiterführenden Diagnostik
> aufgeklärt. Ein Schwangerschaftsabbruch, der auf Grund der medizinischen
> Indikation möglich gewesen wäre, ist daraufhin unterblieben, und das Kind
> schwer körperlich behindert zur Welt gekommen.

Die rechtliche Begründung für die Schadensersatzpflicht lautet: Alle Ärzte, die
ihre durch den Behandlungsvertrag festgelegten Pflichten nicht oder nicht ordnungsgemäß, d.h. entsprechend dem fachärztlichen Standard erfüllen, sind
zum Ersatz der durch ihr Fehlverhalten verursachten Schäden, einschließlich
etwaiger Vermögensschäden verpflichtet. Diese Grundsätze gelten auch dann,
wenn die ärztliche Pflichtverletzung die Geburt eines nicht bzw. so nicht gewollten Kindes zur Folge hat. Der »Schaden« umfasst in diesen Fällen etwaige
Behandlungskosten, aber auch die Unterhaltsverpflichtungen – nicht nur den
erkrankungs- bzw. behinderungsbedingten »Mehraufwand«.

Wird durch ärztliches Fehlverhalten ein Schwangerschaftsabbruch
verhindert, kann aber nur dann ein Anspruch auf Zahlung des Kindesunterhalts
bestehen, wenn

- der Abbruch rechtmäßig möglich gewesen wäre (► Kap. 5.2.5) und
- sich der Schutzumfang des Behandlungsauftrages im konkreten Fall auf die
  Bewahrung vor belastenden Unterhaltsaufwendungen erstreckt (was aber
  auf die PND stets zutrifft).

Diese Rechtsprechung hat im Fachschrifttum ein geteiltes Echo ausgelöst, und
selbst das Bundesverfassungsgericht (BVerfG) ist in dieser Frage gespalten.
Während der erste Senat die Auffassung des BGH ausdrücklich gebilligt hat
(1 BvR 479/92, 307/94 - NJW 1998, 519), hält der zweite Senat die Verknüpfung
von Schadensersatzansprüchen mit dem Dasein eines Kindes für prinzipiell
unvereinbar mit Art. 1 des Grundgesetzes (1 BvF 2/90, 4/92, 5/92 – NJW 1993,
1751). Diese Kritik hat allerdings den Bundesgerichtshof bislang nicht zu einer
Meinungsänderung veranlasst.

> ❯ Nach der Rechtsprechung der Zivilgerichte stellt nicht das Kind, sondern der zu leistende **Unterhalt die Schadensquelle** dar, so dass auch die Unterhaltsansprüche des Kindes in die Haftungslast des Arztes fallen.

Allein die Eltern bzw. die Mutter des Kindes haben das Recht, nach sachgemäßer Information über den Zustand des Kindes wie auch über die möglichen Belastungen durch den Eingriff die Entscheidung über einen Schwangerschaftsabbruch zu treffen. Dabei ist nicht von der Hand zu weisen, dass neben den verständlichen Ängsten der Eltern sowie den gesellschaftlichen Rahmenbedingungen auch die Haftungssituation Motivation und Empfehlungen der Ärzte beeinflussen können. Eine gesetzliche Klarstellung zur Verhinderung einer solchen »Defensivmedizin« ist wünschenswert, aber im Hinblick auf Schwierigkeiten für jedwede Änderung von Regelungen zum Schwangerschaftsabbruch im politischen Raum wenig wahrscheinlich.

> ❯ Wenn bei der Schwangeren nach entsprechender Aufklärung eine dem medizinischen Standard entsprechende PND durchgeführt wurde oder die Schwangere - nach Aufklärung über die möglichen Folgen - auf eine PND verzichtet hat, kann keine Haftung für die Geburt eines behinderten Kindes durch den Arzt in Betracht kommen.

## Präimplantationsdiagnostik

Die **Präimplantationsdiagnostik** (PID) ist in Deutschland nicht explizit gesetzlich geregelt. Das Embryonenschutzgesetz erlaubt die Erzeugung eines Embryos ausschließlich mit der Absicht, ihn in den Mutterleib zurück zu übertragen. Als **Embryo im Sinne des Gesetzes** gilt dabei **jede totipotente Zelle** (§ 8 ESchG), d.h. auch eine im Rahmen der PID aus der Morula herausgelöste, potentiell voll entwicklungsfähige Zelle. Aufgrund dieser gesetzlichen Konstruktion ist die PID als »missbräuchliche Verwendung eines Embryos« (§ 2 ESchG) unzulässig. Aufgrund der Identität der Erbinformation wäre auch eine Strafbarkeit wegen »Klonens« (§ 6 ESchG) gegeben.

Von Teilen der Rechtswissenschaft wird zwischen dem totalen Verbot der PID und den niedrigen Anforderungen an einen rechtlich zulässigen Schwangerschaftsabbruch ein nicht hinnehmbarer Wertungswiderspruch gesehen. Wenn dem Selbstbestimmungsrecht der Frau nach der Konzeption von der Rechtsordnung u.U. der Vorrang gegenüber dem Lebensrecht des Ungeborenen eingeräumt werde, müsse dies auch für die extrauterine Befruchtung gelten. Es ist daher nicht auszuschließen, dass der Gesetzgeber bei der beabsichtigten Novellierung des Embryonenschutzgesetzes einen eng begrenzten Einsatz der PID zulässt (▶ Kap. 5.1.3).

### ❷ Übungsfragen

1. Welche Argumente sprechen aus der Sicht der Schwangeren für, welche gegen die Anwendung von Pränataldiagnostik?
2. Warum können Menschen mit Behinderungen sich durch die Zunahme der pränatalen Diagnostik bzw. durch die Zulassung der Präimplantationsdiagnostik diskriminiert fühlen?

## Zur Vertiefung

Feldhaus-Plumin Erika (2005) Versorgung und Beratung zur Pränataldiagnostik. V&R unipress, Göttingen [*Ausführliche und kritische Besprechung der PND mit Fokus auf das Ungleichgewicht zwischen dem Wunsch der Schwangeren nach einem »gesunden Kind« und ihren Ängsten und Konflikten, die mit der PND entstehen*]

Nationaler Ethikrat (Hrsg) (2003) Genetische Diagnostik vor und während der Schwangerschaft – Stellungnahme. Berlin. Online im Internet. URL: http://www.ethikrat.org/stellungnahmen/pdf/Stellungnahme_Genetische-Diagnostik.pdf (15.1.2005) [*Umfassende Darstellung der ethischen Probleme im Zusammenhang mit PND und PID*]

Bundesärztekammer (Hrsg) (1998) Erklärung zum Schwangerschaftsabbruch nach Pränataldiagnostik. Dt Ärztebl 95:A-3013–3016 [Heft 47]. Online im Internet. URL: http://www.bundesaerztekammer.de/30/Richtlinien/Empfidx/Schwanger.html (15.1.2006)

Bundesärztekammer (Hrsg) (1998) Richtlinien zur pränatalen Diagnostik von Krankheiten und Krankheitsdispositionen. Dt Ärztebl 95:A-3236–3242 [Heft 50]. Online im Internet. URL: http://www.bundesaerztekammer.de/30/Richtlinien/Richtidx/Praediag.html (15.1.2006)

## 5.2 Schwangerschaftsabbruch

*Michael Gommel*

### 5.2.1 Begriffsklärung

Unter **Schwangerschaftsabbruch** (Abtreibung, Interruptio) wird die gezielte Beendigung einer Schwangerschaft verstanden, wobei der Embryo bzw. Fötus bewusst getötet wird.

Nach Schätzungen der WHO wird weltweit etwa jede vierte Schwangerschaft durch einen gezielten Abbruch beendet. In Deutschland werden pro Jahr nach Angaben des Statistischen Bundesamtes etwa 130.000 Schwangerschaften vorzeitig abgebrochen (Zeitraum: 1999–2004), wobei erhebliche regionale Unterschiede bestehen. Die Abtreibungsquote ist mit 7,6 Schwangerschaftsabbrüchen pro 1.000 Frauen pro Jahr im europäischen Vergleich eher niedrig.

**▢ Tabelle 5.1.** Abtreibungsquote in verschiedenen Ländern Europas (Schwangerschaftsabbrüche pro 1.000 Frauen pro Jahr)

| Land | Abtreibungsquote |
|---|---|
| Schweiz | 6,8 |
| Deutschland | 7,6 |
| Frankreich | 16,2 |
| Russland | 54,2 |

Je nach Schwangerschaftsstadium werden unterschiedliche Methoden zu ihrer Beendigung angewandt. Vor der Einnistung können Nidationshemmer eingesetzt werden. Schwangerschaftsabbrüche, die nach der Einnistung erfolgen, sind **Abtreibungen** im engeren Sinne. Sie werden in Deutschland am häufigsten (ca. 80 Prozent) mit der Absaugmethode durchgeführt, die bis zur 12. SSW angewandt werden kann. Mit Hilfe von Progesteron-Blockern werden künstliche Fehlgeburten ebenfalls bis zur 12. SSW ausgelöst. Prostaglandin kann in hohen Dosen zu jedem Zeitpunkt der Schwangerschaft zur Einleitung des Geburtsvorgangs genutzt werden. Um eine Lebendgeburt zu verhindern, wird bei potentieller extrauteriner Lebensfähigkeit des Fetus (ab etwa der 22. SSW, »Spätabbruch«) das Kind z.B. durch eine Kaliumchlorid-Injektion getötet: **Fetozid.**

## 5.2.2 Historischer Hintergrund

Die Möglichkeit, eine Schwangerschaft gezielt unter Inkaufnahme der Tötung des Kindes abzubrechen war schon früh in der Geschichte bekannt. Der Hippokratische Eid (▶ Kap. 12.2.1) enthält einen Passus, der auf ein zentrales Moment des ärztlichen Ethos hinweist, nämlich auf das **Tötungsverbot**, insbesondere auch im Hinblick auf das ungeborene Kind:

> Keiner Frau [werde ich] ein keimvernichtendes Zäpfchen verabreichen.

Die christliche Position zum Schwangerschaftsabbruch geht davon aus, dass der Mensch als Geschöpf Gottes »von Anfang an« zu schützen ist (▶ Kap. 12.4.1). Schon früh wurde daher die Tötung von Ungeborenen wie auch die von Neugeborenen als moralisch verwerflich verurteilt und als »Mord« bezeichnet. Auf dieser Grundlage wurde in den christlich beeinflussten Gesellschaften Europas und Amerikas im 19. Jahrhundert der Schwangerschaftsabbruch zur **Straftat** erklärt. Er war damit nicht nur moralisch, sondern auch juristisch sanktioniert. Pius IX erließ 1869 ein generelles Abtreibungsverbot und erklärte, dass das Ungeborene seine Seele zum Zeitpunkt der Zeugung empfinge. In der Enzyklika Evangelium vitae bezeichnete Johannes Paul II die Abtreibung als »schweres sittliches Vergehen«.

Nach der Mitte des 20. Jahrhunderts setzten sich vermehrt Vertreterinnen der Frauenbewegung für eine Straffreiheit der Abtreibung ein.

> Der Schwangerschaftsabbruch wird in der Geschichte und in verschiedenen Kulturen moralisch höchst unterschiedlich bewertet: zwischen völliger Freigabe zum Zwecke der Geburtenregelung bis hin zur völligen Ächtung und schwersten Bestrafung wegen Kindesmordes.

### 5.2.3 Ethische Perspektiven

**Die Besonderheit der Schwangerschaft**

Aus ärztlicher Sicht ist das hervorstechende Merkmal der Schwangerschaft die Tatsache, dass an ihr **zwei Menschen** beteiligt sind: die Mutter und das ungeborene Kind in körperlicher Einheit. So lange die Medizin nicht in der Lage ist, die gesamte Frühentwicklung des menschlichen Lebens außerhalb des mütterlichen Organismus zu beherrschen, wird sich an der Würdigung dieser fundamentalen Tatsache nichts ändern, so dass alle moralischen Erwägungen dies berücksichtigen müssen.

Der Grundkonflikt, vor den sich der Arzt gestellt sieht, wenn es um einen Schwangerschaftsabbruch geht, ergibt sich aus der zwangsläufigen Folge des Abbruchs, nämlich der in Kauf genommenen **Tötung des Kindes**. Unabhängig von den Motiven und Gründen, die zu einem Schwangerschaftsabbruch führen, ist diese Tötung immer ein Verstoß gegen das Gebot des ärztlichen Ethos, menschliches Leben zu erhalten und gegen die Selbstzweckhaftigkeit jedes Menschen (▶ Kap. 12.2.1, 12.6.2).

❯ Der vorzeitige Abbruch einer Schwangerschaft ist immer ein problematischer Vorgang, unabhängig davon, ob er in bestimmten Fällen – im Rahmen einer Abwägung – möglicherweise ethisch gerechtfertigt werden kann.

## Kann ein Schwangerschaftsabbruch moralisch zulässig sein?

Die Frage, ob ein Schwangerschaftsabbruch zulässig sein kann, muss das besondere Merkmal der Schwangerschaft berücksichtigen, dass immer zwei Menschen direkt betroffen sind.

Zum einen steht der schwangeren Frau die Selbstbestimmung hinsichtlich der Gestaltung ihres Lebens und der Zulässigkeit möglicher Eingriffe in ihren Körper zu. Andererseits hat diese Freiheit der Selbstbestimmung ihre Grenze an der Freiheit oder dem Leben anderer Menschen. Bei einer Entscheidung über einen Schwangerschaftsabbruch ist aber der in ihr heranwachsende Embryo bzw. Fetus dieser andere Mensch, der als ungeborenes Kind direkt von ihren Entscheidungen betroffen ist, während er über einen Zeitraum von mehreren Monaten in ihr heranwächst. Der Embryo bzw. Fetus selbst ist dabei nicht in der Lage, zu seinem Weiterleben Stellung zu nehmen. Hinsichtlich der Fähigkeit, eigene Interessen, Wünsche oder Ansprüche vertreten zu können, herrscht zwischen der schwangeren Frau und ihrem ungeborenen Kind eine erhebliche **Asymmetrie.**

Die Beurteilung, ob ein Schwangerschaftsabbruch moralisch zulässig sein kann, konzentriert sich dabei auf die Frage, ob oder ab wann ein Embryo bzw. Fetus ein Mensch ist und damit ein eigenes Lebensrecht besitzt. Denn nur in diesem Fall ergibt sich ein ethisches Konfliktpotential zwischen dem Lebensrecht des ungeborenen Kindes und dem Selbstbestimmungsrecht der Frau.

Die Frage nach dem **moralischen Status des menschlichen Embryos** ist also zur Beurteilung der ethischen Zulässigkeit eines Schwangerschaftsabbruchs entscheidend. Zwei Positionen werden vertreten:

**1. Absolute Schutzwürdigkeit des Embryos.** Für die absolute Schutzwürdigkeit des Embryos vom Zeitpunkt der Kernverschmelzung an werden die folgenden Argumente angeführt:

- ▬ Jeder menschliche Embryo oder Fötus hat bereits das Vermögen, sich zu einem Menschen zu entwickeln, ist also potentiell ein Mensch und muss daher geschützt werden: **Potentialitätsargument.**

- Zu jedem Zeitpunkt der Entwicklung – Zygote, Embryo, Fetus, Kleinkind, Erwachsener – handelt es sich um denselben Menschen, der daher in gleicher Weise geschützt werden muss: **Identitätsargument.**
- Alle von uns beobachteten Entwicklungsschritte sind in Wirklichkeit kontinuierliche Prozesse, die jede Zäsur willkürlich erscheinen lassen: **Kontinuitätsargument.** Der Mensch ist daher von Beginn des Kontinuums an zu schützen (ab der Kernverschmelzung).

**2. Abgestufte Schutzwürdigkeit des Embryos:** Für die Abhängigkeit der Schutzwürdigkeit des Embryos bzw. Feten von bestimmten, im Laufe der Entwicklung erworbenen Eigenschaften oder Fähigkeiten (abgestufter Lebensschutz), lassen sich die folgenden Argumente vorbringen:

- Ein Ungeborener verfügt nicht zwangsläufig über die gleichen Rechte wie ein geborener Mensch: »Eine Kronprinzessin hat nicht die gleichen Rechte wie die Königin.«
- Die Identität des Embryos mit dem künftigen Menschen ist eine Fiktion. Der künftige Mensch als Person besteht nicht bereits vom Zeitpunkt der Kernverschmelzung an. Er bildet sich erst im Verlauf der Entwicklung, hauptsächlich auch durch soziale Interaktionen mit anderen Menschen nach der Geburt.
- In der Embryonalentwicklung lassen sich sehr wohl Einschnitte und Entwicklungsschritte erkennen (z.B. Nidation, Bildung des Nervensystems, Lebensfähigkeit außerhalb des Uterus, Geburt), die auch moralisch relevant sind. Ein Embryo im Blastozystenstadium, der z.B. sicher über keine Schmerzempfindung verfügt, darf daher moralisch anders behandelt werden als ein Neugeborener.

**Zusammenfassende Bewertung:** Die Diskussion um die Neuregelung des § 218 hat gezeigt, dass über die entscheidende Frage, welcher moralische Schutz dem Embryo als »potentieller« Mensch zusteht, nur schwer ein gesellschaftlicher Konsens erzielt werden kann. Für die Bewertung entscheidend sind hier zum einen weltanschauliche Grundüberzeugungen: z.B. »Gottesebenbildlichkeit des Menschen von Anfang an« vs. »Mensch sein heißt Bewusstsein haben« (▶ Kap. 12.4). Aber auch wenn auf weltanschaulich gebundene ethische Prinzipien verzichtet wird und lediglich mit der Ähnlichkeit zu moralisch eindeutigeren Fällen argumentiert wird (Klinischer Pragmatismus, ▶ Kap. 12.6), ist die ethische Bewertung schwierig. So herrscht allgemeiner Konsens darüber, dass Menschen unter normalen Umständen nicht getötet werden dürfen. Im Falle des Embryos besteht der ethische Dissens aber gerade in der Frage, wie »ähnlich« oder »unähnlich« der Embryo einem geborenen Menschen ist.

Diese unbefriedigende Situation erklärt die **pragmatische Lösung des Gesetzgebers**, der von der Überzeugung ausging, dass sich in der speziellen Situation der Schwangerschaft als körperliche und zeitliche Einheit von Embryo/Fötus und Frau, die Interessen des Embryos/Feten nicht gegen die Interessen der Frau durchsetzen lassen. Da das Kind notwendigerweise in der Frau heranwächst, ist in der Praxis eine Realisierung der Lebensrechte des Embryos nur in Übereinstimmung mit den Interessen der Frau möglich.

> Das Lebensrecht des Ungeborenen kann nicht gegen die Lebensinteressen der Frau durchgesetzt werden.

**?** **Übungsfragen**

1. Warum ist der Abbruch einer Schwangerschaft immer ein moralisches Problem?
2. Welche Argumente, die für bzw. gegen den Schwangerschaftsabbruch angeführt werden, können auch in der Debatte um die Nutzung embryonaler Stammzellen herangezogen werden?

## 5.2.4 Richtlinien und Empfehlungen

Die vom Bundesausschuss der Ärzte und Krankenkassen beschlossenen »Richtlinien zur Empfängnisregelung und zum Schwangerschaftsabbruch« in ihrer gültigen Fassung »dienen der Sicherung einer nach den Regeln der ärztlichen Kunst und unter Berücksichtigung des allgemein anerkannten Standes der medizinischen Erkenntnisse ausreichenden, zweckmäßigen und wirtschaftlichen ärztlichen Betreuung der Versicherten im Rahmen [...] des Schwangerschaftsabbruchs.« Der Schwangerschaftsabbruch wird darin ausdrücklich nicht als Methode der Geburtenkontrolle verstanden; alle Beratung durch Ärzte soll darauf hinwirken, dass die Schwangerschaft ausgetragen wird, soweit dem nicht schwerwiegende Gründe entgegenstehen.

Die vom Wissenschaftlichen Beirat der Bundesärztekammer am 20. November 1998 herausgegebenen »Empfehlungen zum Schwangerschaftsabbruch nach Pränataldiagnostik« (► Kap. 5.1.6) thematisieren die Probleme, die durch den Wegfall der embryopathischen Indikation und der Einführung der neuen medizinischen Indikation entstanden sind (► Kap. 5.2.5).

## 5.2.5 Rechtlicher Kontext

*Peter W. Gaidzik*

### Allgemeines

Die Rechtsordnung in Deutschland missbilligt grundsätzlich die Beendigung des Lebens eines ungeborenen Menschen. Ungeborene genießen gemäß Artikel 1 und 2 des Grundgesetzes Würde- und Lebensschutz vom Zeitpunkt der Kernverschmelzung an. Der Schwangerschaftsabbruch gilt daher in Deutschland als eine **Straftat** gegen das Leben, geregelt in den §§ 218 bis 219d StGB.

Als Schwangerschaftsabbruch im Sinne des Gesetzes gelten jedoch nur Handlungen, deren Wirkungen am Embryo nach dem Zeitpunkt der Einnistung eintreten (§ 219d StGB). Die Anwendung von **Nidationshemmern** zählt also ausdrücklich **nicht** als Schwangerschaftsabbruch.

### Straffreiheit des Schwangerschaftsabbruchs

Durch die Regelungen des § 218 ist ein straffreier Schwangerschaftsabbruch in drei Fallkonstellationen möglich:

**1. Beratungs- und Fristenregelung:** Der **Tatbestand** eines Schwangerschaftsabbruchs (§ 218 StGB) wird nach geltendem Recht als **nicht verwirklicht** angesehen, wenn der Schwangerschaftsabbruch
- nach einer **Schwangerschaftskonfliktberatung** und mindestens dreitägiger Bedenkzeit,
- von einem anderen Arzt als dem beratenden und
- **maximal 12 Wochen** nach der Empfängnis durchgeführt wird (§ 218a Abs. 1 StGB).

**2. Medizinische Indikation:** Der Schwangerschaftsabbruch ist nicht rechtswidrig, wenn er

unter Berücksichtigung der gegenwärtigen und zukünftigen Lebensverhältnisse der Schwangeren nach ärztlicher Erkenntnis angezeigt ist, um eine **Gefahr für das Leben** oder die **Gefahr**

**einer schwerwiegenden Beeinträchtigung des körperlichen oder seelischen Gesundheitszustandes** der Schwangeren abzuwenden, und die Gefahr nicht auf eine andere für sie zumutbare Weise abgewendet werden kann: (§ 218a Abs. 2 StGB).

**3. Kriminologische Indikation:** Auch wenn die Schwangerschaft durch ein Delikt nach den §§ 176 bis 179 StGB zu Stande kam (z.B. durch eine Vergewaltigung) ist der Schwangerschaftsabbruch nicht rechtswidrig (§ 218a Abs. 3 StGB).

Während die medizinische Indikation keiner Befristung unterliegt, ist der Abbruch aus kriminologischer Indikation ebenfalls nur bis zur 12 SSW p.c. gerechtfertigt.

## Der neue § 218 und die Problematik der Spätabbrüche

Gemäß der Fassung des alten § 218a Abs. 2 Satz 1 StGB vom 18. Mai 1976 konnte eine Schwangerschaft bis zur 22. SSW p.c. dann straflos abgebrochen werden, wenn die dringende Gefahr bestand, dass die Gesundheit des Kindes nicht behebbar geschädigt war und die Fortsetzung der Schwangerschaft daher unzumutbar erschien: **embryopathische Indikation.** Die medizinische Indikation in der jetzigen Gesetzesfassung stellt den Schwangerschaftsabbruch nicht nur straflos, sondern erklärt ihn ausdrücklich für »nicht rechtswidrig«. Darüber hinaus gibt es bei der medizinischen Indikation **keine zeitliche Begrenzung.** Auch die ansonsten erforderliche Beratung ist nicht vorgesehen.

Hierin sehen Kritiker nicht nur eine gefährliche Relativierung des Lebensschutzes. Der Gesetzgeber hat auf diese Weise **Spätabbrüche** zugelassen und damit neues (auch ethisches) Konfliktfeld eröffnet. Solche Spätabbrüche sind laut Statistik zwar selten – etwa 200 pro Jahr in Deutschland –, jedoch wird von einer großen Dunkelziffer (»Totgeburten«) ausgegangen.

Mit Hilfe der Pränataldiagnostik sind viele (mehr oder weniger) gravierende Abweichungen vom erhofften »gesunden« Kind oft erst nach der 22. SSW erkennbar (► Kap. 5.1). Andererseits sind Frühgeborene ab einem Gestationsalter von 22 Wochen nicht nur häufig spontan außerhalb des Mutterleibs lebensfähig, sondern können mit den Mitteln der modernen Neonatologie auch langfristig überleben – mit oder ohne Folgeschäden (► Kap. 5.3).

Damit geraten die beteiligten Mediziner in einen gravierenden ethischen Konflikt:

- Hat sich die Schwangere erst nach der 22. Woche zum Abbruch entschlossen muss ein potentiell bereits außerhalb des Mutterleibs lebensfähiges

Kind zuerst intrauterin getötet und dann aus dem Mutterleib entfernt werden: **Fetozid.**

- Die Alternative einer Geburt auf natürlichem Weg mit anschließendem **Sterbenlassen durch Nicht-Versorgung** ist kaum weniger problematisch.

Der Fetozid bleibt als Verstoß gegen das ärztliche Tötungsverbot moralisch fragwürdig (wie jeder Schwangerschaftsabbruch). Die Nicht-Versorgung eines lebensfähigen Kindes ist darüber hinaus auch strafrechtlich bedenklich: Die rechtfertigende Wirkung der medizinischen Indikation deckt zwar den Schwangerschaftsabbruch. Sie hebt jedoch nicht die **Garantenstellung des Arztes** auf, so dass der Arzt bei dem zur Welt gekommenen Neugeborenen zu einer lebensrettenden ärztlichen Behandlung verpflichtet bleibt (▶ Kap. 3.4.4).

> ❯ Spätabbrüche, bei denen extrauterin lebensfähige Kinder getötet werden, sind wie alle Schwangerschaftsabbrüche ethisch problematisch. Für die direkt Beteiligten sind sie jedoch ganz besonders belastend. Zudem fügen sie sich nicht widerspruchsfrei in das Wertungsgefüge unserer Rechtsordnung ein.

## Zur Vertiefung

Damschen G, Schönecker D (2003) Der moralische Status menschlicher Embryonen. Berlin
   [*Hervorragend klare und tiefgehende Darstellung der ethischen Argumente; primärer Bezug zur Stammzellforschung, entscheidend aber auch für die Debatte zum Schwangerschaftsabbruch*]

## 5.3 Neonatale Intensivtherapie

*Andrea Ziegler*

### 5.3.1 Begriffsklärung

Wird ein Kind zwischen der 22. und der 26. Schwangerschaftswoche geboren, besteht große Unsicherheit im Hinblick auf sein Überleben und eventuell eintretende gesundheitliche Schädigungen (▶ Tab. 5.2). Sowohl die Mortalität als auch das Risiko von bleibenden Behinderungen steigen mit abnehmendem Gestationsalter deutlich an.

**❑ Tabelle 5.2.** Mögliche bleibende Schäden bei überlebenden Frühgeborenen an der Grenze zur Lebensfähigkeit

Zerebrale Schäden und daraus resultierende geistige und körperliche Behinderungen infolge Hirnblutung oder zerebraler Minderdurchblutung

Lungenschäden als Folge von Lungenunreife, Langzeitbeatmung und Sauerstofftoxizität

Erblindung infolge einer Frühgeborenen-Retinopathie

Schäden durch Infektionen im Rahmen einer erhöhten Infektanfälligkeit

## 5.3.2   Ethische Perspektiven

Aufgrund der sehr hohen Mortalitäts- und Morbiditätsraten stellen sich im Zusammenhang mit der Betreuung von Frühgeborenen an der Grenze der Lebensfähigkeit (22–26 Schwangerschaftswoche) immer wieder ethische Fragen.

### Lebenserhaltung vs. Lebensqualität

Die Erhaltung des menschlichen Lebens ist ärztliche Pflicht. Inwieweit diese Pflicht durch Überlegungen zur erreichbaren Lebensqualität beeinflusst werden kann ist ethisch umstritten. Zwei Extrempositionen sind hierbei denkbar:

- Ein Fremdurteil über die Lebensqualität eines Menschen ist nicht erlaubt. Deshalb muss **jedes menschliche Leben** mit allen zur Verfügung stehenden Mitteln **erhalten** werden. Mögliche Konsequenz dieser Position ist eine **Übertherapie.**
- Lebensverlängernde Maßnahmen sind nur sinnvoll, wenn zugleich eine **ausreichend gute Lebensqualität** für das behandelte Frühgeborene resultiert. Hier besteht die Gefahr, dass bei behinderten Neugeborenen eine »ausreichend gute Lebensqualität« nicht gesehen wird und eine lebensrettende Behandlung daher unterbleibt. Wird behinderten Neugeborenen ein Lebensrecht nicht zugestanden, würden dadurch auch andere Menschen mit ähnlichen Behinderungen diskriminiert.

Ziel sollte immer sein, einen Kompromiss zwischen diesen beiden Extrempositionen zu erreichen. Hierbei ist ein Abwägen der drei durch die Therapie beeinflussbaren Faktoren erforderlich:

- Lebensdauer
- Lebensqualität
- durch die Therapie verursachtes »Leiden«

Grundlage einer möglichen Therapiebegrenzung darf nicht der Wunsch sein, ein Überleben ohne jegliche Behinderung zu garantieren. Es geht vielmehr darum, dem Frühgeborenen ein unverhältnismäßig großes Leiden – auch bedingt durch die intensivmedizinischen Behandlungsmaßnahmen – zu ersparen.

---

**Der Fall**

Eine 31 jährige Frau mit spontaner Wehentätigkeit in der 22. Schwangerschaftswoche sucht ein Kreiskrankenhaus ohne Kinderklinik auf, im Glauben, dass es sich um eine Fehlgeburt handle. Es wird jedoch ein lebendes, sehr unreifes Kind geboren, welches mit dem Rettungswagen auf die Intensivstation einer benachbarten Kinderklinik verlegt wird. Die ersten Befunde ergeben eine konnatale Infektion, eine ausgeprägte Anämie sowie einen Thrombozytenmangel mit Gerinnungsstörungen und massiven Hirnblutungen (Ventrikelblutungen).

Die Eltern kommen erst am nächsten Tag in die Kinderklinik. Sie sind beim Anblick ihres Kindes erschüttert, empfinden Ekel, wollen keinen Hautkontakt. Beide zweifeln am Sinn der Therapie.

In der Folge verschlechtert sich der Gesundheitszustand des Kindes. Es tritt eine Nekrose des Dickdarms auf, die chirurgisch nicht zu sanieren ist. Hinzu kommen schwere, therapieresistente Krampfanfälle. Eine Sepsis entwickelt sich. Das Ventrikelsystem ist deutlich erweitert.

Die Eltern gehen immer mehr auf Distanz zum Kind und drängen auf Therapieabbruch. Der zuständige Oberarzt sieht hierzu keinen Grund und führt die Therapie fort.

---

Im hier vorliegenden Fall entstehen die Spannungen aufgrund von Meinungsverschiedenheiten zwischen Oberarzt und Eltern: der Oberarzt setzt sich für eine Maximaltherapie zum Erhalt des Lebens ein, die Eltern halten ein derartiges Leben für nicht lebenswert und wünschen den Therapieabbruch. Eine Kommunikation findet nicht statt.

Erst nach einem Zuständigkeitswechsel im Oberarztbereich (Wochenenddienst) können die Eltern offener ihre Sorgen zum Ausdruck bringen. In einem ausführlichen Gespräch äußern sie erneut den Wunsch nach Therapieabbruch. Am 36. Behandlungstag (Sonntag) wird die Therapie eingestellt. Das Kind verstirbt kurz darauf.

## Wer soll entscheiden?

In diesem Fall war die zentrale ethische Frage: Wer soll entscheiden? Dabei ist zunächst wichtig, dass in diesen Situationen, in denen unterschiedliche Wertvorstellungen bestehen, die Entscheidung, ob eine Therapie fortgesetzt oder abgebrochen wird, nie von Einzelpersonen getroffen werden sollte. Eine Einbeziehung des gesamten Behandlungsteams und der Eltern ist empfehlenswert.

Auf keinen Fall sollte die Entscheidung den Eltern allein überlassen oder sie zu einer Entscheidung gedrängt werden – auch wenn die Eltern aus rechtlicher Sicht, für das Kind entscheidungsberechtigt sind (▶ Kap. 5.3.4). Angesichts der medizinischen Komplexität und der schwierigen ethischen Abwägungen wäre dies eine **unzumutbare Überforderung der Eltern** in einer Ausnahmesituation. Bei besonders schwierigen oder schwerwiegenden Entscheidungen kann die Einschaltung einer Beratungsinstanz (Ethik-Komitee) sinnvoll sein.

> Im Idealfall wird die Entscheidung im Dialog aller Beteiligten getroffen. Dadurch übernehmen alle die Verantwortung für den weiteren Verlauf. Es ist wichtig, dass die Eltern die Entscheidung mittragen können, sie dürfen jedoch nicht das Gefühl haben, alleine verantwortlich zu sein.

## 5.3.3 Richtlinien und Empfehlungen

### Grundsätze der Bundesärztekammer

Die »Grundsätze der Bundesärztekammer zur ärztlichen Sterbebegleitung« aus dem Jahr 2004 gehen auch auf schwerkranke Neugeborene ein (▶ Kap. 3.1.3). Danach kann bei Neugeborenen mit schweren Schädigungen, bei denen keine Aussicht auf Besserung besteht, mit Zustimmung der Eltern eine lebenserhaltende Behandlung unterlassen oder nicht weitergeführt werden.

### Einbecker Empfehlungen

1992 wurden von der Akademie für Ethik in der Medizin, von der Deutschen Gesellschaft für Kinderheilkunde und von der Deutschen Gesellschaft für Medizinrecht die »**Grenzen ärztlicher Behandlungspflicht bei schwerstgeschä-**

digten Neugeborenen« als Orientierungshilfe für den behandelnden Arzt in den sog. Einbecker Empfehlungen zusammengefasst.

In diesen Empfehlungen wird der Schutz und Erhalt des menschlichen Lebens als vorrangige ärztliche Aufgabe gesehen und zwar unabhängig vom körperlichen und geistigen Zustand des Patienten.

In Situationen aber, in denen ein in Kürze zu erwartender Tod nur hinausgezögert wird, ist der Arzt nicht verpflichtet, den ganzen Umfang der medizinischen Behandlungsmöglichkeiten auszuschöpfen. Ebenso ist auch eine Abwägung bezüglich einer Therapiebegrenzung möglich, wenn die Therapien dem »Neugeborenen nur ein Leben mit äußerst schweren Schädigungen ermöglichen würden, für die keine Besserungschancen bestehen«. Der Arzt hat jedoch in allen Fällen für eine ausreichende Grundversorgung des Neugeborenen, für Leidenslinderung und menschliche Zuwendung zu sorgen.

In den Einbecker Erklärungen wird ausdrücklich Wert darauf gelegt, dass alle Entscheidungen im Bereich der Therapiebegrenzung in der Neonatologie **Einzelfallentscheidungen** sind, die ethisch abgewogen werden müssen (▶ Kap. 12.6). Die Eltern oder Sorgeberechtigten sind immer in die Entscheidungen mit einzubeziehen. Gegen den Willen der Eltern darf eine Behandlung nicht unterlassen oder abgebrochen werden. Können sich Eltern und behandelnde Ärzte nicht einigen, so ist die Entscheidung des Vormundschaftsgerichts einzuholen. Ist dies nicht möglich, hat der Arzt die Pflicht, eine medizinisch dringend indizierte Behandlung (als Notmaßnahme) durchzuführen.

## 5.3.4 Rechtlicher Kontext

*Peter W. Gaidzik*

Das menschliche Leben ist in der europäischen Rechtsordnung unabhängig von der jeweiligen »Lebensqualität« das höchste aller zu schützenden Rechtsgüter und daher unbedingt zu respektieren. Das bedeutet: Eine drohende schwere Behinderung allein berechtigt nicht zum Therapieabbruch. Besteht allerdings ein Missverhältnis zwischen zu erwartendem Erfolg der Behandlung einerseits (»Lebenserhaltung«) und sehr großen Nebenwirkungen andererseits, die mit großem Leiden des Patienten verbunden sind (»Leidensminderung«) kann eine Therapiebegrenzung erwogen werden. Da das Neugeborene sich hierzu nicht äußern kann und auch die Ermittlung eines mutmaßlichen

Willen nicht möglich ist, muss hier – mit Bezug auf einen Leitsatz des »Kemptener Urteils« (▶ Kap. 3.1.4) – auf **allgemeine Wertvorstellungen** zurückgegriffen werden:

Lassen sich auch bei der gebotenen sorgfältigen Prüfung keine konkreten Umstände für die Feststellung des individuellen mutmaßlichen Willens finden, so kann und muss auf Kriterien zurückgegriffen werden, die allgemeinen Wertvorstellungen entsprechen […] Im Zweifel hat der Schutz des menschlichen Lebens Vorrang vor persönlichen Überlegungen des Arztes, der Angehörigen oder einer anderen beteiligten Person.

Hier können also die Grundsätze der Rechtsprechung zur passiven Sterbehilfe analoge Anwendung finden (▶ Kap. 3.1). Eindeutige Stellungnahmen aus der Rechtsprechung hierzu stehen allerdings noch aus.

Andererseits sind die Eltern kraft Gesetzes Inhaber des »Personensorgerechts« (§§ 1626 ff. BGB). Im Falle einer schweren Missbildung des Kindes, welche die Überlebensfähigkeit zweifelhaft erscheinen lässt, dürfen sie ärztliche Eingriffe an ihrem Kind verweigern, und zwar auch dann, wenn sie dabei mit dem sicheren Tod ihres Kindes rechnen müssen.

Die Entscheidungen der Eltern können zwar, zur Korrektur eines möglichen Missbrauchs, durch das Vormundschaftsgericht überprüft werden. In der Praxis dürfte ein solcher Missbrauch in diesen Fallkonstellationen jedoch kaum vorkommen. Eher stellt sich in der Praxis das umgekehrte Problem: dass Eltern in Verkennung oder Verdrängung der Erkrankungssituation eine weitere Therapie »um jeden Preis« wünschen. Rechtlich kommt hier ebenfalls dem Elternwillen bis zur Grenze des Sorgerechtsmissbrauchs Bindungswirkung zu. In aller Regel aber wird sich auch in diesen Fällen durch intensive Kommunikation mit den Eltern ggf. unter Einschaltung klinikinterner Beratungsgremien (Ethik-Komitee) eine angemessene, am Wohl des Kindes ausgerichtete Entscheidung finden lassen. Eine auf diese Weise von allen Beteiligten im Konsens getroffene Entscheidung bietet auch rechtlich die geringste Angriffsfläche.

### ❓ Übungsfragen

1. Welche zwei Extrempositionen stehen sich bei der Entscheidung, über eine mögliche Therapiebegrenzung in der Neonatologie aus ethischer Sicht gegenüber?

2. Unter welchen Voraussetzungen ist aus rechtlicher Sicht eine Therapiebegrenzung in der Neonatologie erlaubt?

## Zur Vertiefung

Medizin-ethischer Arbeitskreis Neonatologie des Universitätsspitals Zürich (Hrsg) (2002) An
der Schwelle zum eigenen Leben. Lebensentscheide am Lebensanfang bei zu früh geborenen, kranken und behinderten Kindern in der Neonatologie. Interdisziplinärer Dialog – Ethik im Gesundheitswesen, Band 3, Peter Lang, Bern [*Praxisbezogener Bericht einer
interdisziplinären Arbeitsgruppe der neonatalen Intensivstation am Universitätsspital Zürich mit einem Entscheidungsmodell für die neonatale Intensivmedizin.*]

# 6 Zwangsunterbringung und Zwangsbehandlung

*Andrea Ziegler*

## ❯ ❯ Einleitung

Zwangsunterbringung und Zwangsbehandlung – die Verbindung von Heilkunde und Gewalt – sind aus ethischer Sicht immer problematisch. Die Einschränkung der persönlichen Freiheit durch eine Behandlung auch gegen den erklärten Patientenwillen kann jedoch notwendig werden, um »Schlimmeres« zu verhüten. Entscheidend hierbei ist es, die ethischen (▶ Kap. 6.3) und rechtlichen Grenzen (▶ Kap. 6.4) zu kennen und zu respektieren, innerhalb derer solch einschneidende Maßnahmen nur zulässig sein können. Die historische Erfahrung zeigt, dass gerade bei medizinischen Zwangsmaßnahmen abhängig vom gesellschaftlichen Wertekontext eine erhebliche Missbrauchsgefahr besteht (▶ Kap. 6.2).

## 6.1    Begriffsklärung

Die Einweisung eines Patienten gegen seinen eigenen erklärten Willen wird als **Zwangsunterbringung** bezeichnet. Sie kann nur dann erfolgen, wenn sie im Interesse des Patienten (z. B. Suizidgefahr) oder im Interesse der Allgemeinheit (z. B. Fremdaggressivität) unumgänglich ist. Die Durchführung einer medizinischen Behandlung ohne Einwilligung des Patienten (▶ Kap. 1.3) ist eine **Zwangsbehandlung.**

## 6.2    Historischer Hintergrund

Wenn von Zwangsbehandlung die Rede ist, wird häufig auf die **Zwangssterilisation** »Erbkranker« im nationalsozialistischen Deutschland verwiesen. Diese Sterilisationen waren jedoch keine Behandlungen im eigentlichen Sinne, die auf das Wohl der Individuen abzielten. Sie waren **Zwangsmaßnahmen** an Hilf- und Wehrlosen. Ihre Motivation bezogen sie aus der eugenischen Ideologie der Nationalsozialisten. An diesem historischen Beispiel wird deutlich, welche Missbrauchsgefahren in der Verbindung von Medizin, Weltanschauung und politischer Macht liegen können und warum die Ausübung von Zwang im Bereich der Heilkunde einer besonders kritischen Aufmerksamkeit bedarf.

## 6.2.1 Degenerationslehre und Zwangssterilisationen

Bereits um die Wende zum 20. Jahrhundert gab es im Deutschen Reich Stimmen in der Medizin, die forderten, so genannte »Entartete« durch **Sterilisation** von der Fortpflanzung auszuschließen. Den wissenschaftlichen Hintergrund dieser Überlegungen bildeten rassenhygienische Überzeugungen, die sich aus dem europäischen Rassismus, dem biologischen Determinismus und einem dogmatischen Fortschrittsglauben speisten (Gommel 2004). Leitidee war, dass ein Volk zu Grunde geht, wenn es den »Entarteten« die Fortpflanzung gestattet, weil sich dadurch sein »Erbgut« verschlechtert: **Dysgenik.**

Um diese »Degeneration« zu verhindern wurden zwei Strategien verfolgt. Zum einen sollten jene, die als fortpflanzungswürdig eingestuft wurden – auch mit staatlicher Unterstützung – zur Geburt möglichst vieler gesunder, »normaler« Kinder angehalten werden (Grotjahn 1926). Auf der anderen Seite mussten die »Entarteten« von der Fortpflanzung abgehalten werden, damit sich ihre »Erbkrankheit« nicht weiter verbreitet. Die hierdurch erzielte **eugenische** Wirkung würde zur Verbesserung des »Erbgutes« der Gesamtbevölkerung führen.

In Deutschland erschienen Mitte der 1920er Jahre die ersten Entwürfe von Gesetzen, mit denen die Zwangssterilisation von bestimmten Personengruppen durchgesetzt werden sollte. Aber erst nach der nationalsozialistischen Machtergreifung wurde am 14. Juli 1933 das **Gesetz zur Verhütung erbkranken Nachwuchses** (GzVeN) verabschiedet, das auf einem Entwurf des Preußischen Landesgesundheitsrates vom Juli 1932 beruhte. Nach diesem Gesetz konnte ein Mensch sterilisiert werden, wenn

> nach den Erfahrungen der ärztlichen Wissenschaft mit großer Wahrscheinlichkeit anzunehmen ist, dass seine Nachkommen an schweren körperlichen oder geistigen Erbschäden leiden werden.

Als Indikationen für die Sterilisation galten: schwerer Alkoholismus, angeborener Schwachsinn, Schizophrenie, erbliche Fallsucht (heute: Epilepsie), erblicher Veitstanz (heute: Chorea Huntington), erbliche Blindheit, erbliche Taubheit und schwere erbliche körperliche Missbildungen.

Gegen die Zwangssterilisationen gab es erheblichen Widerstand, auch von Seiten der Betroffenen und deren Familien. Um diesen zu überwinden, wurde eine Reihe von kurzen Filmen produziert, die als Lehr- oder Kino-Vorfilme die Massen von der Notwendigkeit dieser Maßnahme überzeugen sollten. Zwischen 1934 und 1945 wurden schätzungsweise 400.000 Menschen zwangssterilisiert, mehrere Tausend starben an den Eingriffen oder ihren Folgen (Schmuhl 1992).

## 6.2.2 Ethische Aspekte der Zwangssterilisationen

Bei den eugenischen Zwangssterilisationen im nationalsozialistischen Deutschland ging es nicht um das Wohl des einzelnen Menschen. Die Unfruchtbarmachung sollte durchgeführt werden, um die abstrakte Größe »Erbgesundheit des Volkes« vor der befürchteten Verschlechterung zu bewahren. Individuelle Wünsche, Vorstellungen oder Bedürfnisse der Betroffenen waren diesem Ziel von vornherein untergeordnet. Der potentielle »Patient« war niemals Subjekt, sondern immer Objekt staatlicher Interessen. Insofern kann eine eugenisch motivierte Zwangssterilisation auch nicht als »Zwangsbehandlung« im eigentlichen Sinne bezeichnet werden, denn eine Behandlung setzt immer die Anwesenheit einer Krankheit, Störung oder Behinderung **des Individuums** voraus. Die Zwangssterilisation war eine **Gewaltmaßnahme** an einem Wehrlosen, die eine weitere Verschlechterung der Gesundheit des »Volkskörpers« verhindern sollte.

Die häufig gegen den Willen der Betroffenen durchgeführten Zwangssterilisationen sind daher als ethisch unzulässige Eingriffe in die Selbstbestimmung des Individuums zu charakterisieren. Die damaligen Ärzte konnten sich nicht einmal auf das Argument des Patientenwohls zurückziehen, denn um das Wohl des Patienten ging es ganz ausdrücklich nicht. Maßgeblich war allein der potentielle Nutzen für die »Erbgesundheit« des Volkes. Auf diesem Gebiet war die schnelle Gleichschaltung der Ärzteschaft sehr erfolgreich: Alle Ärzte wurden verpflichtet, auch nur bei Verdacht auf erbliche Krankheiten oder Störungen nach dem GzVeN dem Amtsarzt Meldung zu erstatten. Die weit überwiegende Zahl der Anträge auf Unfruchtbarmachung wurde daher auch von Amts- und Anstaltsärzten gestellt (Rost 1987).

In den Schriften und Filmen, die das Volk von der Nützlichkeit der Zwangssterilisationen Erbkranker überzeugen sollten, wurde unter anderem mit christlicher Nächstenliebe, Ehrfurcht vor gottgegebenen Naturgesetzen und mit immensen Pflege- und Unterbringungskosten argumentiert. Im propagandistischen Vokabular kamen Begriffe wie »Unkraut«, »Ballastexistenzen« und »Defektmenschen« vor. Die Sterilisation der »Erbkranken« war nur das Vorspiel zu ihrer Vernichtung: Im Rahmen der »Aktion T4« wurden über 70.000 Menschen ermordet (▶ Kap. 3.3.7)

❯ Dieses Kapitel ärztlicher Geschichte in Deutschland ist sicher eines der dunkelsten. Es zeigt, dass die bloße Orientierung am jeweils herrschende ärztlichen Ethos (▶ Kap. 12.2.1), an dem, was »man« in einer bestimmten Zeit für richtig hält, zu ethisch katastrophalen Ergebnissen führen kann. Nur durch ethische Reflexion des eigenen Handelns, durch kritische Überprüfung der handlungsleitenden Maximen, lässt sich ein Gegengewicht zu den jeweils herrschenden Ideologien und Verblendungen herstellen. Zentrale ethische Orientierung ist hierbei die Einsicht, dass der Arzt dem Wohl seines Patienten und nicht einem abstrakten Gut jenseits des Individuums (»Volksgesundheit«) verpflichtet ist.

## 6.3 Ethische Perspektiven

### 6.3.1 Konflikte zwischen Prinzipien

Die ethischen Konflikte, die mit Zwangsunterbringungen und Zwangsbehandlungen verbunden sind, lassen sich mit Hilfe des Vier-Prinzipien-Modells von Beauchamp und Childress (▶ Kap. 12.6.2) sichtbar machen.

Diese vier Orientierungsprinzipien ärztlichen Handelns, d.h.
1. die Selbstbestimmung des Patienten (*autonomy*),
2. der ärztliche Auftrag, sich am Wohl des Patienten zu orientieren (*beneficence*),
3. das Gebot, vor allem nicht zu schaden (*nonmaleficience*) und
4. die Forderung nach Gerechtigkeit (*justice*)

stehen bei ärztlichen Zwangsmaßnahmen oft miteinander in Konflikt.

---

**Der Fall**

Herr Maier leidet seit Jahren an einer schweren Depression. Er hat mehrere erfolglose Suizidversuche hinter sich. Nach jedem Suizidversuch war er in stationärer psychiatrischer Behandlung. Aktuell hat Herr Maier eine unbekannte Zahl von Schlaftabletten zusammen mit einer nicht unerheblichen

▼

> Menge an Alkohol in suizidaler Absicht genommen. Vom Notarzt wird er ins nächstgelegene Krankenhaus gebracht, wo er zunächst auf der internistischen Intensivstation behandelt wird. Als er wieder wach und ansprechbar ist, soll er in die psychiatrische Abteilung verlegt werden. Dorthin - so seine Willensäußerung - wolle er aber auf gar keinen Fall. Damit habe er schon sehr schlechte Erfahrungen gemacht.

Es besteht ein Konflikt zwischen dem Wohl des Patienten und seinem erklärten Willen *beneficence* versus *autonomy*. Der Wille des Patienten ist eindeutig: »Ich will nicht in die Psychiatrie, sondern nach Hause!« Auf der anderen Seite steht die Suizidhandlung, zu der es im Rahmen der schweren Depression gekommen war. Da die Depression offensichtlich nicht ausreichend behandelt ist, besteht hinsichtlich des Suizidversuchs eine Wiederholungsgefahr, die durch eine stationäre Einweisung in die Psychiatrie zunächst vermindert werden könnte.

**Der Fall**

Frau Messner, 76 Jahre alt, leidet seit Jahren an einem Morbus Parkinson. Nach einer Dosiserhöhung der Medikation kommt es erstmalig zu akustischen Halluzinationen. Die Stimmen sagen Frau Messner, sie solle ihrem Ehemann das Leben nehmen. Sie verletzt ihn mit einem Küchenmesser und wird in der Folge zwangseingewiesen. Im Laufe der ersten Wochen bessert sich die Symptomatik nach einer Umstellung der Medikation. Die Patientin hat lediglich noch »freundliche optische Halluzinationen« - wie sie es nennt. Sie sieht Häschen und Hunde um sich herum laufen, die ihr allerdings nicht bedrohlich oder belastend erscheinen. Trotzdem wird auf Grund der Halluzinationen die neuroleptische Medikation erhöht, worunter es zu ausgeprägten Blick- und Schlundkrämpfen (als Nebenwirkungen der Medikamente) kommt.

Bei einer Zwangsbehandlung ist besonders genau zu prüfen, ob die Therapie im Einzelfall eher nützt oder eher schadet *beneficence* versus *non-maleficence*. Im vorliegenden Fall hat die weitere Erhöhung der neuroleptischen Medikation der Patientin zunächst eindeutig geschadet (Auftreten von Nebenwirkungen).

Da die von der Patientin so genannten »freundlichen optischen Halluzinationen« weder sie selbst noch ihre Angehörigen belasteten, wäre es möglicherweise auch vertretbar gewesen, auf die Erhöhung zunächst zu verzichten, um die Nebenwirkungen zu vermeiden.

---
**Der Fall**

Frau Müller ist 85 Jahre alt und schwerhörig. Sie lebt mit ihrem gleichaltrigen und ebenfalls schwerhörigen Ehemann zusammen. Frau Müller fühlt sich ständig durch die Nachbarn bespitzelt, verfolgt und belästigt. Eines Tages wird sie gegenüber einer Nachbarin verbal ausfällig, die deshalb die Polizei ruft. Frau Müller wird in die Psychiatrische Klinik gebracht. Bei der richterlichen Anhörung vor Ort wird der Ehemann zu dem Gespräch hinzugezogen. Er ist zwar nur als Besucher in der Klinik, im Gespräch wird aber deutlich, dass sich seine Wahnvorstellungen von denen seiner Ehefrau nicht unterscheiden.

---

Beide Eheleute leiden hier an vergleichbaren Wahnvorstellungen. Jedoch wurde Frau Müller wegen einer aggressiven Äußerung der Nachbarin gegenüber in die Psychiatrie gebracht, während Herr Müller noch »zuhause sein darf«. Hier wird deutlich, dass bei Zwangseinweisungen auch das ethische Prinzip der **Gerechtigkeit** zu berücksichtigen sein kann. Im vorliegenden Fall wurde vom Richter die Zwangseinweisung von Frau Müller nicht genehmigt.

> Bei Zwangseinweisung und Zwangsbehandlung sind aus ethischer Sicht zu bedenken:
> - der Konflikt zwischen Wohl und Wille des Patienten
> - Das Verhältnis von Nutzen und möglichem Schaden für den Patienten
> - Gerechtigkeitsaspekte

## 6.3.2 Freiheit und Patientenselbstbestimmung

Im Bereich der Psychiatrie ist die Interpretation der **Selbstbestimmung des Patienten** (Patientenautonomie ▶ Kap. 12.6.2) nicht immer einfach. Ist ein schizophrener Patient, der sich eindeutig gegen eine Behandlung ausspricht, in seiner Entscheidungsfähigkeit wirklich frei und selbstbestimmt? Hindert ihn nicht seine Krankheit, die Notwendigkeit einer Behandlung zu erkennen? Ist die Ablehnung einer Behandlung dann noch seine **freie** Entscheidung? Wo ist hier die Grenze zu ziehen?

## Verlust der inneren Freiheit

Freiheit lässt sich definieren als Abwesenheit äußerer und innerer Zwänge. In einem erweiterten Verständnis ist derjenige frei, der nicht nur negativ frei von Zwängen ist, sondern auch positiv die Fähigkeit hat, dem eigenen Denken, Wollen und Handeln eine bestimmte selbst gewählte Richtung zu geben. Für diese freien Lebensentscheidungen sind Einsicht und Verständnis auch im Hinblick auf den sozialen Kontext der Entscheidungen erforderlich.

Die Freiheit des Einzelnen stößt dort an ihre Grenze, wo sie die Freiheit anderer in Frage stellt oder gar bedroht. Dies kann bestimmte Einschränkungen der Freiheit des Einzelnen durch staatliche Zwangsmaßnahmen ethisch rechtfertigen (▶ Kap. 6.4.3).

Eine andere Situation ist jedoch bei psychisch kranken Menschen gegeben. Hier kann die **freie Entscheidungsfähigkeit als solche eingeschränkt** sein: Eine freie, durch das eigene Interesse geleitete Wahl zwischen verschiedenen Möglichkeiten ist dann krankheitsbedingt nicht möglich. **Wahrnehmungsstörungen**, z.B. im Rahmen einer Schizophrenie, beeinträchtigen die Einschätzung der äußeren Realität. **Schuld- und Versagensideen**, z.B. im Rahmen einer Depression, verfälschen die Einschätzung des eigenen Ich. **Angstvorstellungen** lähmen jede Entscheidungsfindung oder führen zu Kurzschlusshandlungen.

Bei psychischen Erkrankungen kann also der innerste Bereich des Menschen, seine freie Entscheidungsfähigkeit, unmittelbar betroffen sein. Und diese **krankheitsbedingte Beeinträchtigung der inneren Freiheit** ist es, welche die Einschränkung der freien Selbstbestimmung des Patienten durch eine zwangsweise Unterbringung oder Behandlung ethisch rechtfertigen kann. Ist die freie Entscheidungsfähigkeit beeinträchtigt, wird das Wohl des Patienten zum obersten Kriterium medizinischer Entscheidungen.

---

**Der Fall**

Herr Gruber leidet an einer schweren Schizophrenie. Stimmen sagen ihm, er müsse sich, um die Welt zu retten, von einer Eisenbahnbrücke stürzen. Kurz bevor er springen kann, wird er von der Polizei aufgehalten. Diese bringt

▼

> ihn in die nächstgelegene psychiatrische Klinik. Dagegen wehrt sich Herr
> Gruber massiv. Er sei zum Retter der Welt erkoren und wolle diesem Auftrag
> auch nachkommen. Kein Mensch hätte das Recht, ihn daran zu hindern.

Herr Gruber äußert in dem Fallbeispiel eindeutig und überzeugt seinen Willen. Aus der eigenen Perspektive sieht er es als seine freie Entscheidung, sich von der Brücke zu stürzen. Aus der Außenperspektive wird die Gebundenheit seiner Entscheidung an die Grunderkrankung deutlich: er entscheidet **nicht frei**, sondern »gehorcht« namenlosen »Stimmen«, die seine Handlungen zu steuern versuchen. Seine »eigentliche« Freiheit kann er in der oben geschilderten Situation deshalb nicht realisieren. Nach einer mehrwöchigen neuroleptischen Behandlung verschwinden die Halluzinationen. Herr Gruber ist selbst erschrocken über seine damaligen Gedanken. Durch die Behandlung wurde die **krankheitsbedingte Fremdbestimmung** (Befehle der Stimmen) überwunden. Der Patient äußert sich dankbar über die früher von ihm als »unmöglich« bezeichnete Unterbringung und Zwangsbehandlung.

> ❯ Die freie Entscheidungsfähigkeit des Patienten kann krankheitsbedingt eingeschränkt sein. Dann ist der Arzt aus ethischer Sicht verpflichtet, zum Wohle des Patienten zu entscheiden und eine medizinisch indizierte Behandlung durchzuführen. Solche Behandlungen auch gegen den erklärten Willen des nicht entscheidungsfähigen Patienten müssen jedoch auf das absolut notwendige Mindestmaß beschränkt werden. Jeder Eingriff in die Selbstbestimmung – auch wenn diese krankheitsbedingt beeinträchtigt ist –, ist ein Eingriff in die innersten Persönlichkeitsrechte – und für den Betroffenen eine entsprechend starke Verletzung.

## Recht auf Eigengefährdung

Eingriffe in das Selbstbestimmungsrecht des Patienten sind ethisch nur dann zu rechtfertigen, wenn der Patient diese Selbstbestimmung **krankheitsbedingt** nicht mehr ausüben kann. Für Dritte unverständliche Entscheidungen des Patienten, die nicht auf eine Krankheit, sondern auf andere Gründe, z. B. auf weltanschauliche Überzeugungen, zurückzuführen sind, rechtfertigen in aller Regel eine Zwangsbehandlung nicht. So ist die Ablehnung einer medizinisch indizierten Therapie durch einen nicht krankheitsbedingt in seiner

Entscheidungsfähigkeit beeinträchtigten Patienten, der sich z. B. auf sein persönliches Lebens- und Krankheitsverständnis beruft, vom Arzt – nach Aufklärung des Patienten über die Konsequenzen – zu respektieren (▶ Kap. 3.1.2, Herr Peters).

> Jeder Mensch hat das Recht, sein Leben in Gefahr zu bringen oder es aufs Spiel zu setzen, solange die Entscheidung für diese Selbstgefährdung nicht auf krankheitsbedingte Fehleinschätzungen zurückzuführen ist.

### ❓ Übungsfragen

1. Welche ethischen Prinzipien können im Rahmen einer Zwangsbehandlung miteinander in Konflikt geraten? Nennen sie jeweils ein Beispiel.
2. In welchen Fällen und mit welcher ethischen Begründung kann die zwangsweise Behandlung eines Patienten gerechtfertigt werden?

## 6.4    Rechtlicher Kontext

*Peter W. Gaidzik*

Im Grundgesetz ist das Recht auf Leben und körperliche Unversehrtheit ebenso wie die Unverletzlichkeit menschlicher (Bewegungs-) Freiheit in Art. 2 Abs. 2 verankert. Daraus ergibt sich im Umkehrschluss, dass eine **zwangsweise Behandlung grundsätzlich unzulässig ist**. Beide Grundrechte stehen allerdings unter einem Gesetzesvorbehalt, d.h. sie können durch ein Gesetz eingeschränkt werden, welches Interessen des Allgemeinwohls verfolgt und die Prinzipien der Verhältnismäßigkeit wahrt. Für die Freiheitsentziehung sieht Art. 104 GG noch spezielle »Rechtsgarantien« vor, insbesondere bedarf es in jedem Fall einer – wenigstens nachträglichen – richterlichen Kontrolle und Entscheidung.

## 6.4.1    Behandlung und Unterbringung nach den Unterbringungsgesetzen

Leidet ein Mensch an einer psychischen Krankheit oder an einer krankheitswertigen psychischen Störung und stellt er dabei eine **Gefahr für sich selbst** oder **für die öffentliche Ordnung und Sicherheit** dar, kann er **gegen seinen Willen** auf einer geschlossenen psychiatrischen Station untergebracht werden: **öffentlich-rechtliche Unterbringung.**

Die Voraussetzungen dafür sind in den Unterbringungsgesetzen der Bundesländer (UBG; in NRW: »Gesetz über Hilfen und Schutzmaßnahmen bei psychisch Kranken«, PsychKG) geregelt, die z.T. inhaltlich und auch in den einzuhaltenden Verfahrensschritten unterschiedlich sind. Allen Unterbringungsgesetzen ist gemein, dass die **unmittelbare Selbst- oder Fremdgefährdung durch eine psychische Erkrankung** einen Unterbringungsgrund darstellt. Eine chronische Selbstgefährdung, z. B. bei Verwahrlosung, kann in einzelnen Bundesländern ein Unterbringungsgrund sein, in anderen jedoch nicht.

## Ablauf einer Unterbringung

Neben einer psychischen Erkrankung muss eine von dem Betroffenen ausgehende gegenwärtige und erhebliche Gefahr

- der Selbstschädigung (z. B. die Gefahr des Selbstmords und/oder die Gefahr der Selbstverstümmelung) und/oder
- der Fremdschädigung, d. h. eine Gefahr für bedeutende Rechtsgüter anderer (insbesondere für Leben, Gesundheit, Freiheit, Ehre, Vermögen) bestehen, damit eine Unterbringung durchgeführt werden darf.

Da nicht immer ein Richter vor Ort sein kann, ist es zunächst ausreichend, wenn das Vorliegen dieser Bedingungen durch ein **aktuelles ärztliches Zeugnis** bestätigt wird. Damit kann die zuständige Behörde (z. B. die Polizei oder das Ordnungsamt) die betroffene Person vorläufig in ein geeignetes Krankenhaus »zwangseinweisen«. Allerdings ist in solchen Fällen entsprechend den schon erwähnten »Rechtsgarantien bei Freiheitsentziehungen« des Art. 104 GG **unverzüglich eine richterliche Entscheidung** herbeizuführen.

Nach den Ausführungsbestimmungen auf der Ebene der Bundesländer muss der Patient innerhalb von 24 Stunden von einem Richter (Vormundschaftsgericht) im Krankenhaus angehört werden. Nur in Baden-Württemberg gibt es eine gesetzliche Ausnahmeregelung mit einer 72-Stunden-Frist. In diesem Zeitraum gilt der Patient als »fürsorglich zurückgehalten«. In diesem relativ langen Zeitraum sind in aller Regel Gespräche zwischen Ärzten oder Psychotherapeuten, Angehörigen und dem Patienten möglich. Diese Bedenkzeit führt in vielen Fällen dazu, dass eine Zwangseinweisung abgewendet werden kann, weil viele Patienten sich dazu entschließen, freiwillig in der Klinik zu bleiben.

> Das Unterbringungsrecht gehört rechtssystematisch zum öffentlichen Recht bzw. zum »Polizei- und Ordnungsrecht«, d.h. hier dient die Unterbringung der Abwehr von (gegenwärtigen) Gefahren für die öffentliche Sicherheit oder Ordnung.
>
> Eine Unterbringung kann aber auch nach § 63 StGB von einem Strafgericht angeordnet werden, wenn eine Straftat im Zustand einer seelischen Störung verübt wurde (**strafrechtliche Unterbringung**) oder gemäß § 1906 BGB, als Unterbringung eines Betreuten durch seinen gesetzlichen Betreuer (▶ Kap. 6.4.2) erfolgen.

## Erforderliche Therapiemaßnahmen

Die vollzogene Unterbringung allein erlaubt nicht automatisch die Behandlung bzw. weitere Zwangsmaßnahmen (z. B. Fixierung) gegen den Willen des Patienten. Zwangsbehandlungsmaßnahmen müssen im Einzelfall gesondert angeordnet und u. U. erneut vom Vormundschaftsgericht genehmigt werden. Auch hier gelten je nach Bundesland unterschiedliche Bestimmungen. Überall eindeutig erlaubt sind lediglich Maßnahmen zur unmittelbaren Gefahrenabwehr für Gesundheit oder Leben unter dem Aspekt des »rechtfertigenden Notstands«.

## 6.4.2  Behandlung und Unterbringung nach dem Betreuungsrecht

Das Betreuungsrecht ist im Bürgerlichen Gesetzbuch (BGB) in den §§1896–1908i verankert. Im Unterschied zum alten Vormundschaftsrecht soll der Betroffene nicht vollständig seiner Teilnahme am Rechtsverkehr beraubt, also »entmündigt« werden. Vielmehr soll ihm über das Institut der Betreuung gezielt und nur im notwendigen Umfang Unterstützung zuteil werden. Folgerichtig ist der Betreuer im Gegensatz zum Vormund nicht mehr »allzuständig«, sondern seine Entscheidungszuständigkeit ist durch Gerichtsbeschluss konkret zu bezeichnen. Folgende Aufgabenbereiche lassen sich differenzieren:

- Vermögenssorge
- Bestimmung des Aufenthaltes

- Gesundheitssorge
- Kontakt zu Behörden
- Sterilisation

Voraussetzung für eine Betreuung ist stets, dass ein Volljähriger aufgrund einer psychischen Krankheit oder einer körperlichen, geistigen oder seelischen Behinderung seine Angelegenheiten ganz oder teilweise nicht besorgen kann. Solange »andere Hilfen« ohne Bestellung eines gesetzlichen Betreuers möglich sind und ausreichen, haben diese Vorrang. Dies gilt auch für eine eventuell vom Betroffenen schon vorab erteilte Vorsorgevollmacht.

## Einleitung einer Betreuung

Der Antrag auf Einrichtung einer Betreuung kann
- vom Betroffenen selbst, und zwar unabhängig von dessen Geschäftsfähigkeit,
- von den Angehörigen
- oder vom behandelnden Arzt

gestellt werden. Zuständig für das Verfahren ist das für den Wohnort zuständige Amtsgericht als Vormundschaftsgericht.

Das Gericht entscheidet, nach Einholung eines fachärztlichen Gutachtens (in der Regel durch einen Psychiater oder einen psychiatrisch erfahrenen Arzt) und nach persönlicher Anhörung des Betroffenen durch Beschluss über den Antrag auf Einrichtung einer Betreuung.

## Unterbringung nach Betreuungsrecht

Die Unterbringung nach dem Betreuungsrecht (§1906 Abs. 1–4 BGB) kann durch einen Betreuer mit dem Aufgabenbereich »Aufenthaltsbestimmung« erfolgen, wenn dies zum Wohle des Betreuten erforderlich ist: **zivilrechtliche Unterbringung.**

Voraussetzungen hierfür sind:
- dass aufgrund einer psychischen Krankheit oder geistigen oder seelischen Behinderung des Betreuten die Gefahr besteht, dass er sich tötet oder sich erheblichen gesundheitlichen Schaden zufügt, oder
- eine Untersuchung des Gesundheitszustandes, eine Heilbehandlung oder ein ärztlicher Eingriff notwendig ist, der ohne die Unterbringung des Be-

treuen nicht durchgeführt werden kann und der Betreute aufgrund einer psychischen Krankheit oder geistigen oder seelischen Behinderung die Notwendigkeit der Unterbringung nicht erkennen oder nicht nach dieser Einsicht handeln kann.

Zulässig ist eine Unterbringung nur mit Genehmigung des Vormundschaftsgerichtes. Ohne richterliche Genehmigung ist die Unterbringung nur zulässig, wenn mit dem Aufschub Gefahr für das Wohl des Betroffenen, verbunden ist. Drittgefährdungen reichen hier nicht aus! Die richterliche Genehmigung ist unverzüglich nachzuholen.

Ist eine sofortige Unterbringung erforderlich und der Betreuer nicht erreichbar, so kann die Unterbringung nach dem Unterbringungsgesetz des jeweiligen Bundeslandes erfolgen. Dies sollte allerdings wegen der gesetzlich angeordneten Subsidiarität ordnungsbehördlicher Zwangsmaßnahmen auf Ausnahmen beschränkt bleiben, d.h. bei Eigengefährdungen infolge psychischer Erkrankungen genießt die betreuungsrechtliche Unterbringung Vorrang.

> Rechtliche Grundlagen der gesetzlich geregelten Zwangseinweisung sind:
> - Die **zivilrechtliche** Unterbringung nach § 1906 BGB (Betreuungsrecht)
> - Die **öffentlich-rechtliche** Unterbringung nach den einzelnen Landesgesetzen (UBG oder PsychKG)
> - Die **strafrechtliche** Unterbringung nach § 63 StGB.

## 6.4.3  Gesetzlich begründete medizinische Zwangsmaßnahmen

Bestimmte ärztliche Maßnahmen müssen vom Patienten geduldet werden, unabhängig davon, ob eine psychische Erkrankung besteht. Hierzu bestehen jeweils spezifische gesetzliche Regelungen, die sich vor allem auf die folgenden Maßnahmen beziehen:

- Ärztliche Eingriffe auf polizeiliche, staatsanwaltschaftliche oder gerichtliche Anordnung zu Beweiszwecken im Ermittlungsverfahren bei Verdacht einer Straftat.
- Ärztliche Untersuchung zur Feststellung der Wehrtauglichkeit (Musterungsuntersuchung).
- Untersuchung von Kranken, Krankheitsverdächtigen, Ansteckungsverdächtigen und Ausscheidern nach dem Infektionsschutzgesetz

■ Zwangsweise Impfung nach dem Infektionsschutzgesetz
■ Blutabnahme zur Klärung von Abstammungsfragen, z. B. im Rahmen von Vaterschaftsgutachten (§ 372 a ZPO).

**❓ Übungsfragen**

1. Nennen Sie die drei rechtlichen Grundlagen der Zwangseinweisung und erläutern Sie diese.
2. Aus welchen Gründen dürfen eine Unterbringung oder eine Zwangsbehandlung auf keinen Fall erfolgen?

## Zur Vertiefung

Dettmeyer R (2006) Medizin & Recht für Ärzte. Springer-Verlag Heidelberg
Payk TR (1996) Freiheit und Zwang in der Psychiatrie. In: Perspektiven psychiatrischer Ethik. Thieme-Verlag Stuttgart
Weingart P, Kroll J, Bayertz K (1988) Rasse, Blut und Gene. Geschichte der Eugenik und Rassenhygiene in Deutschland. Suhrkamp, Frankfurt (1988) [*Umfangreiches Standardwerk zum historischen Hintergrund der Verbindung von eugenischer Ideologie, Rassenhygiene und Zwangsbehandlung*]

# 7 Behandlungsfehler

*Andrea Ziegler*

 **Einleitung**

Behandlungsfehler haben nicht nur eine rechtliche, sondern auch eine medizin-ethische Dimension. Wie soll der Arzt in angemessener Weise mit eigenen Behandlungsfehlern umgehen? Wie kann sich eine Fehlerkultur entwickeln, in der nicht Schuldzuweisungen, sondern ein Lernen aus Fehlern im Vordergrund stehen?

## 7.1    Begriffsklärung

Drei Faktoren können dafür verantwortlich sein, dass eine medizinische Behandlung zu einem unbefriedigenden Ergebnis führt: (Hansis 2001):

1. **Krankheitsimmanente Faktoren:** Die Metastasierung eines bösartigen Tumors z. B., lässt sich auch dann nicht vermeiden, wenn der Arzt alle Regeln der Kunst beachtet.
2. **Behandlungsimmanente Faktoren:** Bestimmte Therapien können spezifische Nebenwirkungen oder Komplikationen zur Folge haben. So kann es z. B. bei der Verabreichung eines jodhaltigen Kontrastmittels zu einer allergischen Reaktion bis hin zum anaphylaktischen Schock kommen. War vor der Verabreichung eine Allergie auf Jod nicht bekannt, handelt es sich nicht um einen Behandlungsfehler.
3. **Ärztliche Behandlungsfehler:** Hier ist ein Fehler des Arztes für das unbefriedigende Ergebnis ursächlich verantwortlich, z. B. eine Gallengangsverletzung bei einer Gallenblasenentfernung.

Ein ärztlicher Behandlungsfehler liegt immer dann vor, wenn der Arzt gegen allgemein anerkannte Regeln und Standards der ärztlichen Kunst verstoßen hat.

Krankheits- und behandlungsimmanente Faktoren lassen sich nur durch Fortschritte der medizinischen Wissenschaft reduzieren. Auf die Häufigkeit von Behandlungsfehlern kann der Arzt jedoch durch sein Verhalten Einfluss nehmen.

In der Praxis führen die meisten Behandlungsfehler nicht, wie oft angenommen, zu einer dauerhaften Schädigung des Patienten. So werden falsch angesetzte Medikamente im Klinikalltag sehr häufig noch während des stationären Aufenthaltes entdeckt und wieder abgesetzt, ohne dass dem Patienten dadurch ein Schaden entsteht. Kommt es jedoch als Folge eines Behandlungsfehlers zu einer schwerwiegenden Schädigung des Patienten, so ist aus ethischer Sicht vor allem der angemessene Umgang mit einem solchen Behandlungsfehler entscheidend.

## 7.2 Ethische Perspektiven

In Deutschland werden Behandlungsfehler oft noch nicht als medizinethisches Problem wahrgenommen. Dabei berührt der Umgang mit Behandlungsfehlern zentrale medizinethische Prinzipien, wie Verantwortung, Selbstbestimmung, Wahrhaftigkeit oder Vertrauen (▶ Kap. 12.6.2).

### 7.2.1 Offenheit und Transparenz

Ist eine Komplikation eingetreten, der möglicherweise ein ärztlicher Behandlungsfehler zugrunde liegt, und besteht das Arzt-Patienten-Verhältnis fort, so muss sich alle Kraft des Arztes zunächst auf die Erkennung und Beherrschung der eingetretenen Komplikation richten. Es wird empfohlen, alle diagnostischen und therapeutischen Maßnahmen auszuschöpfen sowie großzügig Zweitmeinungen einzuholen (Hansis 2001).

Primär naheliegenden, oft aus Schuldgefühlen gespeisten Intuitionen – »dem kann ich nicht mehr unter die Augen treten« oder »davon darf der aber nie etwas erfahren« –, sollte nicht nachgegeben werden. Im Gegenteil ist es ratsam zu versuchen, den Kontakt mit dem Patienten eher zu intensivieren. Viele Patienten können das Auftreten von Komplikationen, selbst wenn diese auf einen Behandlungsfehler zurückgehen, durchaus noch verstehen. Unerträglich wird für sie die Situation oft erst dann, wenn der Arzt eine angemessene Information über die Komplikation und ihre Ursache verweigert und versucht, den Fehler vor dem Patienten zu verheimlichen.

---

**Der Fall**

Bei Frau Ivanovic besteht seit einer technisch schwierigen Divertikulitis-Operation (nicht zuletzt aufgrund des starken Übergewichts der Patientin), eine offene Bauchwunde. Zudem war die Anlage eines künstlichen Darm-

▼

ausgangs erforderlich. Aufgrund des komplikationsreichen Krankheitsverlaufes ist Frau Ivanovic sehr niedergeschlagen. Vom Psychiater wird eine schwere reaktive Depression diagnostiziert.

Wegen einer Wundinfektion wird eine Antibiose mit Gentamycin angesetzt – versehentlich in deutlich zu hoher Dosierung. Der Blutspiegel von Gentamycin steigt innerhalb kürzester Zeit auf das 10fache des angestrebten Zielwertes. Auch die Nierenwerte steigen in der Folge an – als typische Nebenwirkung der Gentamycin-Gabe, die allerdings auch im therapeutischen Bereich auftreten kann. Für Frau Ivanovic wird eine intensivmedizinische Betreuung erforderlich.

Im Hinblick auf die Offenbarung des Behandlungsfehlers können verschiedene Positionen vertreten werden:

- Die Patientin ist schwerkrank, zudem auch depressiv, noch besteht aber ein sehr gutes Vertrauensverhältnis zu den behandelnden Ärzten. Durch eine Aufklärung über die zu hohe Dosierung könnte dieses Vertrauensverhältnis gestört werden. Zudem wäre diese Nachricht für die Patientin auch psychisch zu belastend, fürchtet die behandelnde Ärztin.
- Andererseits dürfte das Vertrauensverhältnis sicher und nachhaltig zerstört sein, wenn die Patientin nicht vom Arzt aufgeklärt wird und erst über Dritte von diesem Behandlungsfehler erfährt, gibt der Stationspfleger zu bedenken.

Im weiteren Verlauf wurde ein »mittlerer« Weg gewählt:

**Der Fall**

Die Patientin und ihre Angehörigen wurden darüber aufgeklärt, dass die Niereninsuffizienz als Nebenwirkung der Gentamycin-Therapie zu werten ist. Über die zu hohe Dosis wurde nicht gesprochen. Eine Dialyse konnte vermieden werden und in einem Zeitraum von drei Wochen kam es zur Erholung der Nierenfunktion.

Während der gesamten Behandlung wurde ein sehr enger Kontakt zu der Patientin gepflegt, die Komplikationen wurden interdisziplinär behandelt.

Kritisch ist hier jedoch anzumerken, dass keine vollständig transparente und aufrichtige Beziehung zur Patientin bestand. Über den eigentlichen Behandlungsfehler, nämlich die zu hohe Dosis Gentamycin, wurde die Patientin nicht informiert.

> Nur rückhaltlose Ehrlichkeit schafft das für eine therapeutische Beziehung notwendige Vertrauen. Dies gilt auch und besonders dann, wenn diese Beziehung durch medizinische Komplikationen belastet wird, die auf einen Behandlungsfehler zurückgehen.

## 7.2.2  Aus Fehlern lernen

---
**Der Fall**

Bei Herrn Gruber sollte aufgrund eines Nierenzellkarzinoms die rechte Niere entfernt werden. Aus nicht geklärten Gründen war er auf dem Operationsplan als »Nephrektomie links« vorgesehen. Der Operateur, Professor Wissig, war am Operationstag erst aus dem Urlaub zurückgekehrt und kannte den Patienten nicht. Zudem waren vor der Operation die Röntgenbilder nicht auffindbar. Entfernt wurde die linke Niere …

---

Bei diesem (unglaublichen aber realen) Fallbeispiel kam es zu einer kaum vorstellbaren Verkettung unglücklicher Zustände. Derartige **Fehlerketten**, mit weniger drastischen Folgen, sind aber gar nicht selten und durchaus nicht nur in operativen Fächern zu finden.

Wie kann mit solchen Fehlern umgegangen werden? Schuldvorwürfe an die Beteiligten helfen für die Zukunft nicht weiter, sondern sind eher für die rechtliche Beurteilung relevant (▶ Kap. 7.3). Aus Fehlern muss aber gelernt werden, auch aus den Fehlern Anderer. Deshalb ist der offene Umgang mit Fehlern so wichtig. **Nicht alle Fehler müssen wir selber machen, um aus ihnen zu lernen!** Es ist wichtig, dass wir die Chance haben, uns mit anderen darüber auszutauschen, welche Fehler passiert bzw. beinahe passiert sind. Solche Fehlerlernsysteme lassen sich auch für den medizinischen Bereich implementieren (vgl. z. B. das Fehlerberichts- und Lernsystem für Hausarztpraxen des Instituts für Allgemeinmedizin der Universitätsklinik Frankfurt unter www.jeder-fehler-zaehlt.de).

> Nicht die Frage »**wer** war schuld?« sondern die Frage »**was** war schuld?« sollte die Leitfrage bei Fehlern und unerwünschten Ereignissen sein.

Wichtig und hilfreich ist hierbei auch das **Erkennen gefahrengeneigter Situationen**, noch bevor ein Fehler auftritt: Hier können z. B. Chefarztvisiten, in denen ein aufmerksamer und erfahrener Chef schwierige Situationen erkennt und seine Assistenzärzte darauf aufmerksam macht, bevor etwas passiert, eine wichtige Aufgabe im Fehlermanagement übernehmen. Voraussetzung hierfür ist jedoch ein guter, hierarchiereduzierter »Assistenten-Chef-Kontakt«, wobei der Chef gewillt sein muss, den Assistenten etwas beizubringen, und die Assistenten die Freiheit haben müssen, Fehler gefahrlos einzugestehen.

## 7.3    Rechtlicher Kontext

*Peter W. Gaidzik*

### 7.3.1    Facharztstandard

Der Begriff des Behandlungsfehlers ist nicht gesetzlich definiert, sondern von der Rechtsprechung auf der Grundlage der »verkehrsüblichen Sorgfalt« als allgemeinem Haftungsmaßstab entwickelt worden. Nach der gängigen Definition ist ein Behandlungsfehler ein »Verstoß gegen die anerkannten Regeln der ärztlichen Wissenschaft bzw. des jeweiligen Fachgebietes«: **Facharztstandard**. Zur Wahrung des Facharztstandards ist der Arzt dem Patienten gegenüber sowohl aus dem geschlossenen Behandlungsvertrag wie auch allgemein aufgrund seiner Garantenstellung gegenüber Leben und Gesundheit des Patienten verpflichtet.

Verletzt der Arzt den gebotenen Facharztstandard, behandelt er seinen Patienten also entgegen den Regeln seines Faches, und fügt er ihm hierdurch einen gesundheitlichen Schaden zu, so wird er schadensersatzpflichtig. Es drohen auch strafrechtliche Konsequenzen, wobei bei ärztlichen Behandlungsfehlern regelmäßig die folgenden Tatbestände in Betracht kommen:

- § 222 StGB: fahrlässige Tötung
- § 229 StGB: fahrlässige Körperverletzung
- § 323c StGB: unterlassene Hilfeleistung

> Zwar keinen Behandlungsfehler, aber gleichwohl eine straf- oder zivilrechtlich zu ahndende **Pflichtverletzung** stellt es dar, wenn der Arzt einen Eingriff in die körperliche Integrität des Patienten vornimmt, **ohne** diesen zuvor angemessen über Bedeutung, Tragweite und Risken des Eingriffs **aufgeklärt zu haben**. Auch hierdurch kann sich der Arzt schadensersatzpflichtig bzw. strafbar machen, selbst wenn er den Eingriff an sich ordnungsgemäß durchgeführt hat (► Kap. 1.7).

## 7.3.2 Beweislast

Strafrechtlich muss dem Arzt die Pflichtverletzung sowie deren Ursächlichkeit für den Gesundheitsschaden jenseits begründeter Zweifel nachgewiesen werden. Zivilrechtlich existiert ein mittlerweile filigranes System von Beweisregeln. Grundsätzlich ist der **Patient im Behandlungsfehlerbereich beweispflichtig**, während der **Arzt** die ordnungsgemäße **Aufklärung** und die **Zustimmung zur Behandlung zu beweisen** hat. In bestimmten Fallkonstellationen hat die Rechtsprechung jedoch auch bei behaupteten Behandlungsfehlern unter Billigkeitsaspekten Beweiserleichterungen bis hin zur **Beweislastumkehr zulasten der Arztseite** angenommen. Die wichtigsten Fallkonstellationen sind:

1. **Grobe Behandlungsfehler.** Ein solcher liegt nach Auffassung der Rechtsprechung vor,

   wenn der Arzt eindeutig gegen bewährte ärztliche Behandlungsregeln oder gesicherte medizinische Erkenntnisse verstoßen und einen Fehler begangen hat, der aus objektiver Sicht nicht mehr verständlich erscheint, weil er einem Arzt schlechterdings nicht unterlaufen darf. (BGH Arztrecht 10/1997, 274).

   Folge eines derart groben Verstoßes gegen die Sorgfaltspflicht ist es, dass der Patient nicht mehr zusätzlich die Schadensursächlichkeit des Fehlers beweisen muss. Vielmehr obliegt es dann dem Arzt den Beweis zu führen, dass der Schaden auch bei sorgfaltsgerechtem Verhalten eingetreten wäre, was naturgemäß kaum je gelingt.

2. **Verstoß gegen Dokumentationspflichten.** Hat der Arzt seine Pflicht zur sorgfältigen Dokumentation des Behandlungsverlaufs verletzt und wird hierdurch die Beweisführung des Patienten erschwert, wird grundsätzlich zugunsten des Patienten unterstellt, dass eine dokumentationspflichtige, indes nicht dokumentierte Maßnahme tatsächlich unterblieben ist bzw. die

Maßnahme – z. B. eine Operation – so durchgeführt wurde, wie der Verantwortliche sie dokumentierthat.

3. **Vollbeherrschbare Risikosphäre/Anscheinsbeweis:** Hat sich ein Risiko verwirklicht, welches nicht der Sphäre des Patienten, sondern der des Arztes zuzurechnen ist (z. B. Gerätedefekte, Organisationsmängel), muss nicht der Patient den Nachweis unsorgfältigen Verhaltens des Arztes führen. Vielmehr muss der Arzt selbst beweisen, dass dieses Risiko ihm **nicht** angelastet werden kann, z. B. weil der Defekt trotz ordnungsgemäßer Wartung des Gerätes eintrat und vor dem Einsatz auch nicht erkennbar war. Einen ähnlichen Hintergrund hat der **Anscheinsbeweis**, der dann anzunehmen ist, wenn nach allgemeiner Lebenserfahrung ein unerwünschtes Ereignis auf ein pflichtwidriges Verhalten schließen lässt. Beispielsweise sprechen Schmerzen und eine früh auftretende Lähmung im Ausbreitungsgebiet des N. ischiadicus in direktem zeitlichem Zusammenhang mit einer intramuskulären Injektion ins Gesäß für eine falsche Injektionstechnik. Es ist dann Sache des »Schädigers«, den ungewöhnlichen Charakter des Ereignisses darzulegen, etwa durch den Nachweis eines atypischen Verlaufs des N. ischiadicus.

### 7.3.3 Grundtypen des Behandlungsfehlers

Folgende Fehlertypen im Bereich der medizinischen Behandlung lassen sich unterscheiden:

1. **Diagnosefehler**
   - Nichterheben gebotener Befunde
   - Fehlinterpretation erhobener Befunde

2. **Behandlungsfehler im engeren Sinn**
   - Fehlerhafte Methodenwahl/Indikationsstellung
   - Fehlerhafte Durchführung einer Maßnahme
   - Fehlerhafte Nachsorge

3. **Organisationsverschulden**
   Hierunter versteht man Behandlungsfehler, die durch Organisationsfehler in der Klinik oder in der Praxis zustande kommen. Beispiele hierfür sind:

- Einsatz unerfahrener Ärzte in bestimmten Bereichen, auch im Bereitschaftsdienst
- Mängel in der baulichen Gestaltung oder in der Wartung der Gerätschaften
- Aufklärungsmängel
- Mangelhafte Organisation innerer Abläufe (z. B. zu langsame Übermittlung von Laborwerten)

## 4. Übernahmeverschulden

Übernimmt ein Arzt die Behandlung eines Patienten, obwohl er den Anforderungen der Behandlung nicht gewachsen ist, kann auch dies als ein haftungsbegründender Sorgfaltspflichtverstoß gelten. Hat z. B. ein Assistenzarzt eine Operation, die er technisch nicht ausreichend beherrscht, alleine – ohne erfahrenen Kollegen – durchgeführt, so wird er sich nicht mit seiner mangelnden Erfahrung entlasten können, wenn der Eingriff oder etwaige Komplikationen ihn überfordern.

## 5. Kooperationsfehler

Besondere praktische Relevanz auch im Hinblick auf die aktuelle Diskussion über Qualitätssicherung und -verbesserung im Krankenhausbereich besitzen Kooperationsmängel, die häufig auf Kommunikationsmängel mit Informationsverlusten innerhalb der vertikalen oder der horizontalen Arbeitsteilung zurückzuführen sind. Hierbei kommt der Patient deshalb zu schaden, weil Informationen zwischen den Fachabteilungen (horizontal) oder an den nachgeordneten ärztlichen/pflegerischen Dienst (vertikal) nicht, nicht rechtzeitig oder inhaltlich unzutreffend weitergegeben worden sind: **Schnittstellenfehler.**

## 6. Fehlerhafte Sicherungsaufklärung

Hier geht es nicht um die erforderliche Aufklärung vor einer medizinischen Behandlung (Eingriffsaufklärung). Die Sicherungsaufklärung betrifft vielmehr Verhaltensmaßregeln oder sonstige Hinweise für den Patienten, die den Erfolg der Behandlung sichern (z. B. Diätratschläge für Diabetiker) oder drohende Gesundheitsgefahren bei falschem Verhalten verhüten sollen (z. B. Hinweis auf fehlende Fahrtüchtigkeit nach Einnahme bestimmter Medikamente).

**7.**   **Nichtbehandlung**

Auch das vorsätzliche oder fahrlässige Unterlassen einer medizinisch gebotenen Behandlung ist wie ein Behandlungsfehler zu werten und kann
entsprechende rechtlicher Konsequenzen haben.

### 7.2.3   Pflicht zur Offenbarung

Eine unmittelbare gesetzliche oder berufsrechtliche Pflicht zur Offenbarung
eines eigenen oder fremden Behandlungsfehlers gegenüber dem betroffenen
Patienten existiert nicht.

Anders allerdings dann, wenn aufgrund dieses Behandlungsfehlers schwere Gefahren für Gesundheit und Leben des Patienten bestehen, d.h. aus dem
Fehler die dringende Notwendigkeit weiterer Behandlung resultiert. Dann ist
der Arzt verpflichtet, auch im Hinblick auf die für die weitere Behandlung erforderliche angemessene Aufklärung des Patienten, über die Ursache der Be-
handlungsnotwendigkeit wahrheitsgemäß aufzuklären. Entgegen einem weit
verbreiteten Irrtum steht dem auch nicht das Verbot eines Schuldanerkennt-
nisses aus dem Haftpflichtversicherungsvertrag entgegen. Der Arzt darf zwar
keine Aussagen zu seiner Haftpflicht treffen (»Ich bzw. meine Versicherung
werden den Schaden ersetzen!«), er kann aber durchaus das zugrunde liegende
Fehlverhalten objektiv schildern, ohne seinen Versicherungsschutz zu ge-
fährden.

Bei tödlichen Behandlungsfehlern kann der Arzt in einen Konflikt geraten:
Im Strafrecht muss sich niemand selbst belasten. Die Bestattungsgesetze verpflichten andererseits jedoch den die Leichenschau durchführenden Arzt, die
Todesart wahrheitsgemäß als »natürlich«, »nicht natürlich« oder »ungeklärt«
zu klassifizieren. Ein nicht natürlicher oder ungeklärter Tod zwingt die Straf-
verfolgungsbehörden zu weiteren Ermittlungen. Auch der Tod infolge eines
Behandlungsfehlers ist ein »nicht natürlicher Tod«, was die verschiedentlich
artikulierte Forderung verständlich werden lässt, die Leichenschau nicht durch
den behandelnden Arzt oder in dessen Verantwortungsbereich durchführen
zu lassen.

**? Übungsfragen**

1. Was versteht man unter einem ärztlichen Behandlungsfehler?
2. Welches Verhalten gegenüber dem geschädigten Patienten empfiehlt sich nach dem Eintreten eines Behandlungsfehlers aus ethischer und aus rechtlicher Sicht?
3. Welche verschiedenen Grundtypen ärztlicher Behandlungsfehler lassen sich unterscheiden?

## Zur Vertiefung

Hansis ML, Hansis DE (2001) Der ärztliche Behandlungsfehler. Verbessern statt streiten. Ecomed Lansberg/Lech

8

# 8 Interkulturelle Konflikte

*Michael Gommel*

 **Einleitung**

Bereits innerhalb einer Kultur- und Wertegemeinschaft bestehen erhebliche Unterschiede zwischen individuellen Wertvorstellungen. Wenn sich Menschen mit verschiedenem kulturellen Hintergrund begegnen, können Wertunterschiede noch deutlicher sichtbar werden: »Zwei Welten prallen aufeinander«. In einem Einwanderungsland wie Deutschland ist es für die Angehörigen der medizinischen Berufe besonders wichtig, Wertvorstellungen anderer Kulturen zu erkennen und zu verstehen. Da die Bewältigung von Krankheit, Trauer und Schmerz kulturell unterschiedlich ist, kann auch der Therapieerfolg von einer angemessenen Berücksichtigung dieser kulturellen Unterschiede abhängen.

## 8.1    Ethische Perspektiven

Bei interkulturellen Begegnungen können Wertkonflikte in gleicher Weise auftreten, wie bei Begegnungen von Individuen desselben Kulturkreises. Auch hier ist es zunächst wichtig, die unterschiedlichen Wertvorstellungen zu erfassen, zu verstehen und zu respektieren! (▶ Kap. 12.6). Verständnis und Respekt sind unabdingbare Voraussetzungen, um einer Lösung von Wertkonflikten näher zu kommen.

> Verständnis und Respekt für die Wertvorstellungen anderer Kulturen sind jedoch nicht gleichbedeutend mit einem Verzicht auf Kritik. So ist es durchaus legitim – und kein »Kulturimperialismus« – ethisch problematische Werturteile in bestimmten Kulturen (z. B. im Hinblick auf die Diskrimierung von Frauen, ▶ Kap. 5.1.3) zurückzuweisen – etwa durch den Bezug auf grundlegende Menscherechte, die unabhängig von kulturellen Besonderheiten für alle Menschen gleichermaßen gelten (▶ Kap. 12.6.2).

Kulturspezifische Wertkonflikte können als **Konflikte innerhalb eines kulturellen Wertekontextes** und innerhalb des davon betroffenen Individuums auftreten (▶ Kap. 8.1.1). Sie können sich aber auch als **interkulturelle Konflikte** zwischen Personen verschiedenen kulturellen Hintergrundes manifestieren (▶ Kap. 8.1.2). Besonders zu bedenken ist auch die Gefahr, einer »**kulturellen Entwurzelung**«, die dann entstehen kann, wenn Menschen anderer Kulturkreise sich nicht mehr in ihrer eigenen aber auch nicht in der Kultur des Gastlandes zu Hause fühlen können (▶ Kap. 8.1.3).

## 8.1.1 Wertkonflikte innerhalb einer anderen Kultur

> **Der Fall**
>
> Herr Gündogan wurde mit Herzbeschwerden auf die internistische Station eines kleineren Krankenhauses aufgenommen. Obwohl Ärzte und Schwestern sich sehr um ihren Patienten bemühen und auch die Medikamente zu wirken scheinen, liegt Herr Gündogan den ganzen Tag traurig und mit leidender Miene im Bett. Ein psychiatrisches Konsil ergibt keine Hinweise auf das Vorliegen einer Depression.
>
> Erst ein Gespräch der türkischen Putzfrau, Frau Arslan, mit einem der Assistenzärzte gibt den entscheidenden Hinweis: Frau Arslan berichtet, dass Herr Gündogan sich sehr gräme, weil er durch die regelmäßige Medikamenteneinnahme das Fastengebot des Ramadan verletze. Er traue sich nicht, einen befreundeten Imam zu konsultieren, weil er fürchtet sonst vielleicht als Islamist abgestempelt zu werden. Der Assistenzarzt fragt daraufhin Herrn Gündogan vorsichtig, ob er wegen des gerade begonnenen Ramadan nicht einen Imam zu sprechen wünsche. Erfreut nimmt der Patient das Angebot an und bestellt den Freund zu sich. Der Imam erläutert Herrn Gündogan, dass nur er selbst die Gewissensentscheidung zwischen der Befolgung des Fastengebotes und dem Gebot, seine Gesundheit mit angemessenen Mitteln wieder herzustellen, treffen kann. Nach diesem Gespräch blüht Herr Gündogan zusehends auf und verlässt das Krankenhaus einige Tage später in guter Stimmung.

In der beschriebenen Situation leidet der Patient an einem Konflikt innerhalb seines Wertesystems. Dem Behandlungsteam bleibt die Ursache seines Leidens verborgen, da es die Werte und Überzeugungen des Patienten zunächst nicht hinreichend kennt. Sein Wertesystem wird maßgeblich durch die Gebote und Verbote des Korans geprägt. Auch der Koran lässt eine Abwägung verschiedener Güter zu, gerade wenn es um das Gebot der Wiederherstellung der Gesundheit und die Einhaltung bestimmter religiöser Bräuche (Fasten, Gebet, Pilgerfahrten) geht. Insofern ließ sich das Problem durch die Hinzuziehung eines Imams, als autorisiertem Interpreten seines Wertesystems, relativ einfach auflösen.

Auch andere, im medizinischen Alltag übliche Maßnahmen können bei Patienten mit anderem kulturellen Hintergrund Konflikte innerhalb ihres Wertesystems auslösen, die für in westlichen Gesellschaften aufgewachsene Ärzte oft nicht erkennbar sind:

- die Einnahme von Medikamenten, die Alkohol enthalten;
- die Untersuchung einer Patientin auf einer gynäkologischen Station durch einen (männlichen) Arzt;
- die Einnahme von Mahlzeiten, die tierische Produkte enthalten (auch Honig oder Gelatine).

Wenn Sprachbarrieren bestehen, können sich diese Probleme noch erheblich verschärfen.

## 8.1.2  Wertkonflikte zwischen Kulturen

**Der Fall**

Frau Dyck ist 94 Jahre alt, geistig rege, und liegt seit kurzem wegen Unterleibsschmerzen und Gewichtsverlust in der Klinik. Nach der üblichen Diagnostik steht fest: sie hat ein weit fortgeschrittenes, das Peritoneum infiltrierendes Sigmoidkarzinom mit Lymphknoten- und Fernmetastasen (Leber, Lunge), dazu eine Anämie. In diesem fortgeschrittenen Stadium (T4N3M1) ist nach dem gegenwärtigen Stand der Wissenschaft eine palliative Begleitung die einzig sinnvolle therapeutische Option.

Bei der Aufnahme in die Klinik wurde verabredet, dass neben Frau Dyck auch die beiden Kinder alle Informationen über den Gesundheitszustand ihrer Mutter erhalten sollen. Daher spricht der behandelnde Assistenzarzt zuerst mit der Tochter und dem Sohn von Frau Dyck über die Diagnose und über die palliativen Möglichkeiten. Als der Arzt fragt, ob sie dabei sein möchten, wenn er ihrer Mutter die Diagnose und die weiteren Möglichkeiten mitteilt, erschrecken beide. Sie sagen, dass ihre Mutter auf keinen Fall erfahren dürfe, was sie habe und vor allem nicht, dass es keine Chance auf Heilung gäbe. Auf den Einwand des Arztes, dass es üblich sei, die Patienten über ihre Diagnose zu unterrichten, erwidert die Tochter, »Bei uns, den Russlanddeutschen, ist das anders.« Es sei völlig unvorstellbar, Schwerkranke mit dem Urteil eines nahe bevorstehenden Todes zu belasten. Die Familie von Frau Dyck kam vor zehn Jahren nach Deutschland.

Der Assistenzarzt steht vor einem Konflikt: Wenn er den allgemein akzeptierten ethischen Regeln »seiner« Gesellschaft folgen möchte, müsste er Frau Dyck die Diagnose mitteilen (▶ Kap. 1.5.3). Respektiert er die Regeln der Gemeinschaft, aus der seine Patientin stammt, sollte er dies jedoch unbedingt unterlassen.

Dieser Konflikt kann als Konflikt zwischen unterschiedlichen **kulturellen Wertepräferenzen** interpretiert werden, die von den beteiligten Individuen vertreten werden. Während der Assistenzarzt Wahrhaftigkeit gegenüber dem Patienten und die Achtung vor dessen Selbstbestimmung als hohe Güter ansieht, argumentiert die Tochter von Frau Dyck mit dem Schaden, der durch die Mitteilung der Diagnose angerichtet würde, und stützt sich hierfür auf das kulturelle Fundament ihrer Familie bzw. Herkunftsgesellschaft.

> Wichtig scheint hier zunächst zu klären, was die Patientin selbst über die Situation denkt. In welchem kulturellen Kontext ist sie zu Hause? Was will sie über ihre Erkrankung wissen und was nicht? Deutlich wird zudem, dass die in der westlichen Kultur entwickelte Lehre des »informed consent« (▶ Kap. 1.2) für andere kulturelle Kontexte nicht in jedem Fall angemessen sein muss.

### 8.1.3 Kulturelle Entwurzelung

Der folgende Fall zeigt, dass auch eine empathisch und nach den Regeln der Kunst durchgeführte Therapie in einem interkulturellen Kontext möglicherweise neue und unerwartete Schwierigkeiten mit sich bringen kann:

---

**Der Fall**

In einer psychiatrischen Tagesklinik wird Frau Tiknaz, eine Patientin türkischer Herkunft, wegen einer schweren Depression ohne akute Suizidalität behandelt. Sie ist Anfang 40, Mutter von 6 Kindern zwischen 11 und 25 Jahren. Mit 16 Jahren war sie von ihrer Familie an einen schon länger in Deutschland lebenden Mann türkischer Herkunft verheiratet worden. Obwohl sie weder lesen noch schreiben kann, wirkt sie intelligent und aufmerksam.

In den ersten Wochen der Behandlung bringt eine medikamentöse Therapie mit Antidepressiva zunächst keine Besserung. Die Patientin klagt aber

▼

---

über starke Nebenwirkungen. In den Gesprächen mit der behandelnden Assistenzärztin und dem Psychologen erzählt sie kaum etwas von sich und lehnt alle weiteren Angebote ab. Am letzten Tag vor seinem Urlaub schlägt der Oberarzt vor, die Patientin zu entlassen, die Warteliste für die Tagesklinik sei lang.

Doch plötzlich beginnt die Patientin in den Gesprächen mit der Assistenzärztin über ihr Leben zu erzählen und über das, was sie bedrückt: sie sei in Deutschland immer alleine gewesen, ohne ihre eigene Familie, habe immer alles geschluckt und nie geklagt, sei ihrer Schwiegermutter immer ausgeliefert gewesen. Auch habe ihr Mann ihr gesagt, dass die Medikamente, die sie verschrieben bekommen habe, nicht gut für sie seien und habe sie aufgefordert, über Nebenwirkungen zu klagen. Er habe ihr auch verboten, über persönliche Dinge mit den Ärzten zu sprechen. Jetzt wolle sie aber nicht länger auf ihn hören, sondern selbständig handeln. Im Laufe der folgenden zwei Wochen blüht die Patientin zusehends auf, die Nebenwirkungen sind kein Thema mehr, und sie fühlt sich viel wohler.

Der aus dem Urlaub zurückgekehrte Oberarzt äußert Bedenken, dass die Patientin Ärger mit ihrer Familie bekommen könnte. Zudem würde sich eine Frau wie sie, die weder lesen noch schreiben könne und keine Angehörigen oder Freunde in Deutschland habe, sehr schwer tun, ohne die Familie ihres Mannes auszukommen. Nach einem eventuellen Zerwürfnis würde sie sicher auch in ihrer alten Heimat Schwierigkeiten bekommen. Wenige Tage später kommt ihr Ehemann in die Tagesklinik und beschwert sich lautstark, dass ihm seine Frau nicht mehr gehorche, nicht mehr koche und ihre Aufgaben nicht erfülle.

Die Offenheit gegenüber der Patientin, das mitfühlende und zeitaufwändige Zuhören haben zwar die depressive Erkrankung erheblich gebessert. Als »Nebenwirkung« ist aber die Lebenssituation der Patientin durcheinander geraten. Welcher kulturellen Orientierung soll sie nun folgen? Hat sie die Kraft, eine Kultur zu verlassen, in der sie immer zu Hause war und noch zu Hause ist, deren Wertorientierungen und traditionelle Rollenmuster sie aber nicht mehr uneingeschränkt teilen kann?

Die Assistenzärztin fragt sich im Nachhinein, wie weit sie hier ihrer Verantwortung gerecht geworden ist. Hat sie der Patientin wirklich geholfen? Sie überlegt, ob es vielleicht besser gewesen wäre, auf den »Freiheitsdrang« der Patientin weniger stark einzugehen. Hätte sie nicht berücksichtigen müssen, dass die Patientin innerhalb ihrer Herkunftskultur behandelt werden muss? Hat sie Frau Tiknaz nicht indirekt ermutigt, sich in eine unhaltbare Situation zwischen zwei Kulturen vorzuwagen? Andererseits war die Therapie der Depression erfolgreich; vielleicht nicht zuletzt auch aufgrund der psychotherapeutischen Unterstützung die Frau Tiknaz erhalten hat, und die ihr eine erste Selbstfindung in einem neuen Lebensabschnitt, in einer neu bewerteten Kultur ermöglicht hat.

> Für Konflikte wie den geschilderten kann es keine allgemein gültige Lösung geben. Sicherlich sollte zunächst der kulturelle Kontext der Patientin als Rahmen der Therapiemaßnahmen akzeptiert werden. Anderseits ist der Arzt primär dem individuellen Patienten verpflichtet. Besteht der Verdacht, dass der soziale oder kulturelle Kontext Teil der Pathogenese ist, muss dieser Kontext auch therapeutisch bearbeitet werden – zumindest dann, wenn der Patient erkennen lässt, dass er diesen Weg mitgehen will und kann.

## 8.1.4 Interkulturelle Kompetenz

Im klinischen Alltag begegnen Ärzte und Pflegende Menschen unterschiedlicher kultureller Hintergründe. In Deutschland leben über 6,5 Millionen Personen ausländischer Herkunft aus den verschiedensten Kulturkreisen. Auch die Religionszugehörigkeit ist ein wichtiges kulturell prägendes Merkmal; über drei Millionen Muslime mit unterschiedlichen Glaubenspraxen sind Bürger unseres Landes.

### Kulturelle Gemeinschaften

Selbst in modernen, oft als werteplural bezeichneten Gesellschaften, teilen die meisten Menschen immer noch eine beträchtliche Zahl grundlegender Werte und Normen. Die in der Regel große Übereinstimmung innerhalb einer Kultur- und Lebensgemeinschaft verführt jedoch leicht zu Fehleinschätzungen:

- »Weil ich über bestimmte Werte verfüge, verfügen auch alle anderen Menschen, die in meiner kulturellen Gemeinschaft leben, über dieselben Werte und leben nach ihnen.«
- »Die Werte von Menschen, die außerhalb meiner Gemeinschaft leben, unterscheiden sich immer grundlegend von meinen eigenen Wertvorstellungen.«

▪ »Innerhalb von Gesellschaften, die mir fremd sind, teilen alle Menschen dieselben Werte.«

## Individueller Wertehorizont

Genauso wie es unzulässig ist, die eigenen Wertvorstellungen als absolut und für alle Menschen verpflichtend und gültig anzunehmen, ist es unsinnig, pauschale Urteile über Mitglieder anderer kultureller Hintergründe zu fällen. Urteile wie etwa »die sind alle so«, sind immer falsch und verstellen zudem den Blick für den einzelnen Menschen, der seinen eigenen kulturellen Hintergrund individuell interpretiert und gestaltet. Ebenso wenig hilfreich ist es, frühere Erfahrungen mit Menschen aus fremden Kulturgruppen auf andere Mitglieder dieser Gruppen zu übertragen: »Jetzt weiß ich, wie die sind«.

Die in der Erziehung erworbenen, kulturell geprägten Vorstellungen über richtiges und falsches Handeln können im Laufe der Entwicklung eines Menschen stark überformt werden. Dies kann soweit gehen, dass der eigene kulturelle Hintergrund kritisch bis feindselig zurückgewiesen wird und für die eigene Wertorientierung nur noch als »abschreckendes Beispiel« dient: »Alles, bloß das nicht!«

Der kulturelle Hintergrund eines Menschen ist daher zwar wichtig, um seine Einstellungen zu bestimmten medizinischen Maßnahmen einschätzen zu können und zu wissen, »woher er kommt«. Es darf aber nicht übersehen werden, dass sich bei jedem Menschen in der Regel eine individuelle Art und Weise des Umgangs mit Krankheit, Schmerzen, Tod und Leben ausgebildet hat. Genauso wenig wie es »den« Hindu, »den« Russen, »den« Moslem oder »den« Westeuropäer gibt, gibt es Patentrezepte für den Umgang mit Hindus, Russen, Moslems oder Westeuropäern.

> ❯ Viele im klinischen Alltag auftretende Wertkonflikte könnten durch die Vermittlung grundlegender Kenntnisse über das Krankheitsempfinden und -verhalten von Menschen unterschiedlicher kultureller bzw. religiöser Hintergründe vermieden werden. Doch darf eine kulturelle Informiertheit und Bewusstheit nicht dazu verleiten, vor lauter Rücksichtnahme auf die kulturelle Herkunft des Individuums dessen persönliche Eigenheit zu übersehen. Alle Menschen – auch die Mitglieder der eigenen »Mehrheitsgesellschaft« – erleben und verstehen Krankheit individuell und subjektiv.

## Interkultureller Umgang

Wenn Menschen unterschiedlicher kultureller Hintergründe zusammen treffen, ist für alle Beteiligten immer hilfreich:

- Offenheit
- Vorurteilsfreiheit
- Aufmerksamkeit
- Bereitschaft zur Kommunikation
- Skepsis gegenüber Pauschalisierungen und früheren Erfahrungen

> Die mit diesen Haltungen verbundene Praxis des Zugehens auf Menschen kann auch vor Erwartungen oder Ängsten gegenüber dem »Fremden« und vor Fehlern aus Übervorsichtigkeit schützen. Wichtiger als kulturbezogenes Wissen ist daher die Ermutigung zu **angstfreier Offenheit** als Grundlage einer interkulturellen Kompetenz.

### ❓ Übungsfragen

1. Welche Ihrer eigenen Werte und Haltungen könnten Mitgliedern anderer Kulturen fremd erscheinen?
2. Fragen Sie Ihre älteren Verwandten: Welchen Stellenwert hatte die Mitsprache des Patienten bei ärztlichen Entscheidungen vor 50 Jahren?

## Zur Vertiefung

Alban S, Leininger MM, Reynolds CL (2002) Multikulturelle Pflege. Urban und Fischer [*Vorstellungen von Gesundheit und Krankheit, Vorbeugung und Behandlungspraxis aus 51 Ländern. Sehr hilfreich bei der Entwicklung transkultureller Sensibilität im klinischen Alltag!*]

# 9 Klinische Forschungsethik

*Michael Gommel, Christian Hick*

 **Einleitung**

Diagnostische und therapeutische Verfahren der modernen Medizin beruhen auf den Ergebnissen wissenschaftlicher Forschung. Aufbauend auf Grundlagenforschung und Tierversuchen geht es in der klinischen Forschung um die Frage, welche neuen diagnostischen oder therapeutischen Verfahren bei Versuchen am Menschen ein positives Nutzen-Risiko-Verhältnis aufweisen. Versuche am Menschen sind jedoch ethisch nicht unproblematisch: Welches Risiko ist für die Versuchsperson noch zumutbar? Kann Forschung am Menschen aus rein wissenschaftlichem Interesse überhaupt ethisch gerechtfertigt werden? Wie können besonders vulnerable Probandengruppen wie Kinder oder demente Patienten geschützt werden?

## 9.1    Begriffsklärung

Die **Ethik der medizinischen Forschung** beschäftigt sich mit der Frage, ob bestimmte Forschungsvorhaben aus ethischer Sicht unbedenklich oder fragwürdig sind. Dabei geht es um die Bewertung des Nutzen-Risiko-Verhältnisses der geplanten Forschungsprojekte aber auch um die generelle Vereinbarkeit des Forschungsansatzes mit ethischen Grundprinzipien. Zur Bewertung greift die medizinische Forschungsethik auf die grundlegenden Prinzipien der medizinischen Ethik zurück (▶ Kap. 12).

Für die ärztliche Praxis besonders relevant ist die in diesem Kapitel behandelte **klinische Forschungsethik**, die sich speziell mit der Forschung am Menschen befasst.

## 9.2    Historischer Kontext

Die erste verbindliche Regelung wissenschaftlicher Forschung am Menschen, die für staatliche Kliniken und öffentliche Krankenanstalten eines ganzen Landes galt, wurde bereits im Jahre 1900 durch das Preußische Kultusministerium erlassen. Danach mussten die Versuchspersonen über die geplanten Versuche sachgemäß informiert werden und der Teilnahme zustimmen. Sämtliche Forschungsprojekte waren durch den verantwortlichen Leiter der Institution zu genehmigen. Forschung an Minderjährigen oder anderen nicht vollständig geschäftsfähigen Probanden war nicht zugelassen.

Die vom deutschen Reichsinnenminister 1931 erlassenen **Richtlinien für neuartige Heilversuche und für die Vornahme wissenschaftlicher Versuche an Menschen** präzisierten und erweiterten die Regelungen des preußischen Kultusministeriums:

Eine neuartige Heilbehandlung darf nur vorgenommen werden, nachdem die betroffene Person oder ihr gesetzlicher Vertreter aufgrund einer vorangegangenen zweckentsprechenden Belehrung sich in unzweideutiger Weise mit der Vornahme einverstanden erklärt hat (Reichsgesundheitsblatt 6,55 (1931), S. 174)

Nur wenn die neuartige Heilbehandlung zur Erhaltung des Lebens oder zur Verhütung einer schweren Gesundheitsschädigung erforderlich ist, darf nach den »Richtlinien« auch ohne ausdrückliche Einwilligung ein Heilversuch vorgenommen werden. Die Anwendung einer neuartigen Heilbehandlung bei Kindern und Jugendlichen ist »mit ganz besonderer Sorgfalt zu prüfen«.

Nicht zuletzt weisen die Richtlinien des Reichsinnenministeriums darauf hin, dass ein ethisch angemessenes Verhalten in der klinischen Forschung bereits in der medizinischen Ausbildung eingeübt werden muss:

Schon im akademischen Unterricht soll bei jeder geeigneten Gelegenheit auf die besonderen Pflichten hingewiesen werden, die dem Arzte bei Vornahme einer neuen Heilbehandlung oder eines wissenschaftlichen Versuchs sowie auch bei der Veröffentlichung ihrer Ergebnisse obliegen (Reichsgesundheitsblatt 6,55 (1931), S. 175).

Nach der Machtergreifung der Nationalsozialisten wurden diese Standards jedoch nicht umgesetzt – im Gegenteil. Die Menschenversuche in den nationalsozialistischen Konzentrationslagern wurden ohne Einwilligung der Betroffenen durchgeführt und hatten zudem in der Regel einen militärmedizinischen Hintergrund: Infektionsversuche mit Fleckfieber und Tuberkulose, Salzwasserexperimente, Unterdruck- und Unterkühlungsversuche. Die Unterkühlungsversuche beispielsweise sollten Hinweise darauf geben, welcher Abfall der Körperkerntemperatur bei anschließender Erwärmung noch überlebt werden konnte. So berichtet der SS-Hauptsturmführer Dr. med. Sigmund Rascher seinem Vorgesetzen Heinrich Himmler im Februar 1943 über seine Unterkühlungsversuche im Konzentrationslager Dachau:

---

**Der Fall**

»Bis jetzt habe ich etwa 30 Menschen unbekleidet im Freien innerhalb 9–14
Stunden auf 27°–29° abgekühlt. Nach einer Zeit welche einem Transport
von einer  Stunde entsprach, habe ich die Versuchspersonen in ein heißes
Vollbad gelegt. *Bis jetzt* war in jedem Fall, trotz teilweise weissgefrorener
Hände und Füße, der Patient innerhalb längstens  einer Stunde wieder völ-
lig aufgewärmt. [...] Am einfachsten wäre es, wenn ich, bald zur Waffen-SS
überstellt [...] nach Auschwitz fahren würde und dort die Frage der Wie-
dererwärmung an Land Erfrorener schnell in einem großen Reihenversuch
klären würde. Auschwitz ist für einen derartigen Reihenversuch in jeder
Beziehung besser geeignet als Dachau, da es dort kälter ist und durch die
Größe des Geländes im Lager selbst weniger Aufsehen erregt wird (die
Versuchspersonen brüllen(!), wenn sie sehr frieren).« (Dr. med. Sigmund
Rascher, Brief an Heinrich Himmler vom 17.2.1943, Harvard Law School
Library, Item No. 2555)

---

Bei diesen »trockenen« Unterkühlungsversuchen starben 3 von 120 Versuchspersonen, bei den ebenfalls durchgeführten Unterkühlungsversuchen im Wasser 74 von 360 Häftlingen.

Unterdruckversuche, bei denen die Druck- und Sauerstoffverhältnisse in
unterschiedlichen Höhen in einer Druckkammer simuliert werden konnten,
sollten klären, was Militärpiloten beim Fallschirmabsprung aus großer Höhe
zu erwarten hatten.

---

**Der Fall**

»Tödlich verliefen erst Dauerversuche in Höhen über 10,5 km. Es zeigte sich
bei diesen Versuchen, daß die Atmung nach etwa 30 Minuten aufhörte,
während die elektrokardiographisch festgehaltene Herzaktion in 2 Fällen
erst 20 Minuten nach dem Atemstillstand aufhörte. Der dritte Versuch dieser Art verlief derart außergewöhnlich, dass ich, da ich diese Versuche allein
ausführte, mir einen SS-Arzt des Lagers zum Zeugen holte. Es handelte sich
um einen Dauerversuch in 12 km Höhe bei einem 37 jährigen Juden in gutem Allgemeinzustand. Die Atmung hielt bis 30 Minuten an. Bei 4 Minuten
begann Vp [= Versuchsperson] zu schwitzen und mit dem Kopf zu wackeln,

▼

> bei 5 Minuten traten Krämpfe auf, zwischen 6 und 10 Minuten wurde die
> Atmung schneller, Vp bewusstlos, von 11–30 Minuten verlangsamte sich die
> Atmung bis 3 Atemzüge pro Minute um dann ganz aufzuhören. Zwischen-
> durch trat stärkste Cyanose auf, ausserdem Schaum vor dem Mund. In 5mi-
> nütlichen Abständen wurde Ekg. in 3 Ableitungen geschrieben. Nach Aus-
> setzen der Atmung wurde ununterbrochen Ekg. bis zum völligen Aussetzen
> der Herzaktion geschrieben. Anschliessend, etwa ½ Stunde nach Aufhören
> der Atmung Beginn der Sektion.
>
> Sektionsbericht: Nach Eröffnung der Brusthöhle liegt der Herzbeutel
> prall gefüllt vor (Herztamponade). Nach Eröffnung des Herzbeutels entlee-
> ren sich im Strahl 80 ccm klare gelbliche Flüssigkeit. Mit dem Moment des
> Aufhörens der Tamponade beginnt der rechte Vorhof kräftig mit anfänglich
> 60 Aktionen pro Minute zu schlagen und wurde dann immer langsamer.
> [...] (Dr. med. Sigmund Rascher, Erster Zwischenbericht über die Unter-
> druckkammerversuche im KL Dachau, 5. April 1942, Harvard Law School
> Library, Item No. 2573)

Bei 320 Unterdruck-Experimenten kamen 54 Probanden ums Leben. Ihr Tod
war Teil der Versuchsplanung. Letztlich war bei diesen Experimenten der Er-
kenntnisgewinn wohl nicht das eigentliche Ziel. Die mit skrupelloser Brutalität
durchgeführten Versuche lassen sich besser als ein von Ärzten verantworteter
und durchgeführter Teil der nationalsozialistischen Vernichtungsideologie
verstehen (► Kap. 3.3.7).

Die beteiligten Ärzte wurden im **Nürnberger Ärzteprozess** (1946/47) in
wenigen Fällen zum Tode, zumeist jedoch zu langjährigen Haftstrafen verurteilt, die im Jahr 1951 deutlich abgemildert wurden. Dem damaligen Urteil
wurde der so genannte **Nürnberger Kodex** vorangestellt. Er drückt die Verpflichtung für Ärzte und Wissenschaftler aus, strikte ethische Rahmenbedingungen bei jeder Forschung am Menschen einzuhalten:

Die freiwillige Zustimmung der Versuchsperson ist unbedingt erforderlich. Das heißt, dass die
betreffende Person im juristischen Sinne fähig sein muss, ihre Einwilligung zu geben; dass sie
in der Lage sein muss, unbeeinflusst durch Gewalt, Betrug, List, Druck, Vortäuschung oder ir-
gendeine andere Form der Überredung oder des Zwanges, von ihrem Urteilsvermögen Gebrauch zu machen; dass sie das betreffende Gebiet in seinen Einzelheiten hinreichend kennen
und verstehen muss, um eine verständige und informierte Entscheidung treffen zu können.

Der Nürnberger Kodex ließ Humanexperimente also nur dann zu, wenn die Probanden in der Lage waren, nach entsprechender Aufklärung in den Versuch einzuwilligen.

Auch nach Nürnberg kam es jedoch immer wieder zu ethisch fragwürdigen Versuchen am Menschen. So war es bis in die frühen 50er Jahre des 20. Jahrhunderts in den USA gängige Praxis, neue Polio-Impfstoffe an geistig behinderten Kindern in Heimen zu testen (Koprowski et al. 1953). Noch im Jahr 1963 wurden 22 schwerkranken Kindern im **Jewish Chronic Disease Hospital** in Brooklyn ohne Aufklärung lebende Krebszellen injiziert, um die Abwehrreaktionen des Organismus zu untersuchen.

In der **Tuskegee Syphilis Studie,** die über 40 Jahre lang zwischen 1932 und 1972 durchgeführt wurde, hatten 399 mit Syphilis infizierte Farbige ohne ihr Wissen keine wirksame Behandlung erhalten, um den »natürlichen Verlauf« der unbehandelten Syphilis untersuchen zu können.

Um die klinische Forschung am Menschen auf eine international anerkannte Basis zu stellen hat der **Weltärztebund** 1964 in seiner **Helsinki-Deklaration** ethische Grundsätze für die Forschung am Menschen festgelegt, welche die Grundsätze des Nürnberger Kodex bekräftigen. In den vergangenen Jahrzehnten wurde die Helsinki-Deklaration mehrmals teils umfassend revidiert (letzte Fassung aus dem Jahr 2004). Unter bestimmten Bedingungen lässt die Helsinki-Deklaration im Gegensatz zum Nürnberger Kodex auch die Forschung an nicht-einwilligungsfähigen Patienten zu:

> Für eine Versuchsperson, die einwilligungsunfähig ist [...] muss der Forscher die Einwilligung nach Aufklärung vom gesetzlich ermächtigten Vertreter entsprechend dem anwendbaren nationalen Recht einholen. Diese Personengruppen sollten nicht in Forschung einbezogen werden, es sei denn, die Forschung ist erforderlich, um die Gesundheit der entsprechenden Gruppe zu fördern, und kann nicht an einwilligungsfähigen Personen durchgeführt werden (Weltärztebund, 2004, Nr. 24)

Hiermit werden Forschungsprojekte an nicht-einwilligungsfähigen Probanden ermöglicht, sofern sie nicht an einwilligungsfähigen Probanden durchgeführt werden können und sie für eine verbesserte Gesundheitsversorgung anderer an derselben Erkrankung leidenden Menschen erforderlich sind.

> ❯ Kritisch ist anzumerken, dass die Deklaration nicht auf die Notwendigkeit einer besonders sorgfältigen Nutzen-Risiko-Abwägung bei dieser vulnerablen Patientengruppe hinweist und auch die Höhe des möglichen Forschungs-
> ▼

risikos nicht begrenzt, indem z.B. nur ein »minimales Risiko« zulässig wäre. Zudem wird durch das Ziel der »Gesundheitsförderung« implizit auch Forschung gestattet, die »nur« wissenschaftlichen Zwecken dient und für die Probanden oder ihre »Gruppe« keinen direkten therapeutischen Nutzen bringt (▶ Kap. 9.3.2).

Die Deklaration von Helsinki gilt heute weltweit als Standard für die ethische Beurteilung von Humanexperimenten und hat mit ihrer Forderung nach einer unabhängigen ethischen Beurteilung von Forschungsprojekten am Menschen auch die Einrichtung von Forschungs-Ethik-Kommissionen (▶ Kap. 9.4.2) weltweit gefördert.

## 9.3 Ethische Perspektiven

Die grundsätzliche ethische Frage im Bereich der klinischen Forschungsethik ist, ob bestimmte Forschungsprojekte am Menschen zulässig sind oder nicht.

Dabei geht es um zwei Aspekte:
1. **Angemessenes Nutzen-Risiko-Verhältnis.** Ist das mit medizinisch-wissenschaftlichen Methoden möglichst präzise zu bestimmende Nutzen-Risiko-Verhältnis des Versuches ethisch vertretbar oder nicht?
2. **Keine Instrumentalisierung der Versuchspersonen.** Ist gewährleistet, dass die Teilnehmer an klinischen Studien in ihrem Recht auf Selbstbestimmung und auf körperliche Unversehrtheit respektiert werden?

Im Hinblick auf den zweiten ethischen Aspekt, der Aufklärung und Einwilligung betrifft, ist zwischen Forschungsprojekten an einwilligungsfähigen Probanden und solchen an nicht-einwilligungsfähigen Probanden zu unterscheiden.

### 9.3.1 Forschung an Einwilligungsfähigen

#### Umfassende Forschungsaufklärung

Wie in der klinischen Praxis so ist auch in der klinischen Forschung oberstes Prinzip, dass nichts ohne die Einwilligung des Patienten oder Probanden ge-

**◻ Tabelle 9.1.** Aspekte der Forschungsaufklärung

Freiwilligkeit der Teilnahme

Genauer Versuchsablauf

Risiken und Nutzen des Versuchs

Möglichkeit, jederzeit und ohne Nachteile die Teilnahme beenden zu können

Therapeutische Alternativen

Datenschutz

Interessenkonflikte des Forschers

Finanzierung / Sponsoren

schehen darf. Die Einwilligung muss auf vorheriger angemessener Aufklärung beruhen (▶ Kap. 1.3).

Die Aufklärung bei Versuchen am Menschen (Forschungsaufklärung) muss dabei inhaltlich weiter gehen als eine normale Therapieaufklärung und alle speziell für das Forschungsvorhaben charakteristischen Risiken deutlich und mit konkreten Risikoschätzungen aufzeigen.

Da in der klinischen Forschung nicht unmittelbar nur das Wohlergehen des Patienten das Vorgehen bestimmt, sondern auch die wissenschaftlichen oder wirtschaftlichen Interessen des Forschers handlungsleitend werden können, muss der Proband auch über solche möglichen **Interessenkonflikte** aufgeklärt werden. Die bei einer Forschungsaufklärung anzusprechenden Themen sind in ▶ Tabelle 9.1 zusammengefasst.

## Grundtypen klinischer Forschung

Nach dem möglichen Nutzen für die Versuchsperson lassen sich klinische Forschungsprojekte in zwei Grundtypen einteilen:

**1. Wissenschaftliche Versuche.** Das Forschungsprojekt dient rein wissenschaftlichen Zwecken. Es hat keinen unmittelbaren Nutzen für den Probanden. Forschungsprojekte dieser Art beschäftigen sich beispielsweise mit der Aufdeckung physiologischer oder pathophysiologischer Zusammenhänge, mit der Bestimmung der Pharmakokinetik eines Medikamentes oder mit der Überprüfung von diagnostischen Verfahren. Wissenschaftliche Versuche ohne unmittelbaren Nutzen für den Probanden werden auch als **fremdnützige Forschung** bezeichnet.

**2. Therapeutische Versuche.** Das Forschungsprojekt lässt auch einen unmittelbaren Nutzen für den Probanden erwarten. Beispiele solcher Forschungsprojekte wären z. B. Arzneimittelstudien mit einem neu entwickelten Wirkstoff, der sich in Tierexperimenten bereits als wirksam gegen die Erkrankung erwiesen hat, an der auch der Proband leidet. Therapeutische Versuche werden wegen des möglichen Nutzens für den Probanden auch als **eigennützige Forschung** bezeichnet.

Wissenschaftliche und therapeutische Versuche lassen sich nicht immer klar von einander trennen. Bei den meisten therapeutischen Forschungsprojekten wird es auch Projektteile geben, von denen der Patient nicht unmittelbar profitiert (z. B. die Bestimmung von physiologischen und pathophysiologischen Parametern im Rahmen einer Arzneimittelprüfung). In diesem Fall kann man von zumindest **auch eigennützigen** Forschungsprojekten sprechen.

**Rein fremdnützige Forschungsprojekte** sind aus ethischer Sicht problematischer als Forschungsprojekte, die auch einen Eigennutzen für den Probanden haben, weil möglicherweise auftretenden Schädigungen dann keinerlei persönlicher Nutzen gegenübersteht. Bei rein fremdnützigen Forschungsprojekten muss daher neben der erforderlichen Aufklärung und Einwilligung des Probanden auch ein **anerkannt hochrangiges wissenschaftliches Ziel** verfolgt werden.

❯ Die Unterscheidung zwischen wissenschaftlichen und therapeutischen Forschungsprojekten orientiert sich ausschließlich an dem möglichen **Nutzen** für die Versuchsperson. Für die Frage der ethischen Zulässigkeit ist aber auch das **Risiko** des geplanten Vorhabens entscheidend. Forschungsprojekte mit einem potentiell hohen Eigennutzen für den Probanden können durchaus auch ein hohes Risiko für diesen Probanden beinhalten (z. B. gentherapeutische Studien mit retroviralen Vektoren). Für die Beurteilung der ethischen Zulässigkeit muss daher nicht nur auf den Nutzen, sondern auf das Verhältnis des Nutzens zum Risiko geachtet werden.

## 9.3.2 Forschung an Nichteinwilligungsfähigen

Medizinische Forschung am Menschen setzt nach heutigem Verständnis voraus, dass die Versuchspersonen aufgeklärt werden (▶ Kap. 9.3.1) und sich freiwillig als Probanden zur Verfügung stellen. Manche potentiellen Probanden sind jedoch nicht in der Lage, eine informierte Zustimmung zu einem Forschungsprojekt zu geben, z. B. weil sie die Aufklärung nicht hinreichend verstehen und daher auch nicht gültig in das Forschungsprojekt einwilligen können. Zu dieser Gruppe der nicht-einwilligungsfähigen Probanden gehören:

- Kinder und Jugendliche,
- Demenzkranke,
- komatöse oder bewusstlose Patienten,
- psychisch kranke Patienten,
- Sterbende.

Patienten oder Probanden die in dieser Weise nur eingeschränkt oder gar nicht einwilligungsfähig sind, werden auch als **vulnerable Gruppen** bezeichnet, weil bei ihnen die Gefahr eines Missbrauchs im Rahmen von Forschungsprojekten besonders groß ist – wie die historische Erfahrung gezeigt hat.

Auch bei Personen, die in einem Abhängigkeitsverhältnis zum Forscher stehen und daher in ihrer Entscheidung nicht (vollständig) frei sind (Doktoranden, Laborkollegen, Mitarbeiter) kann nicht unbedingt von einer freien Zustimmung ausgegangen werden. Das gleiche gilt für Menschen die gegen ihren Willen in einer Einrichtung untergebracht sind, wie z. B. Gefängnisinsassen.

## Forschung an Nicht-Einwilligungsfähigen: pro und kontra

Wenn die Zulässigkeit eines Humanexperimentes ausschließlich von der freiwilligen und aufgeklärten Zustimmung der Versuchsperson abhängt, so wie es z. B. der Nürnberger Kodex fordert, ist jegliche Forschung an Nichteinwilligungsfähigen unzulässig. Es gibt Stimmen, die eine solche strikte Orientierung am Nürnberger Codex fordern, um möglichen Missbrauch auszuschließen: Ein Mensch darf niemals als Mittel zum Zweck der Forschung benutzt werden – es sei denn er stimmt dem nach Aufklärung ausdrücklich zu (▶ Kap. 12.6.2).

Diese Auffassung würde jedoch dazu führen, dass die Entwicklung neuer medizinischer Therapieformen für typische Erkrankungen von nicht-einwilligungsfähigen Patienten unterbleiben müsste (z. B. die Entwicklung medikamentöser Therapien der Alzheimer-Demenz). Schon aus diesem Grund scheint ein vollständiges Verbot der Forschung an nicht-einwilligungsfähigen Patienten zu weit zu gehen, da diese Patientengruppen im Hinblick auf die Entwicklung wirksamer Therapieverfahren für die typischerweise bei ihnen vorkommenden Erkrankungen sonst deutliche Nachteile zu erwarten hätten.

Im Einzelnen werden für die Zulässigkeit der Forschung an Nicht-Einwilligungsfähigen die folgenden Argumente angeführt:

- Der Proband hat in Forschungsprojekten entweder einen **direkten Nutzen** (bei therapeutischen Versuchen) oder zumindest einen **indirekten Nutzen** (verstärkte Zuwendung, bessere Versorgung).
- Durch die Versuche werden für andere in Zukunft von der gleichen Erkrankung betroffene Patienten bessere Therapiemöglichkeiten bestehen: **Gruppennutzen.**
- Bei bestimmten, wenig riskanten Eingriffen (z. B. venösen Blutentnahmen) ist davon auszugehen, dass die nicht-einwilligungsfähige Versuchsperson diesen Eingriff gestatten würde, wenn sie es könnte: **mutmaßliche Zustimmung.**
- Aus Gründen der **Gerechtigkeit** müssen auch Nichteinwilligungsfähige solidarisch ihren Beitrag zum allgemeinen medizinischen Fortschritt und damit zu einer besseren Gesundheitsversorgung der Gesamtbevölkerung leisten.

**Zusammenfassende Bewertung:** Der Respekt vor der körperlichen Unversehrtheit und das Verbot der Instrumentalisierung des Menschen im Namen von Forschungsinteressen sind ethische Grundwerte (▶ Kap. 12.6.2). Daher ist für die Durchführung von Forschung am Menschen eine aufgeklärte Einwilligung des Probanden in der Regel unverzichtbar.

Bei nichteinwilligungsfähigen Probanden ist eine **rein fremdnützige Forschung** ethisch nicht vertretbar, da der Instrumentalisierung des Probanden kein zumindest möglicher Nutzen für ihn selbst gegenübersteht.

Das Konzept einer **mutmaßlichen Zustimmung** bei Eingriffen mit geringem Risiko ist ethisch wenig tragfähig, da sich 1. ein »geringes Risiko« nicht immer hinreichend genau bestimmen lässt und 2. auch geringe Eingriffe ohne Einwilligung eine ethisch unzulässige Instrumentalisierung des Betroffenen darstellen.

Die Berufung auf die notwendige **Solidarität** Nicht-Einwilligungsfähiger mit der übrigen Bevölkerung im Sinne einer gerechten Aufteilung der »Forschungslast« ist irreführend. Solidarität wäre zunächst von den Stärkeren gegenüber den Schwächeren und Verletzlicheren zu leisten; sie kann nicht als Bringschuld einer ohnehin durch ihre Erkrankung benachteiligten Gruppe aufgefasst werden. Zudem setzt Solidarität immer Freiwilligkeit voraus. Eine solche freiwillige Einwilligung in eine Solidaritätspflicht kann bei nicht-einwilligungsfähigen Probanden naturgemäß nicht gegeben sein. Grundsätzlich ist zudem die Berufung auf das Gemeinwohl zur Einschränkung des Rechts auf individuelle körperliche Unversehrtheit ethisch nicht vertretbar (▶ Kap. 12.4.3).

Die Situation stellt sich anders dar, wenn Forschungsprojekte an nicht-einwilligungsfähige Probanden Erkrankungen betreffen **an denen die Probanden selbst leiden.** Die Forschung würde dann entweder dem Patienten selbst oder künftigen Patienten mit der gleichen Erkrankung zumindest potentiell Nutzen bringen: **Eigennutzen** oder **Gruppennutzen.**

> Ein bloßer Gruppennutzen ist streng betrachtet natürlich auch nur ein Nutzen »für Dritte« und nicht für den Patienten selbst. Trotzdem ist gruppennützige Forschung aus ethischer Sicht unproblematischer als rein fremdnützige Forschung, da der Proband zumindest über seine Erkrankung in einer **Beziehung zu den zukünftigen Patienten** steht, die von seiner jetzigen Studienteilnahme möglicherweise in Zukunft profitieren können. Die Gruppe zukünftiger Kranken ist ihm als »Mitleidenden« näher, als es die rein wissenschaftlichen Interessen fremdnütziger Forschung wären.

Hier kann daher eine **Abwägung** zwischen dem möglichen Eigennutzen oder Gruppennutzen und der Art und Schwere des Eingriffs in die körperliche Unversehrtheit aus ethischer Sicht erlaubt sein. So könnte ein Forschungsprojekt ethisch zulässig sein, wenn die Erkrankung schwerwiegend, die Chance auf Entwicklung einer wirksamen Therapieoption groß und die Risiken für den Probanden gering wären. Diese Abwägung darf jedoch nicht dem Forscher selbst überlassen werden. Vielmehr müssen **rechtliche** (▶ Kap.9.4.1) **und organisatorische** (▶ Kap. 9.4.2) **Rahmenbedingungen** für eine unabhängige Beurteilung geschaffen werden. Ziel ist es, die vulnerable Gruppe der nicht-einwilligungsfähigen Patienten vor unzumutbaren Risiken und missbräuchlicher Instrumentalisierung zu schützen und zugleich die wissenschaftliche Erforschung der Erkrankungen, an denen sie leiden, zu ermöglichen.


### 9.3.3   Gute wissenschaftliche Praxis

Spätestens nach den Fälschungsskandalen der 1990er Jahre ist nicht mehr zu übersehen, dass Wissenschaftler anfällig für Manipulationen von Forschungsergebnissen sind. Dies vor allem aufgrund des enormen Publikationsdrucks, von dem die Karriere und damit die eigene wirtschaftliche Existenz in hohem Maße abhängen. In der Folge dieser Skandale entstanden zahlreiche Regelwerke, die Wissenschaftler zu **guter wissenschaftlicher Praxis** anhalten sollten. Diese Regelwerke verpflichten die Mitglieder einer Forschergruppe zur Wahrung allgemeiner Prinzipien wissenschaftlichen Arbeitens, zum verantwortungsvollen Umgang mit Daten, zu einer verantwortlichen Publikationspraxis und zu aufmerksamer und ehrlichen Förderung des wissenschaftlichen Nachwuchses.

Als **wissenschaftliches Fehlverhalten** werden Verstöße gegen diese Grundsätze guter wissenschaftlicher Praxis bezeichnet. Dazu gehören:

- Erfinden von Daten,
- Manipulation von Ergebnissen,
- Antragsfälschung,
- Verletzung geistigen Eigentums (Plagiat, Anmaßung von Autorenschaft, Ideendiebstahl),
- Sabotage wissenschaftlicher Arbeit,
- Vernachlässigung der Aufsichtspflicht.

In den Satzungen zur Sicherung guter wissenschaftlicher Praxis sind die Regeln zum Umgang mit wissenschaftlichem Fehlverhalten häufig sehr umfangreich. Dort sind die Bestimmungen zu **Ombudspersonen** und **Kommissionen** geregelt, die sich mit Vorwürfen gegen Wissenschaftler ihrer Institution auseinander setzen müssen.

## Lernen guter wissenschaftlicher Praxis

Gute wissenschaftliche Praxis muss, wie jede andere Kompetenz, gelernt und geübt werden. Zu Inhalten und Zielen des zu Lernenden bestehen zwei gegensätzliche Konzepte:

1. Der **Compliance-Ansatz** setzt auf die Befolgung »von oben« vorgegebener Regeln, für deren Nichteinhaltung der einzelne Wissenschaftler sanktioniert werden kann. Diesem Ansatz liegt eine Verhinderungslogik zu Grunde: Durch Bestrafung soll ein unerwünschtes Verhalten verhindert werden.

2. Der **Integrity-Ansatz** hingegen beruht auf einer Sensibilisierung aller Mitglieder einer Organisation für gemeinsame Werte, Normen und Spielregeln. Er stärkt dadurch das eigenverantwortliche Handeln im Sinne einer

Ermöglichungslogik (Sponholz 2004). Kommunikation und das Anerkennen der Notwendigkeit lebenslangen Lernens sind für diese Form der Einübung guter wissenschaftlicher Praxis unverzichtbare Bedingungen.

Es scheint zweifelhaft, ob die weitere Ausbreitung von Regelwerken im Sinne des Compliance-Ansatzes die Manipulation wissenschaftlicher Forschungsarbeiten nachhaltig verhindern kann. Es kommt vielmehr darauf an, im Forschungsteam eine »Arbeitsatmosphäre« zu schaffen, die ein individuelles Verhalten im Sinne der Richtlinien guter Praxis ermöglicht und stützt (Sponholz 2004).

So wie moralisch angemessenes Verhalten nicht auf der detailgenauen Befolgung verhaltenssteuernder Regeln beruht, sondern auf der Einsicht des Handelnden in die Moralität seines Tuns – so entsteht eine gute Forschungspraxis nicht durch Abarbeiten eines Regelkatalogs, sondern nur aus Einsicht und Selbstverpflichtung des Forschenden.

> Neben diesen organisationsethischen Rahmenbedingungen innerhalb eines Forschungsteams spielt jedoch auch der gesellschaftliche Kontext wissenschaftlicher Forschung eine entscheidende Rolle. Solange die wissenschaftliche Reputation maßgeblich an der Quantität der wissenschaftlichen Produktion festgemacht wird, bleibt die Versuchung groß, z. B. durch Datenmanipulationen den wissenschaftlichen *output* auf das geforderte Maß zu erhöhen.

## 9.4    Rechtlicher Kontext

*Peter W. Gaidzik*

### 9.4.1    Forschungsrelevante Gesetze und Verordnungen

Seit den 60er Jahren des 20. Jahrhunderts wird die Forschung am Menschen auch rechtlich zunehmend reguliert. Motiv hierfür waren nicht nur die Erfahrungen mit den Menschenversuchen im Dritten Reich, sondern ganz generell die Erkenntnis, dass im Bereich der klinischen Forschung Interessen wie Forscherehrgeiz oder kommerzielle Ergebnisverwertung bestehen können, die nicht selten die Persönlichkeitsrechte der Studienteilnehmer in den Hintergrund treten lassen - bis hin zur akuten Gefährdung von Leib und Leben des Probanden.

Dieser Konflikt lässt es ratsam erscheinen, rechtliche Rahmenbedingungen vorzugeben, welche die Position des Probanden stärken. Nachdem man zunächst dieses Problem über die finanzielle Forschungsförderung zu lösen versuchte, indem man entsprechende Gelder der öffentlichen Hand von der Einhaltung bestimmter ethischer Standards abhängig machte, sah man schon bald die Notwendigkeit rechtlicher Rahmenbedingungen für die Forschung am Menschen ein.

In Deutschland gab und gibt es bis heute keine eigenständige Kodifikation biomedizinischer Forschung. Vielmehr existieren für die einzelnen Forschungsbereiche unterschiedliche Gesetze und Verordnungen:

- Arzneimittelgesetz (AMG) mit Durchführungsverordnung (GCP-V)
- Medizinproduktegesetz (MPG)
- Strahlenschutzverordnung
- Röntgenverordnung
- Ärztliches Berufsrecht

Die Verwendung menschlicher Gewebe oder Zellen für experimentelle Zwecke wird darüber hinaus von folgenden Gesetzen geregelt:

- Transplantationsgesetz
- Embryonenschutzgesetz

Rechtlich bedeutsam ist die Differenzierung rein forschungsmotivierter Forschung am Menschen (= Humanexperiment) und solchen (Behandlungs-) Versuchen, die mit einem wenigstens potentiellen therapeutischen Nutzens für den jeweils Betroffenen verbunden sind: therapeutischer oder Heilversuch (▶ Kap. 9.3.1). Während Heilversuche unter Beachtung erhöhter Anforderungen an Einwilligung und Aufklärung rechtlich zumeist unbedenklich sein werden, unterliegen Humanexperimente verständlicherweise engeren Zulässigkeitsvoraussetzungen. Dies gilt erst recht, wenn besonders verletzliche Bevölkerungsgruppen betroffen sind, wie z. B. Minderjährige oder nicht-einwilligungsfähige Erwachsene.

## Klinische Studien nach dem Arzneimittelgesetz

Für die Durchführung klinischer Studien mit Arzneimitteln sind die Vorschriften des Arzneimittelgesetzes (AMG) maßgebend. Hier werden für verschiedene Probanden- bzw. Patientengruppen sehr detailliert die Voraussetzungen festgelegt, unter denen sie an einer klinischen Studie teilnehmen dürfen. Das Gesetz differenziert zwischen gesunden (= Probanden) und kranken Studienteilnehmern (= Patienten) einerseits und zwischen Minderjährigen und (nicht-) einwilligungsfähigen Erwachsenen andererseits.

Mit **volljährigen und einwilligungsfähigen Probanden** sind Studien zur Wirkung von Arzneimitteln am Menschen nur dann zulässig, wenn und solange u.a. die folgenden Bedingungen erfüllt sind (§40 Abs. 1 bis 3 AMG):

- Die Risiken im Verhältnis zum Nutzen für die Person und zur Bedeutung des Arzneimittels für die Heilkunde müssen vertretbar erscheinen.
- Eine pharmakologisch-toxikologische Prüfung des Arzneimittels muss erfolgt sein.
- Die Probanden dürfen nicht in einer Anstalt (Strafanstalt; psychiatrische Klinik) untergebracht sein.
- Einrichtung und Prüfer müssen eine ausreichende fachliche Eignung für die Durchführung der Prüfung haben.
- Zugunsten der Probanden muss eine Versicherung bestehen, die auch Leistungen gewährt, wenn kein anderer für einen Schaden haftet.
- Die Probanden müssen durch einen Arzt über die Prüfung aufgeklärt werden und in die Prüfung einwilligen. Aufgeklärt werden muss  über (1) Wesen, Bedeutung, Risiken und Tragweite der klinischen Prüfung, (2) das Recht der Probanden die Teilnahme an der Prüfung jederzeit zu beenden, (3) Zweck und Umfang der Erhebung personenbezogener Daten.
- Die zuständige Ethik-Kommission muss die Studie zustimmend bewerten.
- Die zuständige Bundesoberbehörde (Bundesinstitut für Arzneimittel und Medizinprodukte) muss die Studie genehmigen.

Studien an **gesunden Minderjährigen** sind zusätzlichen Einschränkungen unterworfen (§ 40 Abs. 4 AMG):

- Das Prüfpräparat muss zum Erkennen und Verhüten von Krankheiten bei Minderjährigen medizinisch indiziert sein
- Eine Prüfung an Erwachsenen lässt keine ausreichenden Prüfergebnisse erwarten.
- Der gesetzliche Vertreter muss entsprechend dem mutmaßlichen Willen des Minderjährigen einwilligen und der Minderjährige, wenn er dazu bereits in der Lage ist, der Prüfung ebenfalls zustimmen.

- Die Prüfung muss mit möglichst wenig Belastungen und Risiken verbunden sein.

Für Studien mit **minderjährigen oder volljährigen Patienten** werden diese Bestimmungen teils einengend, teils erweiternd modifiziert (§ 41 AMG). Zulässigkeitsvoraussetzung ist zunächst, dass die Patienten an der Erkrankung leiden, zu deren Behandlung das zu prüfende Arzneimittel vorgesehen ist. Im Unterschied zu Probanden kann hier in **Notfallsituationen** auf die vorherige Aufklärung und Einwilligung verzichtet werden, sofern die Behandlung ohne Aufschub erforderlich ist. Beides ist unverzüglich nachzuholen, sobald der Patient die Einwilligungsfähigkeit wiedererlangt hat bzw. bei absehbar längerfristiger Einwilligungsunfähigkeit ein Betreuer bestellt wurde. Zusätzlich gelten die folgenden Schutzbestimmungen:

**Erkrankte Erwachsene.** Das Prüfmedikament muss entweder mit einem **individuellen Nutzen** für Überleben, Gesundheit oder Leidenslinderung des Probanden **oder** mit einem **direkten Gruppennutzen** für Patienten mit der gleichen Erkrankung verbunden sein.

**Erkrankte Minderjährige.** Das Prüfmedikament muss mit einem **individuellen Nutzen** im Hinblick auf das Überleben, die Gesundheit oder die Leidenslinderung verbunden sein. Ist lediglich ein **Gruppennutzen** zu erwarten, darf die Prüfung nur ein **minimales Risiko** und eine **minimale Belastung** aufweisen. Sie muss sich zudem auf einen klinischen Zustand beziehen, an dem der Minderjährige leidet.

**Erkrankte volljährige aber nicht-einwilligungsfähige Patienten.** Auch hier muss das Prüfmedikament mit einem **individuellen Nutzen** im Hinblick auf das Überleben, die Gesundheit oder die Leidenslinderung verbunden sein. Die Prüfung muss sich aber zusätzlich auf einen **lebensbedrohlichen oder sehr geschwächten klinischen Zustand** des Patienten beziehen. Zudem muss die begründete Erwartung bestehen, dass der **Nutzen** der Prüfung für den Patienten **größer** ist **als das Risiko** und dass die Prüfung mit **möglichst wenigen Belastungen** verbunden sein wird. Eine **nur gruppennützige Forschung** an nicht-einwilligungsfähigen Erwachsenen **ist generell unzulässig.**

## 9.4.2  Ethikkommissionen

In der Helsinki-Deklaration wird seit der Überarbeitung aus dem Jahr 1975 die Einrichtung von Ethikkommissionen gefordert, welche die Vorbereitung und Durchführung von wissenschaftlichen Versuchen am Menschen begleiten und bewerten sollen. Mittlerweile existieren bundesweit über 50 auf der Grundlage der Landesgesetze gebildete Ethikkommissionen, angesiedelt bei den Ärztekammern und den medizinischen Fakultäten der Universitäten. Hinzu kommen zentrale Ethikkommissionen auf der Ebene der Bundesärztekammer mit der speziellen Aufgabe, zu einzelnen Forschungs- und Therapiebereichen Leitlinien/Empfehlungen zu entwickeln, einige freie, d.h. institutionell nicht angebundene Ethikkommissionen sowie Ethikkommissionen für nichtärztliche Bereiche, z. B. der Pflegewissenschaften oder der Psychologie. Das Aufgabenfeld von Ethikkommissionen in dem hier gewählten Begriffsverständnis erstreckt sich ausschließlich auf die Beurteilung von Forschungsprojekten. Nicht zu verwechseln hiermit sind klinikinterne Gremien, die als **Ethik-Komitees** oder **Ethik-Konsile** therapeutische Einzelentscheidungen beratend begleiten.

Rechtsgrundlagen der Tätigkeit von **Forschungs-Ethikkommissionen** finden sich in allgemeiner Hinsicht in den berufsrechtlichen Bestimmungen insbesondere der Ärzteschaft und darüber hinaus in gesetzlichen Bestimmungen zu einzelnen Forschungssektoren. So heißt es in § 15 der Musterberufsordnung der Ärzte (MBO-Ä):

Ärztinnen und Ärzte müssen sich vor der Durchführung biomedizinischer Forschung am Menschen, vor der Forschung mit vitalen menschlichen Gameten und lebendem embryonalem Gewebe sowie vor der epidemiologischen Forschung mit personenbezogenen Daten durch die Ethikkommission bei der Landesärztekammer oder eine bei den Universitäten des Landes errichtete Ethikkommission beraten lassen.

Für den Bereich der Arzneimittel- oder Medizinproduktestudien halten das AMG (§§ 40 ff.) mit der GCP-V und das MPG (§ 20) spezielle Rechtsgrundlagen für die Ethikkommissionen bereit, einschließlich des inhaltlichen Prüfungsmaßstabs. Die Vertretbarkeit des Nutzen-Risiko-Verhältnisses, die methodische Validität des Studiendesigns, einschließlich der statistischen Datenauswertung sind neben der Wahrung des Selbstbestimmungsrechts der Studienteilnehmer ebenso zu prüfen, wie der ausreichende Versicherungsschutz im Schadensfall. Daneben gilt es ganz allgemein, die Vorgaben des Datenschutzrechtes sowie internationaler Konventionen zur Durchführung biomedizinischer Forschungsprojekte, wie z. B. die schon erwähnte Deklaration von Helsinki, zu beachten. Letzteres trifft auch auf die berufsrechtliche Beratung gemäß § 15 MBO-Ä zu.

Bemerkenswert ist in diesem Zusammenhang, dass die Ethikkommissionen bei Arzneimittelstudien seit der letzten Novellierung des AMG im Jahr 2005 eine Studie nicht mehr nur zu »beraten«, sondern explizit zu »genehmigen« haben, bevor die Studie durchgeführt werden darf. Den Kommissionen kommt somit seither auf dem Arzneimittelsektor Behördenqualität zu. Diese Tendenz scheint nur vordergründig die Position der Ethikkommissionen zu stärken. Vielmehr werden sie zukünftig weit stärker als bisher die mögliche gerichtliche Kontrolle ihrer Entscheidungen zu berücksichtigen haben, mit der Folge, dass nicht mehr die ethische Vorzugswürdigkeit einer Beurteilung, sondern deren »Gerichtsfestigkeit« den maßgeblichen Parameter liefern dürfte.

Wenn an einem Menschen ein noch nicht ausreichend erprobtes Verfahren angewandt, also ein Heilversuch durchgeführt wird, so unterliegt dies **nicht** der Beratungspflicht der Ethikkommissionen, selbst wenn damit auch ein wissenschaftlicher Zweck verfolgt wird. Die sonstigen Anforderungen an die Rechtmäßigkeit einer Heilbehandlung (direkte oder stellvertretende Aufklärung und Zustimmung, Abwägung von Nutzen und Risiko, ▶ Kap. 1.7) gelten als allgemeine Prinzipien des Medizinrechts jedoch auch hier.

## ❷ Übungsfragen

1. Worin besteht aus ethischer Sicht der Unterschied zwischen therapeutischen und wissenschaftlichen Versuchen?
2. Welche Argumente lassen sich für und gegen die Zulässigkeit von Humanexperimenten an Nichteinwilligungsfähigen anführen?
3. In welchem Punkt unterscheiden sich der Nürnberger Kodex und die Helsinki-Deklaration grundsätzlich voneinander?
4. Was sind die Aufgaben einer Ethik-Kommission?

## Zur Vertiefung

Weltärztebund: Ethische Grundsätze für die medizinische Forschung am Menschen. Deklaration des Weltärztebundes von Helsinki. Ausgabe von Tokio, 2004. Online im Internet. URL: http://www.bundesaerztekammer.de/20/05Rechte/DeklHelsinki.pdf (13.10.2006)

Wiesing U, Simon A, von Engelhardt D (Hrsg) (2000) Ethik in der medizinischen Forschung. Schattauer, Stuttgart. [*Von philosophischen Überlegungen zur Forschung an Nichteinwilligungsfähigen bis hin zur praktischen Forschungsethik. Kurzer und verständlicher Sammelband*]

# 10 Mittelverteilung im Gesundheitswesen

*Christian Hick, Andrea Ziegler*

 **Einleitung**

Konflikte zwischen den medizinischen Bedürfnissen des Patienten und den ökonomischen Zwängen des Gesundheitssystems werden in Zukunft immer häufiger auftreten. Die gerechte Verteilung von Mitteln im Gesundheitswesen ist dabei nicht bloß eine politische, sondern vor allem eine ethische Frage: Welches Gesundheitsverständnis und welches Gerechtigkeitsmodell sollen zugrunde gelegt werden? Vor dem Hintergrund dieser Wertentscheidungen lassen sich die in der klinischen Praxis oft verdeckten und impliziten Rationierungsentscheidungen ethisch beurteilen.

## 10.1   Begriffsklärung

Die Ethik der Mittelverteilung im Gesundheitswesen prüft Kriterien, die eine gerechte Zuteilung (= Allokation) knapper Güter (= Ressourcen) ermöglichen; sie beschäftigt sich also mit Fragen der gerechten **Ressourcenallokation**. Dabei geht es auch um die Frage, wer welche Gesundheitsleistungen in Anspruch nehmen kann – und wer dafür bezahlt. Staatlich finanzierte Gesundheitsleistungen stehen – bei begrenztem Gesamtbudget – zudem in Konkurrenz zu anderen öffentlich finanzierten Aufgaben wie Bildung, Kultur oder Sicherheit. Daher muss auch versucht werden, ein Kriterium zu entwickeln, mit dem der nach Meinung mancher Kritiker zu stark wachsende Leistungsumfang des Gesundheitssystems auf das »**medizinisch Notwendige**« eingegrenzt werden kann.

## 10.2   Ethische Perspektiven

Der medizinisch-technische Fortschritt ermöglicht immer neue, meist kostspieligere Diagnose- und Therapieverfahren. Aber auch eine Reihe anderer Faktoren sind für die Zunahme der Kosten im Gesundheitswesen verantwortlich:

- Überalterung der Bevölkerung
- Veränderung des Krankheitsspektrums hin zu mehr chronischen Erkrankungen
- Zunahme von Einzelhaushalten

- gestiegene Anspruchshaltung der Versicherten
- vermehrte, übermäßige oder missbräuchliche Inanspruchnahme von Gesundheitsleistungen
- oft schwierige Abgrenzung von Krankheiten, Befindlichkeitsstörungen und Lifestyle-Wünschen.

Als politische Reaktion auf diese Veränderungen wurden ad hoc und bei oft fehlender Folgenabschätzung Budgetbeschränkungen und Mittelkürzungen im Gesundheitswesen beschlossen, ohne die diesen Kürzungen zugrunde liegenden ethischen Wertentscheidungen offen zu legen.

Vor einer Entscheidung über eine angemessene Mittelverteilung im Gesundheitswesen müssen aber zwei ethische Fragen beantwortet werden:

1. Wie lässt sich **Gesundheit von Krankheit unterscheiden** und welche ethisch relevanten Werturteile spielen hierbei eine Rolle? Mit anderen Worten: Wo beginnt die Zuständigkeit des Gesundheitssystems und wo endet sie? (► Kap. 10.2.1).
2. Ist ein **gleicher Zugang zu Gesundheitsleistungen** ethisch geboten? (► Kap. 10.2.2). Hier geht es um die Frage, ob eine Gesellschaft den Zugang zu Gesundheitsleistungen auch für diejenigen ihrer Mitglieder ermöglichen muss, die für diese Leistungen nicht selbst bezahlen können.

## 10.2.1 Gesund oder krank?

Die Klärung der Frage, was eigentlich unter Gesundheit zu verstehen ist, und wie sie sich eindeutig von Krankheitszuständen abgrenzen lässt, ist nicht nur eine medizintheoretisch wichtige Frage. Sie ist vor allem auch deshalb wichtig, weil die Unterscheidung zwischen gesund und krank für ein Recht auf medizinische Leistungen nach dem **Sozialgesetzbuch** (SGB) maßgeblich ist:

Versicherte haben Anspruch auf Krankenbehandlung, wenn sie notwendig ist, um eine Krankheit zu erkennen, zu heilen, ihre Verschlimmerung zu verhüten oder Krankheitsbeschwerden zu lindern (SGB V, § 27).

Die zur Anwendung des Gesetzes zu treffende Unterscheidung von »gesund« und »krank« ist jedoch keineswegs trivial. Sie setzt eine klare, begriffliche Abgrenzung von Gesundheit und Krankheit voraus. Zwei unterschiedliche Auffassungen stehen sich hier gegenüber:

## Naturalistische Gesundheitsauffassung

Vertreter dieser Auffassung gehen davon aus, dass sich anhand von **objektiven, naturwissenschaftlichen Kriterien** bestimmen lässt, wer gesund ist. Gesundheit ist nämlich nichts anderes als die **speziestypische Normalfunktion des Organismus** (Boorse, 1981). Die normale Funktion biologischer Organismen, so auch der Menschen, zielt vor allem auf das individuelle Überleben und die Reproduktion der Spezies. Was alters- und geschlechtsspezifisch typische Normalfunktionen sind, lässt sich mit Hilfe statistischer Verfahren ermitteln: **biostatistisches Gesundheitsmodell.** Entscheidend für den Krankheitswert einer Veränderung ist die Abweichung von einem als natürlich angesehenen Mittelwert in der jeweiligen Population: **naturalistische Gesundheitsauffassung.**

Wenn die Unterscheidung von gesund und krank allein auf objektiven biostatistischen Kriterien beruht, haben bloß subjektiv geklagte **Befindlichkeitsstörungen** keinen Krankheitswert. Auch statistisch normale **Alterungsprozesse** (z.B. arteriosklerotische Veränderungen, Gelenkverschleiß, Altersweitsichtigkeit) sind nach dieser Auffassung keine Erkrankung, sofern sie vom statistischen Normwert der Referenzgruppe gleichen Alters und gleichen Geschlechts nicht abweichen.

**Kritische Würdigung:** Das biostatistische Gesundheitsmodell hat den unbestreitbaren Vorzug, eindeutige, objektiv-messbare Kriterien für eine Unterscheidung von Gesundheit und Krankheit anzubieten. Es ist jedoch in wichtigen Bereichen unzureichend:

- Es unterschätzt die **subjektive Dimension** menschlicher Erkrankungen. Bei gleicher objektiver Abweichung vom Normwert können ganz unterschiedliche subjektiv-klinische Symptome und Leiden bestehen (z.B. bei degenerativen Gelenkerkrankungen).
- Es gibt keine Antwort auf die Frage, **wie groß die Abweichung** von der speziestypischen Normalfunktion sein muss, um Krankheitswert zu haben.
- Es übersieht, dass die als »natürlich« geltende Funktionsweise des Menschen – sein *natural design* (Boorse) – einem durch den Fortschritt der medizinischen Möglichkeiten und Hilfsmittel bedingten **historischen Wahrnehmungswandel unterworfen** ist. Was früher als natürlich galt und daher für ein biostatistisches Gesundheitsmodell »normal und gesund« war (z.B. Fehlsichtigkeit, Altersschwerhörigkeit) ist durch die Entwicklung und Verbreitung medizinischer Therapien oder Hilfsmittel (Brillen, Hörgeräte) zu einem nicht mehr normalen, »unnatürlichen« Zustand gewor-

den, dem daher Krankheitswert zuzusprechen ist. Die Medizin beeinflusst also, was als »natürlich« wahrgenommen wird. Die Grenzen zwischen gesund (normal) und krank (statistisch abweichend) sind daher nicht so unveränderlich, wie es der Bezug auf eine unveränderlich gedachte »menschliche Natur« glauben lässt.

## Nicht-naturalistische Gesundheitsauffassungen

Um diese Unzulänglichkeiten der naturalistischen Gesundheitsauffassung zu vermeiden, betonen nicht-naturalistische Gesundheitsmodelle vor allem die erlebte Dimension einer psychischen oder physischen Funktionsveränderung. Eine solche Veränderung wäre dann als Krankheit zu werten, wenn sie **subjektives Leiden** verursacht oder die **Erreichung wichtiger Lebensziele** behindert. Auch der **gesellschaftliche Kontext** beeinflusst, was als Erkrankung angesehen wird und was nicht. So galten bestimmte Zustände früher als Krankheit, die es heute nicht mehr sind: Homosexualität, Masturbation, oder die Drapetomania, eine psychische Erkrankung von Sklaven deren Hauptsymptom darin bestand, dass sie ihren Herren davonzulaufen versuchten (Cartwright, 1851).

Eine prägnante nicht-naturalistische Gesundheitsdefinition gibt Nordenfelt (1987): Gesund ist, wer die für sein **minimales Glück** erforderlichen **wichtigen Lebensziele** erreichen kann.

**Kritische Würdigung:** Eine nicht-naturalistische Gesundheitsauffassung berücksichtigt die Tatsache, dass Krankheit neben einer objektivierbaren, pathophysiologisch fassbaren Funktionsstörung immer auch eine subjektive Dimension und einen kulturellen Kontext hat. Gegenüber der utopischen Gesundheitsdefinition der WHO – »*health is a state of complete physical, mental and social well-being*« – hat die oben angeführte Definition von Nordenfelt zudem den Vorzug, dass sie keine Maximalanforderungen stellt. Für ein »minimales Glück« dürften geringere Gesundheitsressourcen erforderlich sein als für ein »vollständiges Wohlbefinden«.

Jeder nicht-naturalistische Gesundheitsdefinition, welche die Unterscheidung zwischen gesund und krank von objektiv feststellbaren Normabweichungen abkoppelt und »Glück«, »Wohlbefinden« oder »wichtige Lebensziele« als Kriterien benennt weist jedoch einen grundlegenden Nachteil auf: Der Bereich medizinischer Eingriffe (und damit der Leistungsumfang des Gesundheitssystems) erscheint dadurch als fast beliebig ausweitbar. Schönheitschirurgische Operationen beispielsweise müssten schon dann als Beseitigung einer Erkrankung gelten, wenn nur durch sie ein »minimales Lebensglück« des Betroffenen sichergestellt werden könnte. Aber auch eine weitergehende genetische Verbesserung menschlicher Eigenschaften über das Maß des »Normalen« hinaus, das sogenannte *enhancement*, könnte für eine nicht-naturalistische Gesundheitsauffassung in Zukunft zu einer medizinischen Aufgabe werden, sofern ein subjektiver Leidensdruck besteht:

---

**Der Fall**

Daniel-7 ist unglücklich, weil ihm ein medizinischer Eingriff, den er selbst nicht bezahlen kann, vorenthalten wird. Dadurch ist die nachhaltige Erreichung seiner Lebensziele in Frage gestellt. Schon die bahnbrechenden Tierexperimente von Tang (1999) und Routtenberg (2000) hatten eine gesteigerte Gedächtnisaktivität bei transgenen Mäusen nach genetischem *enhancement* zellulärer Rezeptor-Proteine nachgewiesen. Die erste Pilotstudie an Menschen vor mehr als zwanzig Jahren (Rousseau et al., 2025) konnte dann zeigen, dass auch bei Menschen die gentechnische Verstärkung von beta-c1-NMDA-Rezeptoren, die für die Initialphase synaptischer Lernvorgänge verantwortlich sind, zu einer nachhaltigen Steigerung der Gedächtnisfunktionen führt. Allerdings blieb dieses von der Kölner GenMem GmbH entwickelte und patentierte Verfahren, dessen molekulare Details nie vollständig publiziert wurden, wegen der enormen Kosten und der Notwendigkeit einer alle drei Monate zu wiederholenden Behandlung, bislang Selbstzahlern vorbehalten. Daniel-7 würde von einem solchem *memory enhancement* besonders profitieren, da er bei der jährlichen Gedächtnisevaluation seines Lehrerkollektivs, selbst in der Gruppe der *native memorizer*, stets einen der hinteren Plätze belegt und dadurch jedes Jahr aufs neue den Verlust seines Arbeitsplatzes befürchten muss. Vor dem Sozialgericht fordert er gesellschaftliche Solidarität: Eine unzureichende Gedächtnisfunktion gestatte es ihm zunehmend weniger, im Wettbewerb zu bestehen und seine Lebensziele zu erreichen. Seine nicht-verstärkte Gedächtnisleistung müsse daher als Erkrankung gewertet werden, wodurch sich eine Leistungspflicht der Sozialversicherung ergäbe.

---

Medizinische *enhancement*-Verfahren am Menschen sind bislang – trotz erster tierexperimenteller Erfolge – noch Utopie. So reizvoll manche genetischen *enhancement*-Wünsche, wie eine verstärkte Strahlen- und Umweltgiftresistenz, eine Steigerung der Produktion von Anti-Oxydantien oder eine Verlangsamung des Zellalterns durch eine Verbesserung der Telomerase-Aktivität auch sein mögen – sie werden sich in absehbarer Zeit wohl nicht realisieren lassen.

Doch auch bei heute schon verfügbaren Therapien, wie etwa der Infertilitätsbehandlung oder der Therapie der erektilen Dysfunktion stellte sich die Frage, ob die zugrunde liegende Funktionsstörung in jedem Fall Krankheitswert besitzt und damit die Leistungspflicht eines solidarischen Gesundheitssystems begründet. Sollten in nicht allzu ferner Zukunft Anti-Adipositas-Medikamente mit attraktivem Nutzen-/Risikoprofil zur Verfügung stehen, wird sich diese Frage verschärft aufs Neue stellen (▶ 10.2.4, Frau Alberts).

## Zusammenfassende Bewertung

Die Wahl zwischen einer »engen«, naturalistisch-objektiven oder einer »weiten« nicht-naturalistischen Gesundheitsauffassung ist eine **Wertentscheidung** und damit eine ethische Entscheidung (▶ Kap. 12.2.1). Befürworter einer naturalistischen Gesundheitsanschauung vertreten die Position, dass subjektive und soziale Faktoren, bei der Kategorisierung einer Funktionsstörung als Krankheit unbeachtlich **sein sollen**. Bei der Wahl einer nicht-naturalistischen Gesundheitsauffassung erfolgt die Krankheitszuschreibung dagegen »ganzheitlicher« unter Berücksichtigung der subjektiven und kulturellen Einschätzung der Funktionsstörung und unter Relativierung der Bedeutung einer objektiv feststellbaren biologischen Basis.

In der medizinischen Praxis dürften sich beide Gesundheitsauffassungen als Extrempositionen angesichts der Vielfalt unterschiedlicher Krankheitsbilder als zu einseitig erweisen. Aus beiden Modellen lassen sich jedoch drei Kriterien gewinnen, die für die Unterscheidung von Gesundheit und Krankheit besonders wichtig sind:

1. ein signifikantes **subjektives Leiden**
2. eine Einschränkung der **Handlungsfreiheit** im Hinblick auf wichtige Lebensziele
3. eine vom »**Normalzustand**« **abweichende** physische oder psychische Funktion des Organismus

Die Kriterien eines solchen **dreidimensionalen Krankheitsmodells** können bei den verschiedenen Erkrankungen in unterschiedlichem Ausmaß erfüllt sein, so dass oft eine Prüfung des Einzelfalls erforderlich ist. Durch den Bezug auf einen objektiv feststellbaren »Normalzustand« des Organismus ist sichergestellt, dass Maßnahmen eines reinen *enhancements* nicht als Therapie einer Erkrankung gelten können. Zumindest solange sich der »Normbereich« des Organismus nicht durch medizinische Eingriffe verschoben hat…

---

**Der Fall**

Daniel-7 (▶ o.) verweist in der Verhandlung auf Studien, nach denen diese Verschiebung des Normbereichs tatsächlich zu beobachten ist. Durch anhaltendes *memory-enhancement* von Selbstzahlern hat sich in den letzten zwei Jahrzehnten der statistische Normalbereich der Gedächtnisfunktion verschoben. Sein defizientes Gedächtnis ist also mittlerweile eine Abweichung von der empirisch zu beobachtenden Normalfunktion – und also auch nach der biostatistischen Auffassung eine Krankheit.

---

Dieser Einwand macht deutlich, dass auf lange Sicht ein **Wandel der Gesundheitsnormen** durch medizinische Eingriffe nicht grundsätzlich auszuschließen ist – und die Unterscheidungskriterien von Gesundheit und Krankheit entsprechend angepasst werden müssten.

Mittelfristig dürfte jedoch die Synthese des dreidimensionalen Gesundheitsmodells ausreichen, um Krankheitszustände hinreichend zuverlässig abzugrenzen und dadurch den Umfang der notwendigen Gesundheitsleistungen zu bestimmen. Bei neu entwickelten medizinischen Eingriffsmöglichkeiten kann anhand der drei Kriterien im Einzelfall geprüft werden, ob sie sich auf eine Veränderung mit Krankheitswert beziehen und daher die »medizinische Notwendigkeit« einer Behandlung besteht oder nicht (▶ Kap.10.2.4).

❯ Nur durch einen Krankheitsbegriff, der sich auf objektivierbare Kriterien bezieht, kann eine potentiell grenzenlose **Ausweitung von Gesundheitsleistungen** vermieden werden. Dieser eingegrenzte Krankheitsbegriff ist auch die Voraussetzung dafür, dass eine Begrenzung der Gesundheitskosten im Rahmen des gesellschaftlichen Gesamtbudgets gelingt, und nicht andere gesellschaftliche Aufgaben (Bildung, Kultur, Sicherheit etc.) zunehmend zurückgedrängt werden. Nicht zuletzt lässt sich nur bei einem eingegrenzten Krankheitsbegriff – und dadurch begrenzbaren Kosten – ein **solidarisch finanziertes Gesundheitssystem** ethisch rechtfertigen (▶ Kap. 10.2.2).

## 10.2.2 Gleicher Zugang zu Gesundheitsleistungen?

Krankheiten sind in den meisten Fällen die Folge einer **schicksalhaften, natürlichen Benachteiligung**: *bad luck in the natural lottery*. Auch wenn Erkrankungen durch das Verhalten des Betroffenen mitverursacht wurden (z.B. bei Nikotin- oder Alkoholabusus), sind für den Krankheitseintritt meist zusätzliche Faktoren mitverantwortlich (z.B. genetische Prädispositionen), so dass auch hier von einer vom Betreffenden nicht allein zu vertretenden Erkrankung auszugehen ist.

Ethische Kernfrage ist hierbei, ob die Behandlungskosten für eine in der Regel schicksalhafte Erkrankung **vom Individuum allein** zu tragen sind, oder ob **die Gesellschaft** für diese Folgen einstehen soll, wenn der Betroffene nicht in der Lage ist, selbst die Kosten zu tragen.

Die Antwort fällt unterschiedlich aus, je nachdem welche Gerechtigkeitsauffassung zugrunde gelegt wird: **Tauschgerechtigkeit** oder **Soziale Gerechtigkeit.**

## Tauschgerechtigkeit

Im System der Tauschgerechtigkeit erhält jeder das, was ihm zusteht, im Verhältnis zu dem, was er selbst gegeben hat. Verteilt wird nach der Maxime: **Jedem das Seine.**

Kranke erhalten nach dieser Gerechtigkeitsauffassung Gesundheitsleistungen ausschließlich dann, wenn sie für die Leistungen auch bezahlen. Wer seine Behandlungskosten nicht selbst übernehmen kann, erhält keine Krankenbehandlung. Durch den Abschluss einer privaten Versicherung kann zwar jeder für größere, kostenintensivere Gesundheitsrisiken vorsorgen. Die Höhe der hierfür aufzuwendenden Versicherungsprämien richtet sich jedoch (idealerweise) ausschließlich nach den für ihn individuell bestehenden Gesundheitsrisiken und nicht nach seiner finanziellen Leistungsfähigkeit: **echtes Versicherungsprinzip.** Eine Umverteilung der Ressourcen von den reicheren zu den ärmeren Bürgern zur Abdeckung von Gesundheitskosten ist nicht vorgesehen. Das Gesundheitssystem beruht auf dem Prinzip von Leistung und Gegenleistung.

Die ethische Grundüberzeugung dieses Systems der **Tauschgerechtigkeit** ist es, dass keine ethische Verpflichtung besteht, weniger begüterten Mitgliedern der Gesellschaft Mittel zur Finanzierung der von ihnen beanspruchten Gesundheitsleistungen zur Verfügung zu stellen.

> A secular right to healthcare does not exist, not even to a decent minimum of healthcare
> (Engelhardt, 1996, S. 375)

Vertreter dieser (radikal-)liberalen Position führen zur Rechtfertigung ihrer These vor allem die folgenden Argumente an (Engelhardt, 1996):

- Sollen die Gesundheitsausgaben für Bedürftige von der Gemeinschaft finanziert werden, müssen die hierfür erforderlichen Mittel von denjenigen zur Verfügung gestellt werden, die über zusätzliche freie Ressourcen verfügen: **Umverteilung.**
- Eine solche (partielle) Umverteilung bedarf jedoch der **Zustimmung der hiervon Betroffenen**, die diese in den meisten Fällen nicht erteilen dürften.
- Darüber hinaus gibt es in modernen wertepluralen Gesellschaften **keine anderen allgemein geteilten Werte** (z.B. die christliche Nächstenliebe), welche bessergestellte Individuen ethisch verpflichten könnten, zur Finanzierung von Gesundheitsleistungen für bedürftige Bürger beizutragen.
- Ohne Zustimmung der Betroffenen und ohne andere ethische Rechtfertigung, die es beim Fehlen allgemein geteilter Werte nicht geben kann, darf der Staat den bessergestellten Bürgern **kein Eigentum wegnehmen,** um es für die Gesundheitsversorgung Bedürftiger auszugeben – weder durch Steuern noch durch eine solidarisch finanzierte Krankenversicherung.
- Da eine ethische Verpflichtung zur Solidarität, d.h. zur Umverteilung nicht begründet werden kann, muss der Staat **die gegebene Güterverteilung respektieren.** Der ungleiche Zugang zu Gesundheitsleistungen ist daher als unvermeidlich zu akzeptieren.

**Kritische Würdigung:** Die vor allem im Hinblick auf die Gesundheitsversorgung radikale Position einer reinen Tauschgerechtigkeit muss, um nahe liegenden Einwänden zu begegnen nachweisen, dass die vorgeblich zu respektierende **Verteilung des Eigentums gerecht** ist. Nur dann darf keine Umverteilung erfolgen. Bei einer nachweislich gerechten Verteilung des Eigentums wären nur minimale Steuern gleichsam als »Pacht« auf den im Privateigentum befindlichen und dadurch dem Zugriff anderer entzogenen Anteil an den Gesamtressourcen gestattet. Dieser Nachweis einer ursprünglich gerechten Ressourcenverteilung kann jedoch aus prinzipiellen Gründen nicht gelingen, weil die jeweils bestehende Vermögensverteilung in einer Gesellschaft **nicht allein** auf die eigene **Arbeit,** sondern zumindest zum Teil auf Glück und Unglück im **natürlichen und sozialen »Lotteriespiel«** zurückzuführen ist. Die ursprüngliche Verteilung des Eigentums hängt somit zumindest teilweise von Zufälligkeiten ab, die das einzelne Individuum nicht zu vertreten hat. Sie kann daher nie vollständig gerecht sein, da es ungerecht wäre, den Einzelnen für das Ergebnis von schicksalhaften Zufälligkeiten verantwortlich zu machen. Ein absolutes und uneingeschränktes »Recht auf Privateigentum« ist daher ethisch zweifelhaft.

Zudem ist auch die wichtigste Prämisse des Modells fraglich, nach der es in modernen Gesellschaften keine gemeinsamen Werte gibt, die für einen Ausgleich sozialer Ungleichheiten sprechen würden: Zwei allgemein einsichtige, wenn auch nicht in jeder Situation von allen geteilten ethischen Werte sprechen für eine Umverteilung von Ressourcen zu den Bedürftigen besonders im Gesundheitsbereich:

- In der Begegnung mit einem anderen Menschen wird sichtbar, dass ich ihm gegenüber eine **Verantwortung** trage (▶ Kap. 12.6.2).
- Wenn man **Gerechtigkeit** nicht als bloßes Tauschgeschäft, sondern **als Fairness** versteht, ist eine Unterstützung von weniger gut gestellten Bürgern ethisch eher geboten als das rein egoistische Festhalten am eigenen Besitz. Dies deshalb, weil niemand für den Gesundheitsbereich ein System reiner Tauschgerechtigkeit wählen würde, **wenn er nicht vorher wüsste**, ob er arm oder reich sein wird, weil er dann im schlimmsten Fall (arm und krank) keine Hilfe zu erwarten hätte (vgl. hierzu näher den Abschnitt Gerechtigkeit in Kap. 12.6.2).

## Soziale Gerechtigkeit

Die Vertreter des Prinzips der sozialen Gerechtigkeit gehen von der Überzeugung aus, dass **unverdiente Benachteiligungen ausgeglichen werden müssen**. Das Grundprinzip der sozialen Gerechtigkeit lautet: **Jeder nach seiner Leistungsfähigkeit, jedem nach seinen Bedürfnissen.** Die Gesellschaft trägt aus **Solidarität** die Kosten der Leistungen, die der Einzelne nicht selbst aufbringen kann.

Im Hinblick auf die Gesundheit bedeutet dies, dass ein Lastenausgleich zwischen
- unterschiedlichen **Gesundheitsrisiken** und zwischen
- unterschiedlicher **ökonomischer Leistungsfähigkeit**

hergestellt werden muss.

Die Beiträge zu der auf diesem Prinzip der sozialen Gerechtigkeit beruhenden Gesetzlichen Krankenversicherung in Deutschland sind daher ausschließlich nach der Leistungsfähigkeit des Betroffenen bemessen und unabhängig von einem individuell unterschiedlichen Gesundheitsrisiko. Jeder erhält dabei in gleicher Weise freien Zugang zu allen medizinischen Leistungen, derer er bedarf. Kriterium der Bedürftigkeit ist dabei der Krankheitswert der aufgetretenen Störung (► Kap. 10.2.1).

Befürworter eines Systems der sozialen Gerechtigkeit im Gesundheitswesen können sich zunächst auf die Argumente berufen, die sich gegen ein reines System der Tauschgerechtigkeit vorbringen lassen (► o.)

Daneben ist für sie ein nach dem Prinzip der sozialen Gerechtigkeit konzipiertes Gesundheitssystem aus zwei weiteren Gründen vorzugswürdig:

- Nur durch den Ausgleich krankheitsbedingter Beeinträchtigungen erhält jeder Bürger die gleiche Möglichkeit, seine natürlichen Fähigkeiten zu entfalten und ein *normal competitor* im gesellschaftlichen Wettbewerb zu werden: ein solidarisch finanziertes Gesundheitssystem ist also Voraussetzung für eine **Chancengleichheit** (Daniels 1985). Eine Chancengleichheit, wie sie die Gerechtigkeit als Fairness fordert (► Kap. 12.6.2).
- Gesundheit ist zudem kein beliebiges Gut. Es ist nicht nur nach allgemein geteilter Auffassung **an sich das höchste Gut**. Es ist auch die Voraussetzung zur Erlangung aller übrigen Güter, sowohl materieller als auch immaterieller Art wie Glück oder Zufriedenheit. Das Gut Gesundheit ist also die Bedingung für die Erreichung aller übrigen Güter: ein **transzendentales Gut** (Kersting, 2000a). Angesichts dieses herausgehobenen Charakters des Guts Gesundheit besteht eine besondere Verpflichtung der Gesellschaft, gleichen Zugang zu diesem Gut für alle sicherzustellen. Für andere, nicht transzendentale Güter wie Ausbildung oder finanzielle Grundsicherung muss eine solche Verpflichtung nicht unbedingt in gleicher Weise bestehen, so dass hier ein Abgrenzungskriterium zu einem potentiell grenzenlosen auf weitergehende Umverteilungen abzielenden Wohlfahrtsstaat gegeben wäre.

**Kritische Würdigung:** Die Argumente für ein auf dem Prinzip der sozialen Gerechtigkeit basierendes Gesundheitssystem, das durch Umverteilungsprozesse jedem Bürger Zugang zu medizinischen Leistungen sichert, scheinen überzeugend, wenn man die ethischen Grundeinsichten teilt, auf denen sie beruhen (Verantwortung gegenüber dem Anderen, Gerechtigkeit als Fairness, ▶ Kap. 12.6.2). Allerdings muss bedacht werden, dass jedes institutionalisierte System einer sozialen Gerechtigkeit (wie z.B. die gesetzliche Krankenversicherung) letztendlich eine Zwangsgemeinschaft ist, welche die zwar auch ethisch gebotenen »mitmenschlichen Unterstützungsleistungen abgaben- und steuerpolitisch erzwingt« (Kersting 2000b). Solche Unterstützungsleistungen sind daher stets eine Einschränkung von Freiheit und Selbstbestimmung der »Geber«, die ethisch ebenfalls respektiert werden müssen (▶ Kap. 12.6.2). Sie sind daher nur unter zwei Voraussetzungen zu rechtfertigen:

- Die Unterstützungsleistungen müssen **der Höhe nach begrenzbar** sein, was eine Krankheitsauffassung voraussetzt, die zumindest auch an objektivierbare Kriterien geknüpft ist, so dass Lifestyle- oder Enhancement-Medizin von den geforderten Unterstützungsleistungen ausgeschlossen sind.
- Jeder »Empfänger« muss mit den von der Gemeinschaft solidarisch zur Verfügung gestellten Ressourcen **verantwortungsvoll umgehen**, d.h. durch eine gesunde Lebensführung und die Vermeidung missbräuchlicher Inanspruchnahme dem begrenzten Charakter der solidarischen Unterstützung von seiner Seite aus »gerecht« werden.

❯ Die Gesundheitsverantwortung jedes Einzelnen wird durch den Ausgleich unverschuldeter Benachteiligungen im Rahmen eines Systems der sozialen Gerechtigkeit nicht aufgehoben. Sie ist vielmehr die Voraussetzung für das dauerhafte Bestehen eines solchen Ausgleichssystems.

## 10.2.3 Vier Verteilungsebenen

Die Überlegungen der vorhergehenden Abschnitte zu einer angemessenen Abgrenzung von Gesundheit und Krankheit sowie zur gerechten Verteilung von Gesundheitsressourcen gehen über den Kernbereich klinischer Ethik hinaus. Sie geben jedoch den erforderlichen ethischen und argumentativen Hintergrund. So können Entscheidungen zur Mittelverteilung, die sich auch am Krankenbett stellen können, kritisch bewertet werden.

Wichtig ist, hierbei zunächst die verschiedenen Ebenen begrifflich zu trennen, auf denen über eine Mittelverteilung im Gesundheitswesen entschieden wird (▶ Tab. 10.1):

**◘ Tabelle 10.1.** Die vier Verteilungsebenen (nach Engelhard, 1996)

| Ebene | Verteilung |
| --- | --- |
| Makroebene I | Anteil der Gesundheitsausgaben am gesellschaftlichen Gesamtbudget |
| Makroebene II | Verteilung der Gesundheitsausgaben auf die verschiedenen Bereiche der medizinischen Versorgung (Präventiv-, Intensiv-, Palliativmedizin, Forschung etc.) |
| Mikroebene I | Verteilung von Ressourcen auf bestimmte Patientengruppen (z.B. aufgrund von Standards oder Behandlungsleitlinien) |
| Mikroebene II | Verteilung auf der Ebene des einzelnen Patienten (z.B. »Rationierung am Krankenbett«) |

Bei Verteilungsentscheidungen auf der Mikroebene II würden Entscheidungen über die konkrete Zuteilung von Ressourcen durch den Arzt an den einzelnen Patient getroffen. Auf dieser Ebene sollte jedoch eine Rationierungsentscheidung (► Kap. 10.2.4) nicht getroffen werden. Anderenfalls geriete der Arzt in einen **unauflösbaren Rollenkonflikt:** Einen Konflikt zwischen seiner unmittelbaren Verpflichtung jedem Patienten die medizinisch beste Behandlung zu gewähren (► Kap. 12.6.2, »Verantwortung«) und der impliziten oder expliziten Forderung durch Rationierung, d.h. durch Vorenthalten von Leistungen, Kosten zu sparen.

> ❯ **Unspezifische Mittelbegrenzungen** (»Deckelungen«) auf den Makroebenen führen zwangsläufig zu einer Mittelknappheit auf der Mikroebene II, sofern keine Wirtschaftlichskeitreserven bestehen (► Kap. 10.2.4). In der Regel wird bei solchen Mittelbegrenzungen auf den oberen Ebenen nicht zugleich festgelegt, bei welchen Therapieverfahren und nach welchen Kriterien die notwendigen Einsparungen erfolgen sollen. Auf diese Weise wird die Entscheidung, wo rationiert werden soll von den oberen Ebenen auf die Mikroebene 2 »durchgereicht«: Am Ende sind es dann die Ärzte, die entscheiden müssen, welche ihrer Patienten eine medizinische Behandlung erhalten sollen und welche nicht. Eine solche Rationierungsentscheidung am Krankenbett kann keine ärztliche Aufgabe sein!

## 10.2.4 Rationalisierung und Rationierung

Auf die begrenzte Verfügbarkeit von Gesundheitsressourcen kann prinzipiell auf zwei Arten reagiert werden: durch Rationalisierung oder durch Rationierung.

Unter **Rationalisierung** versteht man die möglichst **effiziente Verteilung** vorhandener Ressourcen. Bei einer Rationalisierung werden **Wirtschaftlichkeitsreserven**, d.h. bislang in Fehl- oder Überversorgung gebundene Ressourcen für eine medizinisch angemessene Versorgung mobilisiert, was zu einem Effizienzgewinn im Gesundheitssystem führt. Medizinisch notwendige Leistungen werden nicht eingeschränkt.

Unter **Rationierung** versteht man dagegen die an bestimmte Kriterien geknüpfte **Nicht-Zuteilung von medizinisch notwendigen Leistungen** aufgrund begrenzter Ressourcen.

### Formen der Rationierung

Die unterschiedlichen Formen, die eine Rationierung annehmen kann sind in ▶ Tab. 10.2 zusammengestellt.

Die in ◘ Tabelle 10.2 genannten Rationierungsformen treten häufig in Mischformen auf. Besonders problematisch sind **explizite aber verdeckte Rationierungen**: So etwa wenn explizite Leitlinien mit Rationierungscharakter bestehen (»Keine Dialysebehandlung bei über 60-Jährigen«) und den betroffenen Patienten gleichzeitig mitgeteilt wird, eine Dialyse komme »aus medizinischen Gründen« für sie nicht in Frage.

Auch die **implizite Rationierung** durch den Arzt auf der Mikroebene II ist ethisch problematisch. Mögliche Komplikationen werden dabei nicht auf bestimmte Rationierungsentscheidungen, sondern auf eine »schicksalhaft« fehlende Verfügbarkeit von Ressourcen zurückgeführt, was zunächst akzeptabler erscheint. Durch das Fehlen von konkreten, objektiven Rationierungsregeln wird den Betroffenen aber jede Möglichkeit verbaut, eine private Vorsorge, für solche Situationen zu treffen, z.B. durch den Abschluss einer Zusatzversicherung.

Wenn eine Rationierung unvermeidlich erscheint, sollte sie daher **explizit und offen** durchgeführt werden.

**Tabelle 10.2.** Formen der Rationierung (modifiziert nach Kamm, 2006)

| Rationierungsform | Charakteristika | Beispiel |
| --- | --- | --- |
| Harte Rationierung | Keine Möglichkeit, die rationierten Leistungen durch »Zukauf« zu erwerben. | Verbot eines freien Gesundheitsmarktes, in der Praxis schwer vorstellbar |
| Weiche Rationierung | Rationierte Leistungen können zugekauft werden | Privat finanzierte Transplantation in einem ausländischen Zentrum unter Umgehung der Warteliste |
| Direkte Rationierung | Einzelfallentscheidung auf der Mikroebene 2 für einen bekannten Patienten: **personenorientierte Rationierung** | Vorenthalten von Gesundheitsleistungen auf Station: »Der kriegt keine Leber, der säuft doch wieder!« |
| Indirekte Rationierung | Beschränkung der Kapazitäten des Gesundheitssystems, Erschwerung des Zugangs zu Gesundheitsleistungen: **ressourcenorientierte Rationierung** auf den Makroebenen oder auf der Mikroebene I | Warteliste für eine Lebertransplantation |
| Verdeckte Rationierung | Rationierung wird nicht offen eingestanden | »Von dieser Transplantation würden Sie nichts haben, das ist viel zu riskant in ihrem Alter« |
| Offene Rationierung | Rationierung wird offen kommuniziert | »Leider muss ich Ihnen mitteilen, dass ab einem Alter von 80 Jahren die Krankenkassen die Transplantationskosten nicht mehr übernehmen« |
| Explizite Rationierung | Ausschluss von Leistungen nach bestimmten, transparenten und allgemeingültigen Kriterien auf der Mikroebene I | Leitlinie: Keine Lebertransplantation bei Patienten über 80 Jahre |
| Implizite Rationierung | Die Leistungsbegrenzung erfolgt ohne klar festgelegte objektive Kriterien auf der Mikroebene II durch den Arzt | »Wir müssen leider ihre Transplantation verschieben, da diese Woche zuwenig OP-Personal zur Verfügung steht« |

## Medizinisch notwendige Leistungen

Erst wenn die Ressourcen trotz maximal effizienter Verwendung, d.h. nach Ausschöpfung des Rationalisierungspotentials nicht ausreichen, sollte über die Frage einer **Rationierung** medizinischer Leistungen nachgedacht werden.

Allerdings ist die Unterscheidung zwischen Rationalisierung und Rationierung in der Praxis nicht so einfach, wie es nach den obigen Definitionen scheint. Um Rationalisierung von Rationierung unterscheiden zu können muss geklärt werden, was im Einzelfall die **medizinisch notwendigen Leistungen** sind.

Das »medizinisch Notwendige« hängt dabei nicht nur vom Stand der medizinischen Wissenschaft, sondern auch von der Perspektive (Gesundheitspolitiker, Arzt oder Patient) ab. Entscheidend dabei ist, **ob einer Störung ein Krankheitswert zugemessen werden soll** (▶ Kap. 10.2.1).

---

**Der Fall**

Frau Alberts, 35 Jahre, leidet seit 15 Jahren unter Gewichtsproblemen. Bei einer Größe von 1,56 m und einem Gewicht von 115 kg liegt ihr Body-Mass-Index über 29. Seit einigen Jahren hat sie zunehmend Schmerzen in den Kniegelenken.

Seit 1 Monat ist Lipotomin ein neues hochwirksames Anti-Adipositas-Medikament auf dem Markt, das ohne nennenswerte Nebenwirkungen in den bisherigen Studien eine Gewichtsreduktion von 20% in 6 Monaten erreichen konnte.

Wegen der enormen Kosten des Präparates haben die gesetzlichen Krankenkassen unter Hinweis auf alternative Möglichkeiten zur Gewichtsreduktion die Erstattung des Präparates (»Lifestyle-Medikament«) abgelehnt.

---

Für die Krankenkasse ist die Nicht-Erstattung eine bloße **Rationalisierung:** Warum sollen die Versicherten zahlen, nur weil Frau Alberts im Gegensatz zu anderen Adipositas-Patienten die zur diätetischen Gewichtsreduktion erforderliche Anstrengung offensichtlich nicht aufbringen will? Die für die medikamentöse Adipositas-Therapie aufgewendeten Mittel wären nicht effizient eingesetzt, da alternative, kostengünstigere Therapieverfahren bestehen.

Aus Sicht der Patientin, die Dutzende erfolglose Diätversuche hinter sich hat, stellt sich die Situation anders dar. Die medikamentöse Gewichtsreduktion ist aus Ihrer Sicht eine für sie medizinisch notwendige Therapie, um ein Fortschreiten der Arthrose in den Kniegelenken und andere Folgeschäden der Adipositas zu verhindern. Die Leistungsverweigerung durch die Krankenkasse sieht sie als ungerechte **Rationierungsmaßnahme.**

Legt man das dreidimensionale Krankheitsmodell (▶ Kap. 10.2.1) zugrunde, handelt es sich bei der Adipositas von Frau Alberts eindeutig um eine Erkrankung. Neben dem subjektiven Leiden und der objektiven Abweichung von einem Normalwert wird auch ihre Handlungsfähigkeit bei einer Progredienz der Gelenkschäden in Zukunft deutlich reduziert sein.

Speziell für ihren individuellen Fall scheint der pauschale Verweis auf diätetische Behandlungsverfahren nicht ausreichend, da diese bei ihr offensichtlich unwirksam waren (schicksalhaft oder selbst verschuldet?)

❯ Dieses noch fiktive Beispiel zeigt, dass Rationierungsmaßnahmen zu offensichtlichen Benachteiligungen führen können. Hier muss gesellschaftlich diskutiert werden, ob die Rationierung oder eine Erhöhung der Gesundheitsressourcen (auf Kosten anderer gesellschaftlicher Aufgaben) das größere Übel ist. Wird Gesundheit als höchstes, ja sogar transzendentales Gut angesehen, dürfte die gesellschaftliche Entscheidung eher zu einer Aufstockung der Gesundheitsressourcen neigen.

## 10.2.5 Typische Konfliktsituationen

Zwei typische Situationen verdeutlichen, in welcher Form die in den vorangehenden Abschnitten nachgezeichneten ethischen Konflikte im klinischen Alltag auftreten können.

### Organtransplantation

Ein Bereich, in dem es regelmäßig zu einem Missverhältnis von Angebot und Nachfrage kommt, ist die Transplantationsmedizin. Im Transplantationsgesetz scheint in den §§ 10–12 klar geregelt, wie knappe Organe verteilt werden sollen: Über eine zentrale Organisation (Stiftung Eurotransplant im holländischen Leiden) erfolgt die Organvermittlung nach festgelegten Kriterien:

Die vermittlungspflichtigen Organe sind von der Vermittlungsstelle nach Regeln, die dem Stand der Erkenntnisse der medizinischen Wissenschaft entsprechen, insbesondere nach Erfolgsaussicht und Dringlichkeit für geeignete Patienten zu vermitteln. Die Wartelisten der Transplantationszentren sind dabei als eine einheitliche Warteliste zu behandeln. (§12, 3 des Transplantationsgesetzes)

Zu bedenken bleibt hierbei jedoch, dass die Wahl der Verteilungskriterien – hier **Erfolgsaussicht** und **Dringlichkeit** – auf Wertentscheidungen beruht, die nicht ausschließlich medizinisch-wissenschaftlich begründbar sind. Beispielsweise scheint das Kriterium der besten Gewebskompatibilität (»Erfolgsaussicht«) als rein medizinisches zunächst wertfrei zu sein. Letztlich liegt jedoch eine ethische Bewertung zugrunde: Es geht darum, die Summe des **Nutzens über die gesamte Gruppe** der zu Transplantierenden möglichst groß zu halten, da die Erfolgsaussichten um so besser werden, je größer die Gewebskompatibilität ist. Hinter dem Kriterium der Dringlichkeit steht die ethische Überzeugung, dass schwer und daher meist unmittelbar lebensbedrohlich Erkrankte bei sonst gleichen Bedingungen eher eine Behandlung erhalten sollen als andere Transplantationsbedürftige. Ethisch maßgeblich ist hierbei, dass die **Erhaltung des Lebens** Vorrang vor allen anderen Zielen haben sollte, etwa einer bloßen Verbesserung der Lebensqualität.

Denkbar wären hier aber auch andere ethische Kriterien, etwa der Vorrang für jüngere Empfänger oder etwas weniger radikal formuliert die Nicht-Durchführung bestimmter Transplantationen ab einer gewissen Altersgrenze: **Altersrationierung**. Die ethische Grundüberzeugung, die einem solchen Kriterium zugrunde liegt, wäre der mutmaßlich **größere wirtschaftliche Gesamtnutzen pro Transplantation**, da bei jüngeren Transplantierten eine in der Regel größere Zahl an arbeitsfähigen Lebensjahren verbleibt.

Welche Kriterien gewählt werden hängt davon ab, welche ethischen Grundeinsichten (▶ Kap. 12.6.2) der Wahl als Maßstab zugrunde liegen. Dass trotz der im Transplantationsgesetz verankerten ethischen Vorentscheidungen im Rahmen einer Transplantation weitere ethische Aspekte eine Rolle spielen können, zeigt die folgende Fallgeschichte:

---

**Der Fall**

Herr Kleinganz ist 43 Jahre alt. Schon seit früher Jugend war er dem Alkohol zugeneigt. In den letzten Jahren hat sich diese Vorliebe zu einer schweren Alkoholkrankheit ausgedehnt. Vor zwei Jahren kam Herr Kleinanz zum ersten Mal aufgrund einer Ösophagus-Varizenblutung in die Klinik. Hierbei wurde eine schwere Leberzirrhose festgestellt. Nach einer Entzugs- und Entwöhnungsbehandlung war Herr Kleinganz für ca. 2 Monate »trocken«, bekam nach dem Tod seiner Mutter allerdings einen Rückfall. Ein erneuter

▼

> Krankenhausaufenthalt aufgrund einer Pankreatitis brachte Herrn Klein-
> ganz dazu, einen zweiten Alkoholentzug durchzuführen. Hierbei war er er-
> folgreich, allerdings war seine Leberzirrhose bereits soweit fortgeschritten,
> dass eine Lebertransplantation erforderlich wurde. Herr Kleinganz wurde
> auf die Warteliste des Transplantationszentrums gesetzt und hatte schon
> bald Glück: er bekam eine Leber »zugeteilt«.
> Im Stationszimmer wurde darüber heftig debattiert: »Der Säufer, ausge-
> rechnet der soll Glück haben! Der säuft sich doch seine neue Leber auch
> wieder kaputt!«

Angesprochen ist hier die ethische Frage nach der Eigenverantwortung für die Gesundheit. Soll ein solidarisch finanziertes Gesundheitssystem auch für Krankheiten aufkommen, die keine schicksalhafte Notwendigkeit haben (▶ Kap. 10.2.2), sondern vom Patienten selbstverschuldet zu sein scheinen?

Die Frage, was an einer Erkrankung schicksalhaft und was selbstverschuldet ist, ist allerdings oft schwer zu entscheiden. Meist treffen verschiedene Ursachen zusammen. Im Falle der Leberzirrhose von Herrn Kleinganz müsste geklärt werden, ob nicht seine Alkoholkrankheit bereits eine schicksalhafte Komponente hatte (genetische Prädisposition, lebensgeschichtliche Schicksalsschläge).

❯ Die Frage nach einem möglichen Selbstverschulden ist in anderen Zusammen-
hängen einfacher zu beantworten. So dürften bei der Ausübung von Risiko-
sportarten die resultierenden behandlungspflichtigen Unfälle in der Regel als
selbst verschuldet gelten: »Es hätte ja nicht unbedingt Paragliding sein müssen!«. Das Gegenargument, die Freiheit der individuellen Lebensführung dürfe
nicht in Frage gestellt werden, ist zwar gültig. Eine mögliche Einschränkung der
Freiheit, gesundheitlich riskante Situationen aufzusuchen kann aber gerechtfertigt sein, wenn sie gegen die andere Freiheitseinschränkung eines solidarisch
finanzierten Gesundheitssystems abgewogen wird: die (teilweise) Einschränkung des Rechts auf Privateigentum. In der Regel wird sich, die erforderliche
Umverteilung von Mitteln nur dann rechtfertigen lassen, wenn es sich um (zumindest überwiegend) schicksalhafte Erkrankungen handelt (▶ Kap. 10.2.2).
Die Kosten für **individuelles Fehlverhalten** können auf Dauer von der Solidar-
gemeinschaft nicht getragen werden, ohne dass sich ihr Grundprinzip auflöst:
der gegenseitige Beistand in unverschuldeten Notfällen.

## Kostenübernahme durch die gesetzliche Krankenkasse

Ethische Probleme im Hinblick auf die Kostenübernahme durch die gesetzliche Krankenkassen stellen sich jedoch nicht nur bei einer möglichen oder tatsächlichen Ausnutzung des Solidarsystems. Sie treten umgekehrt auch dort auf, wo dem Patienten durch Rationierungsmaßnahmen medizinisch notwendige oder sinnvolle Leistungen vorenthalten werden.

> **Der Fall**
>
> Frau Minner ist 84 Jahre alt, aber noch rüstig und aktiv. Bis auf einen schweren Diabetes mellitus bestehen keine weiteren Erkrankungen. Aufgrund des Diabetes wurde Frau Minner schon mehrfach stationär auf einer geriatrischen Station behandelt. Hauptproblem waren immer Rhagaden und kleinere Nekrosen an den Füßen. Wiederholt wurde Frau Minner der Besuch beim Podologen, einem speziell auch für Diabetespatienten ausgebildeten Fußpfleger, zur Prävention eines Diabetischen Fußes, angeraten.
>
> Eines Tages kommt Frau Minner mit einer schweren Sepsis, ausgehend von einer infizierten Rhagade an der linken Ferse, zur stationären Aufnahme. Die Behandlung erweist sich als kompliziert. Die Stationsärztin, die Frau Minner bei den vorangegangenen Aufenthalten immer wieder über die Gefahr einer solchen Komplikation aufgeklärt hatte, wird wütend: »Warum sind sie denn nicht – wie ausgemacht – zum Podologen gegangen?!« Frau Minner beginnt zu weinen: »Wissen Sie, Frau Doktor, das hat ja nichts mit Ihnen zu tun. Aber der Podologe ist so teuer und die Kasse bezahlt das nicht. Von meiner Rente kann ich mir so was nicht leisten!«

Die Situation schildert ein typisches Beispiel für die Folge einer **ad hoc Rationierung aus Sicht der Makroebene II**, bei der eine Folgenabschätzung offensichtlich unterblieben ist: Leistungen, die scheinbar nicht zum »harten Kern« medizinischer Gesundheitsleistungen gehören und von denen man außerdem annimmt, dass sie von den Patienten durchaus selbst finanzierbar sind, werden aus dem Leistungskatalog gestrichen. Das Problem taucht aber auf der Ebene der direkten Arzt-Patienten-Beziehung wieder auf (Mikroebene II) und führt hier, aller Wahrscheinlichkeit nach, zu erheblichen Kostenbelastungen. Diese dürften die auf der Makroebene II gesehenen möglichen Einsparungen mehr als neutralisieren.

Zudem wird hier das Grundprinzip der sozialen Gerechtigkeit verletzt, das eben gerade fordert, Bedürftigen die notwendigen Mittel zur Verfügung zu stellen um schicksalhafte, in diesem Fall sogar schwerwiegende Erkrankungen zu verhüten oder zu behandeln. Ein Beispiel das zeigt, wie wichtig bei allen Eingriffen in das Gesundheitssystem eine systemische Betrachtungsweise aber vor allem auch die ethische Reflexion von gesundheitspolitischen Entscheidungen ist.

> Es ist nur ein geringer Trost, dass sich **ethische Probleme** im Hinblick auf die richtige Mittelverteilung **nur im Rahmen eines solidarisch finanzierten Gesundheitssystems** stellen. Würden Gesundheitsleistungen (wie die meisten anderen Güter) nur nach dem Prinzip von Leistung und Gegenleistung, d.h. auf Selbstzahlerbasis angeboten, würden sich die Verteilung und der Umfang der am Markt angebotenen Gesundheitsleistungen nach Zahlungsfähigkeit und Nachfrage »von selbst« regulieren. Der Trost ist deshalb gering, weil ein solches, rein auf dem Prinzip der Tauschgerechtigkeit basierendes Gesundheitssystem in Widerspruch zu zentralen ethischen Grundeinsichten steht (▶ Kap. 12.6.2).

### ❓ Übungsfragen

1. Wie lassen sich Gesundheit und Krankheit unterscheiden?
2. Welche ethischen Gründe können für ein auf dem Prinzip der Tauschgerechtigkeit basierendes, rein privat finanziertes Gesundheitssystem angeführt werden?
3. Wie können die Befürworter eines auf dem Prinzip der sozialen Gerechtigkeit aufbauenden solidarisch finanzierten Gesundheitssystems argumentieren?
4. Auf welchen vier Ebenen werden im Gesundheitssystem Mittelverteilungsentscheidungen getroffen?
5. Was ist der Unterschied zwischen Rationierung und Rationalisierung?
6. Welche Formen der Rationierung werden unterschieden?
7. Welche ethischen Probleme stellen sich im Hinblick auf die Mittelverteilung in einem solidarisch finanzierten Gesundheitssystem?

## Zur Vertiefung

Daniels N (1985) Just Healthcare, Cambridge [*Gleiche Zugangsmöglichkeiten zum Gesundheitssystem sind als Voraussetzung für gesellschaftliche Chancengleichheit ethisch geboten*]

Engelhardt HAT (1996) The Foundation of Bioethics. New York/Oxford [*»A secular right to healthcare does not exist, not even to a decent minimum of healthcare«*]

Marckmann G, Liening P, Wiesing U (2003) (Hrsg) Gerechte Gesundheitsversorgung. Ethische Grundpositionen zur Mittelverteilung im Gesundheitswesen, Stuttgart [*Kommentierte und übersetzte Auswahl der wichtigsten (amerikanischen) Positionen, Daniels, Engelhardt, Buchanan, Emanuel, Callahan*]

Neumann V, Werner Micha H, Nicklas-Faust J. Wertimplikationen von Allokationsregeln, -verfahren und -entscheidungen im deutschen Gesundheitswesen (mit Schwerpunkt auf dem Bereich der GKV). Gutachten im Auftrag der Enquête-Kommission des Deutschen Bundestages »Ethik und Recht der modernen Medizin« (13.10.2006). Online im Internet. URL: http://www.bundestag.de/parlament/kommissionen/archiv15/ethik_med/gutachten/gutachten_04_allokation.pdf (14.4.2006) [*Faktenreiche und kompetente Darstellung der ethischen Implikationen konkreter Allokationsverfahren im Bereich der gesetzlichen Krankenversicherung in Deutschland, 309 S.*]

# 11 Ethische Konflikte in der medizinischen Ausbildung

*Michael Gommel*

 **Einleitung**

Ethische Entscheidungskonflikte in der Medizin bleiben nicht auf den beruflichen Alltag von Ärzten, Pflegenden, Patienten und Angehörigen beschränkt. Schon Medizinstudierende werden in der Ausbildung mit spezifischen **ethischen** Konflikten (▶ Kap. 12.2.1) konfrontiert, die aus dem fordernden, anstrengenden und verschulten Studium resultieren (▶ Kap. 11.2). Auch die praktische Ausbildung in den Kliniken birgt ein großes ethisches Konfliktpotential (▶ Kap. 11.3).

## 11.1    Das versteckte Moral-Curriculum

Die Entwicklung medizinethischer Kompetenzen wird im Studium nur selten angemessen gefördert, ja sogar häufig durch spezifische Missstände behindert. Studien an Medizinstudierenden fanden (Lind 2000a und 2000b):

- die moralische Urteilsfähigkeit von Medizinstudierenden liegt bei Studienbeginn auf einem hohen Niveau;
- die moralische Urteilsfähigkeit von Medizinstudierenden nimmt bereits im vorklinischen Studienabschnitt erheblich ab und erreicht zum Ende nicht mehr das Niveau, das sie bei Studienbeginn hatte;
- im Vergleich zu Studierenden anderer Fächer haben Medizinstudierende weniger Kontakt zu ihren Kommilitonen, erfahren erheblich mehr Konkurrenz untereinander und haben ein schlechteres Verhältnis zu ihren Professoren.

Weitere Untersuchungen aus den USA (Hicks et al. 2001) deuten darauf hin, dass die Studierenden im Klinischen Ausbildungsabschnitt ein **verstecktes Moral-Curriculum** durchlaufen, das die Entwicklung eines moralisch angemessenen und professionellen Verhaltens gegenüber den Patienten behindert. Negative Rollenmodelle sind hierbei besonders schädlich:

> **Der Fall**
>
> Es ist Chefarztvisite: eine Gruppe von 15 Personen schiebt sich durch die Patientenzimmer, ganz hinten der Blockpraktikant Rainer. Vorne doziert der Chefarzt und lässt keine Gelegenheit aus, seine Assistenzärzte vor den Kol-
>
> ▼

> legen und den Patienten bloßzustellen. Die Oberärzte sagen nichts, sondern schauen ins Leere. Die Krankenschwester, die neben Rainer an der Wand nahe der Zimmertür steht, tröstet ihn: »Heute ist er wieder besonders schlecht drauf.«

---

**Der Fall**

Paul und vier seiner Kommilitonen haben Untersuchungskurs. Heute sollen sie lernen, wie man das Abdomen untersucht. Der für die Lehre eingeteilte Assistenzarzt hat sich eine bestimmte Patientin ausgesucht, die unsicher und verschüchtert auf ihrem Bett sitzt. Auf seine Anweisung, sich den Oberkörper frei zu machen, reagiert sie zuerst nicht und fragt dann irritiert: »Wozu?« Der Arzt meint ärgerlich: »Stellen Sie sich doch nicht so an, Sie wollen doch auch, dass die jungen Leute etwas lernen!«

## 11.2 Ethische Konflikte im Medizinstudium

Von den vielen möglichen Formen ethischer Konflikte im Medizinstudium (◘ Tabelle 11.1) werden in diesem Kapitel stellvertretend nur einige wenige Beispiele diskutiert. Solche oder ähnliche Konflikte begegnen den meisten Stu-

◘ **Tabelle 11.1.** Mögliche ethische Konfliktfelder im Medizinstudium

Umgang mit moralisch inakzeptablem Verhalten von Lehrenden

Umgang mit pädagogischer oder fachlicher Inkompetenz von Lehrenden

Lernen für den Arztberuf versus Lernen für die Prüfung

Konflikte in Zusammenhang mit Prüfungen/Leistungsnachweisen

Beurteilung der eigenen Urteilsfähigkeit, Umgang mit eigenem Scheitern

Unsolidarisches Verhalten von Kommilitonen

Umgang mit Kommilitonen mit psychischen u. a. Schwierigkeiten

Interkulturelle Konflikte (► Kap. 8)

Schweigepflicht im Medizinstudium (► Kap. 2.3)

dierenden und hinterlassen häufig ein unangenehmes Gefühl. Angemessen wäre es, im Studium ausreichend Platz für die Auseinandersetzung mit ihnen vorzusehen. Da dies meistens nicht der Fall ist, und auch die nach der neuen Approbationsordnung vorgeschriebene institutionalisierte Ethik-Lehre dafür oft nicht den geeigneten Rahmen bietet (▶ Kap. 11.4.1), kann die resultierende Belastung kaum überschätzt werden.

> Ein erster Schritt die Belastung aus solchen Konflikten zu reduzieren ist es, sich dieser Konflikte bewusst zu werden und das Schweigen zu durchbrechen, das sie oft umgibt.

## 11.2.1 Konflikte mit Lehrenden

Eine unzureichende didaktische Qualifikation von Lehrenden stellt nicht nur ein praktisches Problem für die Vermittlung von Wissen oder Fertigkeiten dar, sondern – indirekt – auch ein moralisches. **Zeit** ist eine der wertvollsten Ressourcen der Studierenden; sie durch unangemessene Unterrichtsmethoden zu verschwenden ist moralisch unverantwortlich und schadet daneben auch der Glaubwürdigkeit der Lehrenden und der Lehrinhalte. Besonders problematisch ist für die Studierenden, dass sie auf die didaktische Qualifikation der Lehrenden keinen Einfluss haben. Bei direkten moralischen Verfehlungen bestehen aber durchaus Einflußmöglichkeiten, wie der folgende Fall zeigt:

---

**Der Fall**

Im dritten Fachsemester absolvieren die Studierenden den »Präparierkurs«. An einem Tisch lernen zehn Studierende, betreut von einem studentischen Tutor und der Anatomin Frau Stöcklen. Die Betreuung durch die Professorin erscheint den Studierenden jedoch alles andere als gut: am Ende des Semesters wird der Kurs in der abteilungseigenen Unterrichtsevaluation dann auch mit der Note 5 als »sehr schlecht« bewertet. Als die Studierenden am letzten Tag der Vorlesungszeit im Flur der Abteilung stehen, um den Schein abzuholen, tritt Frau Stöcklen auf die Gruppe zu und fährt sie an: »So, Sie haben mich also richtig schlecht bewertet – passen Sie bloß auf, wenn Sie zu mir ins Physikum kommen!«

Statt die Kritik der Studierenden ernst zu nehmen und sich zu fragen, was sie bedeuten mag, reagierte die betroffene Dozentin unbesonnen und unverantwortlich, indem sie ihre Racheabsichten kundtat. Dies wurde dem Institutsleiter von den Studierenden mitgeteilt, weil sie um eine gerechte Behandlung in der Prüfung fürchteten. In der Folge dieses Vorfalls wurde die Dozentin von ihren Prüfungspflichten entbunden.

> So schwierig dies auch sein mag: das Herstellen von »Öffentlichkeit« ist, wie dieser Fall zeigt, zumeist der einzige Weg, auf krasses moralisches Fehlverhalten von Lehrenden angemessen zu reagieren.

## 11.2.2 Konflikte mit Kommilitonen

Konfliktbeladen wird oft auch der Umgang mit Kommilitonen erlebt. Direkte oder indirekte Aufforderungen zum Betrug (Abschreiben von Protokollen und Hausarbeiten, Abschreiben in Klausuren) erzeugen oft ebenso innere Konflikte wie die Beobachtung unsolidarischen oder unangemessenen Verhaltens von Studierenden gegenüber ihren Kollegen. Den Betroffenen stellt sich dabei häufig die Frage, inwieweit sich ein ehrliches Bemühen auszahlt, wenn die übermäßige Prüfungslast im Studium durch harmlose »Tricks« vermindert werden kann, um wertvolle Zeit für (vermeintlich oder tatsächlich) wichtigere Erledigungen zu gewinnen. Verschärft wird dieser Konflikt dann, wenn den Studierenden nicht unmittelbar einsichtig ist, welche Relevanz bestimmte Lerninhalte für die spätere ärztliche Tätigkeit haben, bzw. wenn es den Lehrenden nicht gelingt, diese den Studierenden ausreichend plausibel zu machen.

> Eine Lösung solcher Konflikte und Frustrationen könnte darin bestehen, für sich selbst einen stärkeren Praxisbezug im Studium herzustellen, z.B. durch häufigere Famulaturen und Praktika. Die durch das Studiensystem geförderte Fixierung auf abfragbare Wissensinhalte und die sich hieraus ergebenden Manipulationsmöglichkeiten werden dadurch relativiert. Entscheidende Qualifikationen für die ärztlichen Tätigkeit wie Persönlichkeitsbildung, Einfühlungsvermögen und ein angemessenes Eingehen auf die Ansprüche des Patienten rücken so stärker in den Mittelpunkt.

### 11.2.3 Verantwortung für Kommilitonen?

Das Medizinstudium stellt nicht nur hohe intellektuelle, sondern häufig auch emotionale Anforderungen an die Studierenden. Die Frage, ob jemand für das Wohl seiner Kommilitonen Verantwortung übernehmen kann oder muss, lässt sich oft nicht einfach beantworten, wie die folgende Geschichte zeigt:

> **Der Fall**
>
> Frau Geissen, eine geschiedene 34-jährige Krankenschwester, Mutter von drei Kindern (8, 11 und 13 Jahre), studiert Medizin. Zu Beginn des zweiten Fachsemesters unterhält sie sich zum ersten Mal mit ihrer Kommilitonin Frau Moser. Frau Geissen erzählt schon früh im Gespräch, dass sie rund um die Uhr beobachtet und gegen ihren Willen mit Psychopharmaka therapiert werde. Nach diesem Gespräch, in dem Frau Moser keinen Zweifel an der Richtigkeit der Schilderungen von Frau Geissen äußerte, fragt Frau Moser einige Kommilitonen, ob diese ebenfalls solche Geschichten zu hören bekommen hätten. Sie antworten, dass dies der Fall sei, und dass sie auf zweifelnde Bemerkungen an der Glaubwürdigkeit der Geschichten von Frau Geissen sofort als »Komplizen ihrer Verfolger« tituliert und im weiteren gemieden worden seien. Frau Moser gewinnt nach weiteren vorsichtigen Gesprächen mit Frau Geissen den Eindruck, dass diese ein ausgefeiltes Wahngebäude konstruiert hat, in das auch ihre Kinder integriert sind. Im weiteren Verlauf des Semesters zeigt sich, dass Frau Geissen unter ihren Kommilitonen zunehmend isoliert ist. So verbringt sie längere Pausen zwischen den Vorlesungen in ihrem Auto und sitzt in den Vorlesungen meist einsam in einer Ecke. In einem weiteren Gespräch erzählt sie Frau Moser, dass es ihr zunehmend schlechter ginge, dass sie von allen bisherigen Klausuren lediglich eine bestanden habe und dass sie sich nur wegen der Kinder noch nicht das Leben genommen habe.

Die Frage, wie Frau Moser hier verantwortlich und besonnen handeln kann, ohne Schaden anzurichten und das Vertrauen ihrer Kommilitonin zu missbrauchen, ist nicht einfach zu beantworten. Soll sie das Jugendamt direkt einschalten? Einen Arzt oder Psychologen informieren, damit dieser vor Ort intervenieren kann? Die Konsequenz riskieren, dass Frau Geissen auf Grund von möglicher Eigen- oder Fremdgefährung in einer psychiatrischen Klinik untergebracht wird und dadurch erfährt oder errät, dass ihre Kommilitonin sie »verraten« hat? Soll sie gar nichts tun, weil es ja nicht ihre Probleme sind? Frau Mosers Anliegen, ihrer Kommilitonin und deren Familie zu helfen und Verantwortung übernehmen zu wollen, gerät unweigerlich in Konflikt mit dem ethischen Prinzip des »nicht schaden«.

> In typischen *no-win*-Situationen wie diesen gibt es, wie oft bei ethischen Konflikten, keine »gute« Lösung, sondern nur weniger schlechte. Die Option, deshalb **nichts** zu tun, ist aus moralischer Sicht jedoch von allen schlechten Optionen die schlechteste. Frau Moser kann das, was sie weiß, nicht einfach »vergessen«. Sie ist für den weiteren Verlauf mitverantwortlich. Besteht tatsächlich Suizidgefahr, kann die Hinzuziehung eines psychiatrischen Experten sogar zur Pflicht werden. Die im Einzelfall »richtige« Antwort kann aber nur aus einer genauen Analyse der konkreten Situation gewonnen werden – eine Analyse, die man in der Regel nicht allein versuchen sollte.

## 11.3 Ethische Konflikte in der Klinik

In der Klinik sind zwei Formen von ethischen Konflikten möglich:
1. Konflikte, bei denen die Studierenden Beobachter moralisch zweifelhaften oder unvertretbaren Handelns sind, und sich ihnen die Frage stellt, inwieweit sie selbst aktiv werden können oder müssen (▶ Kap. 11.3.1);
2. Konflikte, an denen sie sich durch ihr eigenes Handeln beteiligen und dadurch in Gefahr kommen, sich moralisch unangemessen zu verhalten (▶ Kap. 11.3.2).

◘ **Tabelle 11.2.** Ethische Konfliktfelder in der klinischen Ausbildung

Umgang mit Ärzten oder Pflegenden, die gegenüber Patienten, Kollegen oder Kommilitonen moralisch nicht vertretbar handeln

Durchführung von Maßnahmen an nicht aufgeklärten Patienten (▶ Kap. 1.3)

Offenbarung des Nichtarzt-Status gegenüber Patienten

Aufklärung von Patienten durch Studierende

Erledigung von Aufgaben, für die man nicht qualifiziert ist

## 11.3.1 Moralisch fragwürdiges Verhalten klinischer Lehrer

Die Beobachtung moralisch unangemessenen Verhaltens von klinisch Lehrenden gegenüber Patienten, Pflegenden, Studierenden oder Kollegen ist ein häufiger Bestandteil des versteckten Ethik-Curriculums und kann die Studierenden erheblichen Belastungen aussetzen. Negative Rollenmodelle werden dabei
jedoch nicht immer von den Studierenden als solche erkannt und verworfen.
Zunächst wirken sie sogar oft als echte Vorbilder: »So handelt ein richtiger
Kliniker!« Unangemessenes Verhalten kann dadurch als gelebte Tradition an
Nachfolgegenerationen weitergeben werden. Nicht immer ist dabei das Fehlverhalten so klar erkennbar wie in der folgenden Fallgeschichte:

---

**Der Fall**

Andrea Schlegel absolvierte eine 6-wöchige Famulatur in einem großen
städtischen Krankenhaus. Bei der Visite betreten der Chefarzt der Abteilung,
ein Assistenzarzt, eine Krankenpflegerin und Frau Schlegel das Zimmer von
Frau Peters, einer 68-Jährigen Patientin mit einer sehr schmerzhaften Ent-
zündung des linken Nervus trigeminus. Auf die Frage des Chefarztes, wie es
ihr ginge, antwortete Frau Peters, dass sie immer noch starke Schmerzen
habe und sich elend fühle. Sie habe das Gefühl, dass die Tabletten nicht wirken. Unvermittelt braust der Chefarzt auf und schreit seine Patientin an:
»Das kann doch gar nicht sein, Sie bekommen die stärksten Medikamente
gegen Schmerzen! Sie können gar keine Schmerzen haben! Lügen Sie mich
doch nicht an!« Die völlig verängstigte Patientin flüstert kleinlaut, dass es
ihr vielleicht doch ein wenig besser ginge. Mit einem »Na also, das wird
schon!« dreht sich der Chefarzt um und verlässt das Zimmer ohne Gruß. Zurück bleiben die entsetzen Mitarbeiter und eine eingeschüchterte, weinen-
de Patientin.

---

Ein derartiger Übergriff verletzt offensichtlich eine Reihe ethischer Prinzipien
und Werte ärztlichen Handelns, darunter die Pflicht zu besonnenem, verant-
wortungsvollem Handeln zum Wohle der Patienten und das Gebot, sich mit
Patienten sachlich und respektvoll zu unterhalten (▶ Kap. 12.6.2). Besonders
unverantwortlich und schädlich für die Patientin ist dabei der Versuch des
Chefarztes, ihr die Fähigkeit zur Einschätzung der eigenen Empfindungen ab-
zusprechen.

Wie könnte die Famulantin in dieser Situation oder danach angemessen handeln? Im vorliegenden Fall ging sie nach dem Ende der Visite ins Zimmer zurück und versuchte, durch ein mitfühlendes Gespräch das beschädigte Selbstvertrauen der Patientin wieder zu stärken. Eine Nachfrage beim Assistenzarzt erbrachte, dass der Chefarzt wohl häufig so »ausraste«. Frau Schlegel beschloss, dass weitere Schritte gegenüber dem Chefarzt wenig Aussicht auf Erfolg hätten und vielleicht ein vorzeitiges Ende der Famulatur bedeuten würden. Da sie den Vorfall als belastend erlebte, brachte sie diese Geschichte als Beitrag in eine moderierte Kleingruppendiskussion ein, von der sie und die Teilnehmenden profitierten. Auch hier zeigt sich, dass der Umgang auch mit **»unlösbaren« Konflikten** durch Reflexion gelernt und geübt werden kann und nicht notwendig Resignation oder Zynismus zur Folge haben muss.

> Der Chefarzt wäre an eine alte »Oberarzt-Maxime« zu erinnern: »Der Patient hat immer recht!« Es ist dann Aufgabe des Arztes zu klären, in welcher Hinsicht diese Maxime zutrifft oder im Gespräch modifiziert werden muss. Sie ist aber der unverzichtbare Ausgangspunkt jeder therapeutischen Beziehung.

## 11.3.2 Probleme mit dem Nichtarzt-Status

Die zweite Variante ethischer Konflikte im klinischen Alltag betrifft solche, an denen die Studierenden durch ihr eigenes Handeln bzw. Nichthandeln selber beteiligt sind.

### Aufklärung des Patienten über den Nichtarzt-Status

Eine unangenehme Situation für alle Beteiligten kann zum Beispiel dann entstehen, wenn Studierende ihren Nichtarzt-Status aufdecken und Patienten sich danach weigern, eine Untersuchung oder einen Eingriff von ihnen an sich vornehmen zu lassen. Das Verschweigen des Nichtarzt-Status stellt eine bequeme »Lösung« dar, zumal forsches Auftreten und der weiße Arztkittel häufig keinen Verdacht aufkommen lassen, dass ein Student vor dem Patienten steht und kein Arzt.

> Dass Studierende praktische Fertigkeiten am besten durch praktisches Üben lernen können, ist unbestritten. Trotzdem ist es moralisch unangemessen, wenn dem Patienten verschwiegen wird, dass ein Lernender und kein Profi Hand an
> ▼

ihn legen möchte. Besonders die ethischen Prinzipien des **Vertrauens** und der **Verantwortung** gegenüber dem Patienten machen eine Aufklärung über die eigene Funktion unverzichtbar.

## Übernahme von ärztlichen Aufgaben

Während eine gute, praxisorientierte Ausbildung durchaus im Interesse der Studierenden (und ihrer zukünftigen Patienten) liegt, können diese keinesfalls wollen, dass sie für Aufgaben eingesetzt werden, für die sie weder vorgesehen noch qualifiziert sind.

---

**Der Fall**

Frau Thürmann wird in der ersten Woche ihres Blockpraktikums Innere Medizin auf einer Station der gastroenterologischen Abteilung eingesetzt. Zwei Oberärzte, vier Assistenzärzte und eine PJ-Studentin kümmern sich um 25 Patienten. Am Donnerstagabend verabschieden sich ein Oberarzt und ein Assistenzarzt auf einen Kongress, der bis zur Mitte der nächsten Woche dauern soll. Die PJ-Studentin verlässt am Freitag die Station, um ihr nächstes Tertial in der Unfallchirurgischen Klinik anzutreten. Am Montagmorgen meldet sich ein Assistenzarzt krank. Die verbleibenden Ärzte haben alle Hände voll zu tun, um die vielen Neuzugänge aufzunehmen, die Funktionsdiagnostik zu besetzen und die Station zu versorgen. Frau Thürmann ist den ganzen Tag mit Blutabnehmen und Neuaufnahmen beschäftigt. Kurz vor 19 Uhr, als sie schon längst Feierabend haben sollte, spricht sie der letzte Assistenzarzt an und bittet sie, noch eine Patientin über die morgen früh bevorstehende Darmspiegelung »zu informieren«. Er drückt ihr ein Formular in die Hände: »Das muss die Dame unterschreiben, also sorg' dafür, dass sie es macht«.

---

Das Ansinnen des überarbeiteten Assistenzarztes mag nachvollziehbar sein. Seiner Verantwortung gegenüber der Patientin wird er damit aber keinesfalls gerecht. Dies nicht nur, weil er von einer Blockpraktikantin nicht erwarten kann, dass sie die Aufklärungsprozedur beherrscht, sondern insbesondere weil eine Aufklärung immer durch einen Arzt im persönlichen Gespräch zu erfolgen hat (▶ Kap. 1.3.3). Eine vorformulierte Einwilligungserklärung, die vom Patienten unterschrieben wird, ohne dass ein persönliches Gespräch mit einem Arzt über die Maßnahme stattgefunden hat, ist zudem rechtlich unwirksam (▶ Kap. 1.7).

Was könnte die Studentin tun, um ihrerseits ihrer eigenen Verantwortung gerecht zu werden? Die Patientin über die Darmspiegelung aufzuklären wäre moralisch (und rechtlich) inakzeptabel, selbst wenn die Aufklärung inhaltlich einwandfrei wäre. Moralisch tadellos wäre sicherlich, den Assistenzarzt zu bitten, die Patientin früh am nächsten Morgen selbst aufzuklären, denn bei weniger schwer wiegenden ärztlichen Maßnahmen (worunter eine Darmspiegelung unter bestimmten Bedingungen zu rechnen wäre) ist es möglich, direkt am Tag der Maßnahme aufzuklären. Auch dies ist keine optimale Lösung, da die Ressource Zeit des Assistenzarztes belastet wird, aber nur auf Grund einer seltenen Konstellation von Arbeitsausfällen, die voraussichtlich nicht zur Regel wird.

## 11.3.3 Unzureichende Betreuung der Dissertation

Viele Studierende erleben erhebliche Probleme bei der Anfertigung ihrer Dissertation. Oftmals werden mehrere Anläufe benötigt, um überhaupt bis zum Abfassen der schriftlichen Ausarbeitung zu gelangen. Zentraler Kritikpunkt ist hier die unzureichende Betreuung durch den Doktorvater oder den/die direkten Betreuer:

**Der Fall**

Während der Laborzeit von Frau Schwarz, die an einem molekularbiologischen Thema arbeitete, ging sehr viel schief: Laborbücher verschwanden, Ergebnisse ließen sich nicht verifizieren, der direkte Betreuer verließ die Universität und ging in die USA. Insgesamt zog sich das ganze Unterfangen über mehr als dreieinhalb Jahre hin. Doch schließlich war Frau Schwarz in der Lage, ihrem Doktorvater, dem Leiter des Instituts, eine 110-seitige Schrift zu überreichen mit der Bitte um Durchsicht und Verbesserung. Nach acht Wochen bekam sie die Arbeit zurück mit dem Kommentar, dass sie gut sei und nun an das Promotionssekretariat geschickt werden könne. Dies tat Frau Schwarz umgehend.

Nachdem weitere sechs Wochen vergangen waren, erhielt sie einen Brief vom Promotionssekretariat mit einer Kopie des Gutachtens des zweiten Berichterstatters, eines Abteilungsleiters derselben Klinik. Das Gutachten enthielt einen vollständigen »Verriss« der Dissertation und schloss mit

▼

> der Feststellung, dass die ganze Arbeit nochmals geschrieben werden müsste, um überhaupt das Promotionsverfahren eröffnen zu können. Ein unabhängiger Gutachter, der von Frau Schwarz privat eingeschaltet wurde, bestätigte weitgehend den Inhalt des Zweitgutachtens, wonach die Dissertation weder formal noch inhaltlich den Mindestanforderungen der Promotionsordnung entspräche.

Frau Schwarz hatte Glück im Unglück: durch eine erhebliche Anstrengung gelang es ihr, die Arbeit abgabefertig zu machen und am Ende doch noch zu promovieren. Die Frage, wie sich verhindern ließe, dass es ihren Nachfolgern ähnlich geht, muss jedoch unbeantwortet bleiben. Das Konfliktfeld »Betreuung von Dissertationen« ist weitgehend unbestellt. Häufig sind die direkten Betreuer einer Dissertation einem vielfachen Zeitdruck durch Publikationszwang, Lehre und Krankenversorgung ausgesetzt und können sich nur wenig um ihre Doktoranden kümmern. Die eigentlichen Doktorväter, in vielen Fällen Leiter von Abteilungen, Instituten oder Kliniken, haben zu wenig Zeit oder gar keinen näheren Kontakt zu ihren Doktoranden. Geringe Spezialkenntnisse und eingeschränkte Zeitbudgets auf Seiten der Doktoranden sowie unklare Ressourcenverteilungen im Labor sind weitere Faktoren, die zu Problemen führen können.

> Die Erstellung eines Ablaufplans für die praktische Arbeit zu Beginn des Vorhabens mit klaren Aufgaben- und Zeitverteilungen für alle Beteiligten ist dringend zu empfehlen. Promotionsratgeber (z. B. Schaaf 2006) können helfen, die wichtigsten Fallstricke zu vermeiden

## 11.4    Ethik in der medizinischen Ausbildung

### 11.4.1  Medizinethische Lehre an den Fakultäten

Die Ausbildung Studierender zu Ärztinnen und Ärzten wird in der Bundesrepublik Deutschland durch die Approbationsordnung für Ärzte (ÄAppO) und die Studienordnungen der Medizinischen Fakultäten geregelt. Die Approbationsordnung in ihrer derzeitig gültigen 8. Novelle vom Juni 2002 sieht vor, dass den Studierenden die »geistigen, historischen und ethischen Grundlagen ärztlichen Verhaltens« vermittelt werden sollen – wie dies ähnlich schon in der vorhergehenden 7. Novelle vorgesehen war. Ganz neu ist nun, dass »Ethik der Medizin« als Teil eines Leistungsnachweises (Querschnittsbereich 2: Geschichte, Theorie, Ethik der Medizin) im Zweiten Abschnitt des Medizinstudiums geprüft werden soll. Über die Art der vorhergehenden Lehre und über die Prüfungsmodalitäten entscheiden die Medizinischen Fakultäten.

## 11.4.2 Ethisches Wissen vs. Ethische Kompetenz

Die Konzeption der Medizinethik als Prüfungsfach (wie Physik oder Pharmakologie) erscheint jedoch unangemessen. Während die meisten Unterrichtsfächer ihren Schwerpunkt auf die Vermittlung von Faktenwissen legen, ist »ethische Kompetenz« ein komplexes Konstrukt aus Wissenselementen, praktischen Fertigkeiten und Einstellungen, das Reflexion und Kommunikation über eigene und fremde Wertesysteme beinhaltet, sowie Analyse- und Entscheidungskompetenz erfordert (Biller-Andorno et al. 2003). Medizinethische Lehrveranstaltungen, die den Schwerpunkt ihrer Lernziele auf Faktenvermittlung legen, werden daher den Erfordernissen des ärztlichen Alltags nicht gerecht.

Ethische Kompetenz kann sicher nicht allein durch abprüfbare Wissensvermittlung, vorzugsweise im Rahmen einer Vorlesung, gelernt und geübt werden. Ethische Kompetenz für medizinische Handlungen erfordert darüber hinaus eine besondere Berücksichtigung medizin-spezifischer Faktoren, z.B. der Arzt-Patienten-Beziehung. Die damit verbundenen Anforderungen an zukünftige Ärzte, wie Empathie, Kommunikationsfähigkeit und die Vermeidung paternalistischen Verhaltens, lassen sich nur schwer als – abprüfbare – Lernziele traditioneller Unterrichtsveranstaltungen verwirklichen.

## 11.4.3 Ausblenden ethischer Konflikte

Eine frühe und kontinuierliche Auseinandersetzung mit ethischen Fragestellungen ist erforderlich, weil ethische Konflikte im Studium häufig sind und nicht erst nach dem Praktischen Jahr auftreten. Solche Konflikte werden jedoch bisher im Studium selten thematisiert oder gar mit Lehrenden oder Ärzten besprochen.

Die Verdrängung ethischer Konflikte führt aber schlimmstenfalls zu bleibendem Zynismus, der sich nicht nur in einer malignen Haltung zum Arztberuf verfestigen, sondern auch für die zukünftigen Patienten Unheil bedeuten kann. Dass die moralische Urteilsfähigkeit von Medizinstudierenden am Ende ihres Studiums niedriger liegt als zu Beginn, ist ein deutlicher Hinweis auf den negativen Einfluß unzureichender ethischer Reflexion im Studienverlauf (▶ Kap. 11.1). Auch persönliche Einstellungen der Studierenden können die Entwicklung einer angemessenen ethischen Reflexionsfähigkeit behindern.

> **Der Fall**
>
> Peter will einfach nur Arzt werden: »Ethik, das ist doch »theologisches Geseiere«. Für André, gelernter Rettungssanitäter und jedes Wochenende »auf dem Wagen«, ist alles ganz eindeutig: »Lange überlegen? Ist doch klar, was man macht!« Claudia, älteste Tochter des chirurgischen Ordinarius, hat hier ohnehin keine Aufgabe: »Ich brauche keine Ethik lernen, das habe ich schon gemacht.«

Solche Vorurteile beruhen in der Regel auf einem Missverständnis von Ethik. Ethik ist nicht in erster Linie ein System fester Regeln, sondern vor allem ein nie abgeschlossenes Nachdenken über das »richtige« Handeln in konkreten Situationen (▶ Kap. 12.6)

### 11.4.4 Fallorientierte Seminare

Ethische Reflexion, in der Medizin und im Leben, ist ein lebenslanger (Lern-) Prozess in dem es um das Einüben praktischer Fertigkeiten, um Handeln, Entscheiden und um das Begründen dieser Entscheidungen geht. Wenig davon ist von vornherein klar oder einem gar »in die Wiege gelegt«.

Die Einübung ethischer Reflexions- und Urteilsfähigkeit ist daher unabhängig von den Lehrangeboten der Fakultät Aufgabe jedes einzelnen Studierenden. Dies haben viele Studierende während ihres Medizinstudiums erkannt und in eigener Verantwortung Kleingruppenseminare zu medizinethischen Fallbesprechungen organisiert. An einigen Universitäten besteht darüber hinaus seit dem Ende der 1980er Jahre die Möglichkeit, interdisziplinäre fallorientierte Seminare zu ethischen Konflikten im ärztlichen Alltag zu besuchen (z.B.

im Arbeitskreises Ethik in der Medizin der Universität Ulm nach dem »Ulmer Modell«).

❯ Durch nicht-frontale, fallbasierte, auf praktische Kompetenz und ethische Reflexion hin ausgerichtete Lehrveranstaltungen (fallorientierte Diskursseminare) können praktische Fertigkeiten und Haltungen, aber auch die psychische und affektive Dimension medizinethischer Entscheidungen vermittelt werden.

## Zur Vertiefung

Sponholz G, Allert G, Keller F, Meier-Allmendinger D, Baitsch H (1999) Das Ulmer Modell medizinethischer Lehre. Sequenzierte Falldiskussion für die praxisnahe Vermittlung von medizinethischer Kompetenz (Ethikfähigkeit). Medizinethische Materialien, Heft 121. Bochum 1999

# 12 Medizinethisches Argumentieren

*Christian Hick*

Ein gelehrter Arzt ist ja nicht allemahl ein glücklicher Arzt. Hierzu werden menschlicher Seits verschiedene Eigenschaften erfordert: gesunder Verstand, Verbannung von Vorurtheilen, genaue Aufmerksamkeit, geübte Sinne, und ein besonderes, oft nicht einmahl deutlich entwickeltes Unterscheidungsgefühl.

*J. A. H. Reimarus* (1781)

 **Einleitung**

In diesem »theoretischen« Kapitel wird keine Einführung in die philosophische Ethik versucht. Auch die umfassende Darstellung der Grundlagen einer medizinischen Ethik ist hier nicht das Ziel.

Wir wollen vielmehr versuchen, ein in der klinischen Praxis taugliches, argumentatives Handwerkzeug vorzustellen, das einen angemessenen Umgang mit ethischen Fragestellungen unter Berücksichtigung der jeweiligen Umstände des klinischen Falls ermöglicht. Es geht also um die **Grundlagen des ethischen Argumentierens in einem medizinischen Kontext**.

Zu diesem Handwerkszeug gehören selbstverständlich auch philosophische Einsichten und philosophische Begriffe: Ethik ist eine philosophische Disziplin. Wir bedienen uns hier der von der Philosophie entwickelten Begrifflichkeit und Methode, allerdings nur soweit sie für die klinisch-ethischen Entscheidungen hilfreich ist.

Die Entwicklung und Pflege einer den ethischen Fragestellungen angemessenen Begrifflichkeit und Sprache ist zur argumentativen Behandlung (»Lösung«) ethischer Probleme unverzichtbar: Nur wenn man über eine Situation sprechen kann, kann man diese bedenken und dadurch zu einer möglichst angemessenen Entscheidung kommen.

Eine Grundvoraussetzung ethischen Argumentierens ist dabei die Kunst, Unterscheidungen zu treffen – und diese Kunst braucht eine trennscharfe und leistungsfähige Sprache, wie sie die Philosophie – aber auch die Literatur – entwickelt hat. Ein solches ethisches **Unterscheidungsvermögen ist lernbar** (▶ Kap. 11). Nur auf der Basis eines entwickelten Unterscheidungsvermögens (▶ das obige Motto), kann der Arzt »glücklich« werden: Glücklich (= erfolgreich), indem er die richtigen Entscheidungen mit dem Patienten und für ihn findet. Glücklich (= froh) aber auch dadurch, dass ihm nicht nur die Behandlung seiner Patienten, sondern auch sein eigenes Leben gelingt.

Die Entwicklung einer solchen Unterscheidungsfähigkeit als Grundlage ethischen Argumentierens erfordert mehrere Schritte:

1.  Eine Klärung der Frage, was überhaupt ein ethisches Problem ist und wie es von rechtlichen oder medizinisch-fachlichen Problemen abgegrenzt werden kann (▶ Kap. 12.1 und 12.2).
2.  Ein Verständnis dafür, wie ethische Aussagen begründet werden können (▶ Kap. 12.3).
3.  Eine Einordnung der unterschiedlichen in Philosophie und Medizinethik als ethisches Unterscheidungs- und Bewertungskriterium vorgestellten Prinzipien (▶ Kap. 12.4).
4.  Eine kritische Auseinandersetzung mit der radikalen Überzeugung, dass menschliches Handeln nur scheinbar durch ethische Überlegungen bestimmt wird, während es in Wirklichkeit einer Machtlogik folgt: **ethischer Nihilismus** (▶ Kap. 12.5).
5.  Die Entwicklung eines für die klinische Praxis tauglichen ethischen Bewertungsmodells, das zum einen die Besonderheiten jedes einzelnen klinischen Falls respektieren muss – **Kasuistik** –, zum anderen aber durch eine Orientierung an **plausiblen ethischen Grundwerten** Einzelfallentscheidungen nicht zum Spielball zufälliger Meinungen und gesellschaftlicher Zwänge macht: **klinischer Pragmatismus** (▶ Kap. 12.6).

Auf der Basis dieser Grundlagen wird dann eine medizinethische Fallanalyse möglich (▶ Kap. 12.7), die mit Patientengeschichten aus der eigenen Praxis oder den in Kapitel 13 zusammengestellten Fallbeispielen eingeübt werden kann.

## 12.1 Die ethische Frage: Was soll ich tun?

Oft wird behauptet, es komme doch in der Klinik vor allem darauf an, das **medizinisch Richtige** zu tun. Durch klinische Studien und ihre evidenzbasierte Bewertung werde in immer mehr Fällen klar, wie der Arzt handeln müsse, um

1.  die Gesundheit des Patienten zu erhalten
2.  das Leben des Patienten zu verlängern oder zumindest
3.  sein Leiden zu lindern.

Diese **drei ärztlichen Grundziele** in Verbindung mit seinem medizinischen Wissen gäben dem Arzt ausreichend Orientierung im Handeln. Eine darüber hinausgehende Ethik brauche es nicht.

Vor dem Hintergrund dieser Auffassung ist es wichtig, zunächst deutlich zu machen, wo in der Medizin Entscheidungen getroffen werden müssen, bei denen die Orientierung an den  Grundzielen ärztlichen Handelns (Erhaltung der Gesundheit, Lebensverlängerung, Leidenslinderung) allein nicht ausreicht.

---

**Der Fall**

Maria, ein Frühgeborenes mit einem Geburtsgewicht von 800 g und einem geschätzten Schwangerschaftsalter von 24 Wochen entwickelte ein schweres Atemnotsyndrom auf der Basis einer bronchopulmonalen Dysplasie. In der Einschätzung der Ärzte war die Prognose hinsichtlich der neurologischen Entwicklung bei ausgedehnten intrazerebralen Blutungen (Grad 4) unsicher; sie empfahlen dennoch die Fortsetzung der Therapie, da eine Vorhersage der Entwicklung nicht sicher möglich sei. Die Eltern äußerten wiederholt Zweifel an der künftigen Lebensqualität ihres Kindes und stellten die Fortsetzung der Intensivtherapie in Frage. Maria wurde über insgesamt 60 Tage beatmet, die Behandlung im Krankenhaus über 30 Wochen fortgeführt und das Kind anschließend nach Hause entlassen. Maria ist jetzt 4 Jahre alt, in der geistigen Entwicklung stark verzögert, blind und tetraspastisch gelähmt. Sie ist vollständig pflegebedürftig; für ihre drei Geschwister finden die Eltern kaum noch Zeit. Sie sind verbittert, dass ihre wiederholten Forderungen, die Behandlung abzubrechen ignoriert wurden.

---

Bei der Behandlung von Maria sind medizinisch-fachlich keine Fehler gemacht worden, die Komplikationen und Behinderungen sind Folgen der Frühgeburtlichkeit, die sich auch bei optimaler Therapie oft nicht vermeiden lassen. Auch die drei ärztlichen Grundziele (»Gesundheit«, »Leben«, »Leidenslinderung«) wurden soweit möglich respektiert. Allerdings stellen sich hier eine Reihe weitergehender Fragen:

- War die Fortführung der Behandlung im besten Interesse des Kindes?
- Darf (oder muss) die zu erwartende Lebensqualität des Kindes für die Entscheidung zur Fortführung oder zum Abbruch der Therapie eine Rolle spielen?
- Was ist in diesem Falle unter »Lebensqualität« zu verstehen?
- Ist das Überleben, auch mit schweren Behinderungen, ein Wert an sich, der immer anzustreben ist?

- Hätten die Eltern über die Fortführung der Behandlung entscheiden dürfen, oder war das Aufgabe der Ärzte?
- Darf die erwartete Belastung der Eltern durch die Pflege des Kindes bei der Entscheidung über eine Therapiebegrenzung eine Rolle spielen oder nicht?
- Ist es unter Gerechtigkeitsgesichtspunkten vertretbar, erhebliche Ressourcen für die Behandlung von Frühstgeborenen aufzuwenden, obwohl die Ergebnisse im Hinblick auf die Lebensqualität der Kinder oft enttäuschend sind und durch die notwendigen (lebenslangen) Pflegemaßnahmen weitere Kosten entstehen? Müssen die knappen Mittel nicht so eingesetzt werden, dass für die Bevölkerung insgesamt der größte Nutzen entsteht (also z. B. in der Prävention)?

Diese Fragen beziehen sich zwar auf die medizinische Behandlung (Fortführung oder Nicht-Fortführung). Sie sind aber trotzdem keine medizinisch-fachlichen Fragen. Sie fragen vielmehr nach dem »Wert« des Ergebnisses der Therapie für das Kind, für die Eltern und für die Gesellschaft als Ganze. Sie fragen auch, wer diese Wertentscheidungen legitimerweise treffen soll. Es sind damit **ethische Fragen,** auf die eine medizinische Ethik versuchen muss, Antworten zu geben.

Die Ethik untersucht dabei die Frage, welche menschlichen Handlungen »**richtig**« und welche »**falsch**« sind und **warum.** Die Unterscheidung zwischen richtigen und falschen Handlungen versucht sie durch plausible Gründe zu rechtfertigen.

> Ethik ist der Versuch, eine begründete Antwort auf die Frage zu geben: Was soll ich tun?

## 12.2 Begriffsklärungen

Bevor wir näher sehen können, wie auf solche ethischen Fragen geantwortet werden kann (▶ Kap. 12.3 bis 12.6), müssen zunächst einige wichtige Begriffe geklärt und das Gebiet der Ethik dadurch besser abgegrenzt werden.

### 12.2.1 Ethik, Moral, Ethos

Die Begriffe »Ethik« und »Moral werden in der Alltagssprache oft synonym gebraucht. Erschwerend kommt hinzu, dass in der Geschichte der Philosophie

Moral und Ethik in verschiedener Bedeutung gebraucht wurden – und schon die Frage der richtigen Definition beider Begriffe philosophisch umstritten ist. Aus pragmatischer Sicht haben sich jedoch die folgenden Begriffsklärungen und Unterscheidungen bewährt:

## Moral: Wertmaßstäbe

Unter Moral (von lat. Mos, moris, die Sitte) versteht man **Regeln, Wertmaßstäbe (Normen) und Sinnvorstellungen,** die das **Handeln** eines Einzelnen oder einer Gesellschaft **leiten.**

Moralische Aussagen wären beispielsweise:
1. Menschliches Leben ist in jedem Fall zu erhalten
2. Du sollst nicht stehlen
3. Auge um Auge, Zahn um Zahn
4. Vergib, so wird dir vergeben
5. Dauerhaft komatöse Patienten müssen nicht künstlich am Leben erhalten werden
6. Ziel des Lebens ist es, Auto, Yacht, und Hubschrauber zu besitzen

**Moralische Konflikte** entstehen dadurch, dass verschiedene moralische Urteile im Individuum selbst oder zwischen verschiedenen Individuen in der Gesellschaft unvereinbar erscheinen, z.B. die moralischen Aussagen (1) und (5), (3) und (4) sowie – möglicherweise – (2) und (6).

Moralische Aussagen können rein beschreibend formuliert werden: »Viele Menschen halten die Todesstrafe für eine legitime Antwort des Staates auf schwere Verbrechen«. Mit dieser **deskriptiven** Verwendung des Begriffs Moral ist noch nicht gesagt, ob eine bestimmte moralische Aussage »richtig« oder »falsch« ist. Die Berechtigung von moralischen Aussagen, Normen oder Wertsystemen muss vielmehr in einer eigenen Analyse geprüft werden.

> ❯ Oft werden die Begriffe »Moral« und »moralisch« jedoch auch **präskriptiv** im Sinne von »moralisch richtig« verwendet, z.B. in der Aussage eines Abtreibungsgegners: »Abtreibung ist unmoralisch«. Bei dieser Verwendung von »Moral« und »moralisch« wird vorausgesetzt, dass es **ein** für alle Menschen in gleicher Weise gültiges **Wertesystem** gibt, dass also von **Moral im Singular** gesprochen werden kann. Diese Verwendung ist jedoch insofern irreführend als
> ▼

faktisch verschiedene, einander oft widersprechende Wertsysteme und moralische Überzeugungen nebeneinander bestehen. Welche moralische Überzeugung gerechtfertigt ist, muss sich deswegen erst erweisen – was die ethische Untersuchung zu leisten versucht.

## Ethik: Untersuchung und Rechtfertigung

Ethik (gr. τό ἔθος, Sitte) ist die **methodische Untersuchung unterschiedlicher moralischer Aussagen** oder Systeme mit dem Ziel, sie in Verbindung mit ihren Grundannahmen systematisch darzustellen. Ethik ist also die **Theorie oder die Philosophie der Moral.**

Versteht man Ethik im starken Sinn, muss sie versuchen zu klären und zu begründen, was getan werden soll: **normative Ethik.** Die normative Ethik kann dabei bestehende Wertüberzeugungen kritisch hinterfragen. Sie versucht z.B. nachzuweisen, dass für bestimmte gesellschaftlich akzeptierte Praktiken (wie etwa die Todesstrafe) bei einer ethischen Untersuchung keine überzeugenden Gründe sprechen, weil diese moralischen Praktiken auf falschen Grundannahmen beruhen oder ihnen die innere Kohärenz fehlt.

Eine schwächeres Verständnis von Ethik beschränkt sich auf die reine Beschreibung ethischer Wertüberzeugungen und Wertkonflikte bei Einzelnen oder in der Gesellschaft: **deskriptive Ethik.**

## Ethos: Konventionen

Unter Ethos versteht man Regeln und Wertvorstellungen, die **in einer Gruppe oder einer Gemeinschaft** auf der Basis einer **kulturellen Überlieferung** als gültig und für die Gruppe **identitätsstiftend** angesehen werden. Im Unterschied zum weiteren Begriff der Moral umfasst das Ethos einer Kultur oder eines Berufes (**Standesethos**) also Werte, Normen und Vorschriften, die von Angehörigen einer Gruppe für gültig und für ihre Handlungen maßgeblich gehalten werden. Das Ethos fasst die in Tradition und Herkommen eingebetteten Werturteile einer Gemeinschaft zusammen: das was »man« denkt und tut.

Auch die im Ethos gebündelten moralischen Wertüberzeugungen sind einer Untersuchung durch die philosophische Ethik zugänglich und bedürftig. Wegen ihrer Gebundenheit in historisch gewachsenen Traditionen werden sie jedoch in der Praxis oft zu wenig hinterfragt. Deswegen ist eine ethische Reflexion auf ihre Angemessenheit in neuartigen Situationen unter veränderten Umständen besonders dringlich.

Das wichtigste Dokument des ärztlichen Standesethos ist der **Hippokrati-sche Eid**. Nach einer Anrufung der Götter beginnt er mit einem Lehrvertrag, in dem der Schüler sich u. a. verpflichtet, den ärztlichen Lehrer gleich seinen Eltern zu achten und ihm in der Not Unterhalt zu gewähren. Es folgen eine Reihe von Geboten und Verboten zur ärztlichen Praxis. Neben dem Gebot der ärztlichen Schweigepflicht (▶ Kap. 2.2.) enthält der Eid vor allem die Aufforderung, dem Patienten zu nutzen oder wenigstens nicht zu schaden, ein Verbot von »Sterbehilfe« und »Abtreibung« sowie ein Verbot sexueller Beziehungen zu Patienten.

[...] (3) Die ärztlichen Maßnahmen werde ich treffen zum **Nutzen** der Leidenden, nach meinem Vermögen und Urteil, **Schädigung** und Unrecht aber von ihnen **abwehren**.
(4) Nie werde ich irgendjemandem, auch auf Verlangen nicht, ein **tödliches Mittel** verabreichen oder auch nur einen Rat dazu erteilen; ebenso werde ich keiner Frau ein **keimvernichtendes Zäpfchen** verabreichen. [...]
(7) In wie vielen Häusern ich auch einkehre, eintreten werde ich zum Nutzen der Leidenden, mich fernhaltend von allem **vorsätzlichen Unrecht** sowie jeder sonstigen **Unzüchtigkeit**, zumal von Werken der Wollust, an den Leibern von Frauen und Männern, Freien und Sklaven.
(Übersetzung, Ch. Lichtenthaeler, modifiziert, Hervorhebungen vom Autor)

Der Hippokratische Eid stammt (wie viele andere Schriften des sogenannten Hippokratischen Corpus) nicht von Hippokrates selbst (2. Hälfte des 5. Jhd. v. Chr.). Seine Herkunft und Entstehungszeit sind unklar. In der griechischen Antike war er unbekannt. Zum ersten Mal erwähnt wird er im 1. Jhd. n. Chr. Es ist daher verfehlt, ihn als Ausdruck der ärztlichen Ethik der antiken Medizin zu interpretieren (Leven, 1997).

Besonders umstritten ist das so genannte **Abtreibungsverbot** des Eides. In der wörtlichen Übersetzung wird nur die Gabe eines die Frucht tötenden Zäpfchens verboten. Andere Abtreibungsmethoden (z.B. durch die orale Gabe eines Abortivums oder auf mechanischem Weg), die in den Hippokratischen Schriften an anderer Stelle beschrieben sind, werden ausdrücklich nicht erwähnt. Zudem waren Abtreibungen in der Antike durchaus akzeptiert. Im römischen Recht galt der Fetus als Teil der Mutter und hatte daher keinen Rechtsstatus. Selbst das Neugeborene war in Rom noch kein vollwertiger Bürger, die Tötung von Neugeborenen zur Geburtenregelung daher eine durchaus übliche Praxis.

Erst mit der Christianisierung des Eides im Mittelalter wurde das Abtreibungsgebot kategorisch aufgefasst. Der Eid wurde zum festen Bestandteil der ärztlichen Tradition. Erste Promotionseide lassen sich in Wittenberg um 1508 nachweisen (Leven, 1997).

Der große »Erfolg« des Hippokratischen Eides erklärt sich sicherlich auch mit seiner Vieldeutigkeit und der geringen Konkretheit, die eine Identifikation mit dem Eid in verschiedenen kulturellen Kontexten leichter machte. Nicht zuletzt dürfte die Beschwörung des großen Vorbildes Hippokrates – auch heute noch – eine Entlastungsfunktion haben: Anstelle des eigenen, oft mühsamen ethischen Nachdenkens tritt die zunächst einfachere Berufung auf eine jahrhundertealte moralische Tradition.

**Richtlinien der Standesvertretungen** (vgl. die entsprechenden Abschnitte in den vorangehenden Kapiteln) sind wie der Hippokratische Eid Ausdruck des ärztlichen Standesethos der jeweiligen Zeit. Sie halten fest, was die ärztliche Gemeinschaft als für sie gültige Grundwerte und Handlungsorientierungen ansieht. Es ist bemerkenswert, dass viele dieser Richtlinien in neuerer Zeit kaum mehr enthalten als eine Paraphrase der ohnehin bestehenden rechtlichen Vorschriften. Dies weist möglicherweise darauf hin, dass es ein »spezifisch ärztliches« Standesethos zunehmend weniger gibt.

> Die moralischen Gebote jedes Ethos müssen einer ethischen Prüfung unterzogen werden, um festzustellen, mit welchen Gründen sie Geltung beanspruchen. Die bloße Berufung auf Tradition und ärztliches Selbstverständnis kann ein nach Gründen suchendes ethisches Argumentieren nicht ersetzen. Vorsicht ist geboten, wenn die moralischen Gebote eines Ethos, wie z.B. die Vorschriften im Hippokratische Eid, ohne weitere Begründung als ethisches Argument angeführt werden: was »man« tut (Ethos) muss nicht immer das ethisch Richtige sein!

## 12.2.2 Ethik und Recht

In der ethischen Debatte kann die Verwechselung der ethischen und der rechtlichen Ebene zu unnötigen Missverständnissen führen.

Auf der **ethischen Ebene** geht es darum zu prüfen, welche moralischen Aussagen, welche handlungsleitenden Werte und Normen »richtig« sind – oder bescheidener ausgedrückt: welche moralischen Aussagen am wenigsten »falsch« und am besten begründet, der Situation angemessen oder plausibel erscheinen.

Ob diese für richtig befundenen Werte dann die Zustimmung einer Mehrheit finden und sich auf der **rechtlichen Ebene** in Gesetzen fassen lassen oder nicht, ist für die ethische Prüfung unerheblich.

Umgekehrt müssen bestehende oder geplante rechtliche Regelungen einer ethischen Prüfung unterzogen werden. Nicht alles was »recht« ist, ist auch aus ethischer Sicht richtig. Die in schwierigen Entscheidungssituationen oft als erstes gestellte Frage, welche Optionen aus rechtlicher Sicht erlaubt seien, geht an der ethischen Frage nach der richtigen Handlung vorbei. Es ist sicherlich klug, seine Handlungen nach den Gesetzen auszurichten. Ethisch vertretbar ist diese Orientierung aber nur dann, wenn diese Gesetze auch aus ethischer Sicht angemessen sind. Wenn z.B. ein Gesetz die Abtreibung wegen »Gefahr für die Gesundheit der Mutter« bis zur Geburt erlaubt, heißt dies noch nicht, dass diese rechtliche Erlaubnis nicht mit guten ethischen Gründen hinterfragt werden kann (▶ Kap. 5.2.3).

Nicht übersehen werden darf auch, dass Ethik und Recht ganz unterschiedliche Aufgaben haben. Zwar fließen in die Gesetzgebung selbstverständlich auch ethische Überlegungen mit ein. Der politische Kontext eines Gesetzgebungsverfahrens muss jedoch zusätzlich auch andere, pragmatische Aspekte im Blick behalten: gesellschaftliche Wertepluralität, praktische Umsetzbarkeit, Kosten-Nutzen-Risiko-Analyse, oder mögliche Wertungswidersprüche zu bereits bestehenden nationalen und europäischen Gesetzen. Jede demokratisch legitimierte Gesetzgebung muss zudem grundsätzlich zu einem Kompromiss gelangen, der mehrheitsfähig ist:

The beauty of legislation is that the question regarding what is the right thing to do need not be answered; it suffices that a majority shares the same opinion as to what is right (Welie, 1998).

Nur die Ethik kann es sich »leisten«, unabhängig von den Mehrheitsverhältnissen, die Frage nach der »an sich« richtigen Handlungsweise zu stellen – und zu versuchen, eine Antwort zu geben.

**❷ Übungsfragen**

1. Erläutern Sie den Unterschied zwischen den Begriffen Ethik und Ethos
2. Nennen Sie drei mögliche Probleme im Bereich der Chirurgie. Warum sind es **ethische** Probleme?

## 12.3 Ethik begründen

Wenn es um die Frage geht, welche Handlung in einer bestimmten Situation ethisch geboten ist, genügt eine reine Beschreibung der unterschiedlichen moralischen Überzeugungen und Wertvorstellungen nicht. Die Wertvorstellungen müssen vielmehr auf ihre mehr oder weniger große Berechtigung geprüft werden: normative Ethik.

Grundproblem der normativen Ethik ist die Frage, nach welchen Kriterien die Berechtigung einer moralischen Aussage, wie z.B. »aktive Sterbehilfe ist erlaubt«, geprüft werden kann. Es lassen sich **zwei Begründungsstrategien** unterscheiden:

### Prinzipienorientierte Ethiken

Eine Begründung moralischer Aussagen kann mit Hilfe eines ethischen Systems erfolgen, dass sich an einer **ethischen Grundnorm** orientiert. Diese in den verschiedenen ethischen Systemen unterschiedlichen **Grundnormen oder Prinzipien** bilden das Kriterium, mit Hilfe dessen eine konkrete Handlung ethisch gerechtfertigt werden kann: **direkte ethische Begründung**.

Die ethischen Grundprinzipien sind dabei für jedermann, überall und zu jeder Zeit geltende Kriterien des Guten: z.B. göttliches Gebot (▶ Kap. 12.3.1), Natur (▶ Kap. 12.4.2), Nutzen (▶ Kap. 12.4.3), Vernunft (▶ Kap. 12.4.1) oder Konsens im freien Diskurs (▶ Kap. 12.4.5).

Diese Form ethischer Begründung ähnelt dabei in ihrer Struktur der wissenschaftlichen Begründung. Ist geklärt, welches ethische Grundprinzip gelten soll, d.h. welches ethische System für die Beurteilung moralischer Aussagen zu wählen ist, kann die ethische Untersuchung durch Anwendung dieses Grundprinzips auf die zur Entscheidung stehende Handlung erfolgen. Die Richtigkeit des Grundprinzips »garantiert« in diesem Fall die Richtigkeit der ethischen Folgerung: Wenn z.B. Nutzen das höchste Gut ist, dann muss bei einer Therapiebegrenzung (vgl. die Fallgeschichte »Maria« zu Beginn dieses Kapitels) diejenige Handlung gewählt werden, von der der größte Nutzen erwartet werden kann.

### Fallorientierte Ethik: Kasuistik

Ethische Begründung kann aber auch dadurch erfolgen, dass jede in Frage stehende Handlung mit einer oder mehreren Handlungen verglichen wird, die ihr möglichst ähnlich sind, deren moralische Beurteilung aber weniger problematisch ist: **indirekte oder kasuistische Begründung.**

Um die Zulässigkeit einer Therapiebegrenzung, z.B. durch Einstellung von künstlicher Ernährung und Flüssigkeitszufuhr zu klären, müsste daher zunächst untersucht werden, welchen ethisch eindeutiger zu beurteilenden Handlungen sie ähnelt: Handelt es sich bei der in Frage stehenden Therapiebegrenzung eher um ein »Verhungern- und Verdurstenlassen« oder um die »Einstellung einer sinnlos gewordenen Therapie«?

Um zu entscheiden, welches ethisch klarere Handlungsmuster (**ethisches Paradigma**) am ehesten zum problematischen Fall passt, müssen für jeden einzelnen Fall die Unterschiede und Übereinstimmungen zu den verschiedenen dem Fall ähnlichen ethischen Paradigmen herausgearbeitet werden. Die besonderen Umstände jedes Einzelfalls, die in prinzipienorientierten Ethiken oft unterbewertet werden, sind hier für die ethische Beurteilung entscheidend.

## 12.4    Prinzipienorientierte Ethiken

Die meistern Irrtümer der Menschen [...] kommen viel eher daher, dass sie beim Denken von falschen Prinzipien ausgehen als dass sie nach ihren Prinzipien falsch denken.

(*Arnauld und Nicole* (1662), S. 167)

Die wichtigsten prinzipienorientierten Ethiken, die in der Folge kurz vorgestellt werden, sind die theologische Ethik, die naturalistische Ethik, die utilitaristische Ethik, die rationalistische Ethik und die Diskursethik. Die hier gegebene Darstellung versucht eine für die medizinische Praxis handhabbare, knappe (und daher notwendig stark verkürzte) Darstellung dieser Ethikformen. Die philosophischen Grundaussagen und die möglichen kritischen Einwände können daher nur skizzenhaft wiedergegeben werden. Ziel ist es, den Nutzen und die Risiken prinzipienorientierten Argumentierens für medizinethische Fragestellungen zu verdeutlichen. Die folgende Fallgeschichte soll als Prüfstein für die in den einzelnen Ethiken angewendeten Argumentations- und Beurteilungsformen dienen.

> **Der Fall**
>
> Anlässlich einer Ultraschallfeindiagnostik bei Frau Bauer in der 11. Schwangerschaftswoche wird eine Fehlbildung der Gliedmaßen ihres ungeborenen Kindes festgestellt. Der rechte Arm fehlt ganz, das rechte Bein ist, soweit erkennbar, deutlich verkürzt. Frau Bauer ist verzweifelt, aber sie ist sich auch sicher: Ein »so schwer behindertes Kind« kann sie nicht großziehen. Ihr Partner äußert sich gefasst und klar: »Deshalb haben wir den Ultraschall ja machen lassen! Das Kind wird nie selbständig leben können. Die Gesellschaft akzeptiert so was nicht. Und wenn wir nicht mehr da sind, wer wird sich kümmern?« Beide bitten den Arzt, einen Schwangerschaftsabbruch durchzuführen.

Ist die Entscheidung von Herrn und Frau Bauer ethisch vertretbar oder nicht? Mit welchen Gründen lässt sich im Rahmen von prinzipienorientierten Ethiken für oder gegen die Zulässigkeit einer Schwangerschaftsunterbrechung in diesem Fall argumentieren?

## 12.4.1 Gott: theologische Ethik

Als Beispiel einer theologischen Ethik mit einem Schöpfergott als oberstem Prinzip soll die christliche Ethik, soweit für die Medizinethik relevant, kurz dargestellt werden.

### Hintergrund

Im christlichen Verständnis ist die Welt eine Schöpfung Gottes. Den Menschen hat Gott nach seinem Bild geschaffen. Die besondere Würde des Menschen und daher die Schutzwürdigkeit seines Lebens beruht auf dieser Gottesebenbildlichkeit.

Gott hat der Welt und dem Menschen zudem eine natürliche Wertorientierung mitgegeben. Der Mensch kann diese Werte mit seiner Vernunft entdecken. Die natürliche Wertorientierung der Schöpfung ist das **natürliche Sittengesetz**, das Gott für seine Geschöpfe zu ihrem Wohl und mit Blick auf ihr Lebensziel festgelegt hat.

Dieses unveränderliche natürliche Sittengesetz findet sich ausgedrückt in den Zehn Geboten des Alten Testamentes (Ex 20,2-17). Im Neuen Testament fasst sie Jesus für einen reichen Jüngling, der ihn fragt, was er tun soll, um das ewige Leben zu gewinnen, in knapper Form zusammen:

Du sollst nicht töten, du sollst nicht die Ehe brechen, du sollst nicht stehlen, du sollst nicht falsch aussagen, ehre Vater und Mutter! Du sollst Deinen Nächsten lieben, wie dich selbst! (Mt 19,16-19)

Das weitergehende neue Gesetz als Gesetz des Evangeliums findet sich vor allem in der Bergpredigt (Mt 5, 3-12). Zusammenfassen lässt es sich im Gebot Jesu »Liebet einander, wie ich euch geliebt habe« (Joh 13,34). Dem reichen Jüngling gab Jesus aber noch radikalere Antworten:

Wenn du vollkommen sein willst, geh, verkauf deinen Besitz und gib das Geld den Armen; so wirst du einen bleibenden Schatz im Himmel haben; dann aber komm und folge mir nach! (Mt 19,21)

Die wichtigsten Gebote einer christlichen Ethik sind die Liebe zu Gott und zu den Nächsten. Je größer die Hilflosigkeit eines Menschen, desto dringender wird die Verpflichtung, ihm zu helfen. Christus sagt: »Was ihr für einen meiner geringsten Brüder getan habt, das habt ihr mir getan« (Mt 25,40). Das Gebot der Nächstenliebe begründet auch das Prinzip gesellschaftlicher Solidarität, die Verpflichtung, für eine gerechte Güterverteilung und eine gerechte Gesellschaftsordnung zu arbeiten.

## »Du sollst nicht töten«

Vor diesem Hintergrund ist für den Bereich der medizinischen Ethik vor allem das fünfte Gebot von Bedeutung: »Du sollst nicht töten« (Dtn, 5,17). Hieraus abgeleitet müssen sowohl die aktive Sterbehilfe als auch die Schwangerschaftsunterbrechung als Verstoß gegen das Tötungsverbot Gottes gesehen werden. Das menschliche Recht auf Leben von der Empfängnis bis zum Tod wurzelt letztlich im Schöpfungsakt Gottes. Besonders die Schwangerschaftsunterbrechung, die sich gegen einen wehrlosen Menschen richtet, muss in dieser Perspektive als schwere Übertretung der göttlichen Ordnung erscheinen:

Gott, der Herr des Lebens, hat nämlich den Menschen die hohe Aufgabe der Erhaltung des Lebens übertragen, die auf eine menschenwürdige Weise erfüllt werden muss. Das Leben ist daher von der Empfängnis an mit höchster Sorgfalt zu schützen. Abtreibung und Tötung des Kindes sind verabscheuenswürdige Verbrechen (Pastorale Konstitution über die Kirche von heute, Gaudium et spes, 51,3, 7.12.1965).

In ähnlicher Weise, wenn auch weniger scharf, formuliert die evangelische Kirche Deutschlands:

> Anderes menschliches Leben, und so auch das Leben eines ungeborenen Kindes, darf nicht angetastet werden. Das Selbstbestimmungsrecht von Menschen begründet kein Verfügungsrecht über das Leben eines anderen Menschen [...] Schwangerschaftsabbruch ist Tötung menschlichen Lebens. Er steht im Widerspruch zum Gebot Gottes: »Du sollst nicht töten« (20. Juni 1991, Erklärung des Rates der Evangelischen Kirche in Deutschland (EKD) und der Konferenz der Evangelischen Kirchenleitungen des Bundes der Evangelischen Kirchen (BEK) in der ehemaligen DDR zur Abtreibung).

Die Erklärung von EKD und BEK weist aber zugleich darauf hin, dass für die Schwangere besondere Umstände bestehen können, die einen Abbruch zwar nicht rechtfertigen, die sie aber vor der leichtfertigen Verurteilung durch Andere schützen:

> Vor dem Gebot Gottes, das Leben bewahren will und darum das Töten untersagt, hat Schwangerschaftsabbruch immer mit Schuld zu tun. Die Härte dieser Erkenntnis darf nicht verdrängt werden. Aber sie berechtigt nicht zu Schuldvorwürfen. Jesus schärft ein: »Richtet nicht«. Niemand übersieht vollständig, in welcher Lage sich eine Frau und die ihr nahestehenden Menschen für den Schwangerschaftsabbruch entschieden haben. Vorrangig ist die Verpflichtung zur Selbstprüfung bei allen Beteiligten: Wo liegen eigene Versäumnisse beim Schutz des Lebens? Denn christlich ist es: sich selbst prüfen, die eigene Schuld sehen und eingestehen – und alle der Vergebung Gottes anvertrauen« (Erklärung, 1991).

---

**Der Fall**

Im Kontext der christlichen Ethik, dürfte Frau Bauer (▶ S. 279) daher eine Abtreibung nicht vornehmen. Dabei kommt es auf die näheren Umstände (wie etwa den Grad der Behinderung des Kindes) nicht an, da das Prinzip der Lebenserhaltung – als Gebot Gottes – ohne Einschränkung gilt.

---

## Kritische Würdigung

Zentrale Voraussetzung jeder theologischen Ethik ist der Glaube an die Existenz Gottes. Doch selbst wenn ein Gott existiert, bleibt zunächst noch unklar, ob und welche ethischen Gebote und Verbote er den Menschen gegeben hat. Konkrete ethische Anweisungen lassen sich daher nur von einem bestimmten Gott erhalten, also z.B. dem Gott der christlichen Offenbarung.

Eine theologische Ethik kann daher nur für diejenigen eine Orientierung geben, die an Gott glauben und die von der jeweiligen Religion als richtig angesehenen moralischen Grundwerte akzeptieren. Ein solches Fürwahrhalten einer göttlichen Ordnung ist jedoch nicht allein »Sache der Vernunft«. Notwendig ist ein zusätzlicher **Glaubensakt** als Akt des Vertrauens und der Konversion. Die Gültigkeit der ethischen Gebote einer theologischen Ethik lässt sich daher nicht unabhängig von diesem Glaubensakt nachweisen.

> Doch auch innerhalb einer christlichen Ethik bleibt bei vielen medizinethischen Fragestellungen offen, wie mit Wertkonflikten im Kontext dieses geoffenbarten ethischen Systems umzugehen ist. Bei Therapiebegrenzungsentscheidungen in der Neonatologie z.B. (▶ Kap. 2.1, Fallgeschichte Maria) bleibt zu fragen, ob das Gebot der Lebenserhaltung – auch in einem christlichen Kontext – so absolut gemeint sein kann, dass alle anderen Werte (wie z.B. das Annehmen der menschlichen Sterblichkeit oder die christliche *caritas*) dahinter zurücktreten müssen.

## 12.4.2 Natur: Naturalismus

Ethiken, die sich auf die »Natur« als oberstes Prinzip zur Beurteilung von Handlungen stützen, werden als (ethischer) Naturalismus bezeichnet.

Die klassische Form einer solchen naturalistischen Ethik ist die **Naturrechtsethik.** Sie geht davon aus, dass es in der Natur der Welt und des Menschen verankerte Normen und Werte gibt, aus denen sich grundlegende ethische Verpflichtungen für den Menschen ableiten lassen.

Die auf dem Naturrecht aufbauende Ethik beruht auf dem Weltbild der Antike. Grundüberzeugung ist es, dass jedes Naturwesen ein Ziel hat, zu dem es hinstrebt: **Teleologie** (gr. τό τέλος, das Ziel). Dieses Ziel ist das, was für das betreffende Naturwesen das Gute ist und was es anstrebt und zu verwirklichen sucht. So haben alle Lebewesen wie auch die Menschen natürliche Ziele, die ihr Handeln leiten. Der römische Jurist Ulpian (170–223 n. Chr.) fasst diese Auffassung zusammen:

Das Naturrecht ist das, was die Natur alle Tiere gelehrt hat. Denn dieses Recht ist nicht nur dem Menschengeschlecht eigen, sondern es ist allen Tieren gemeinsam, denen die auf der Erde oder im Wasser geboren werden und auch den Vögeln. Daraus ergibt sich die Verbindung von

Mann und Frau, die wir Ehe nennen [und] die Zeugung und Erziehung der Kinder […] (Digesta 1.1.3; Krüger, 1993)

Die Grundsätze des Naturrechts sind für alle Menschen bindend und können auch von allen Menschen erkannt werden. Die Gebote des Naturrechts orientieren uns in Richtung auf das, was für uns gut ist. Gut ist dabei das, was uns unserem Ziel als Menschen näher bringt.

Für Thomas von Aquin (1225–1274), der die Naturrechtsethik im Mittelalter weiterentwickelt hat, zeigen uns unsere natürlichen Neigungen (Inklinationen), was für uns als Menschen gut ist (Summa Theologica, I-II, q. 94, 2):

1. Die Bewahrung des Lebens,
2. die Verbindung von Mann und Frau,
3. die Geburt und Erziehung der Kinder,
4. die Erkenntnis der Wahrheit,
5. das Leben in Gesellschaft.

Das Naturrecht kann »aus dem Herzen der Menschen« nicht getilgt werden. Eine Handlung ist dann gut, wenn sie dieses in unseren Neigungen angezeigte Gute realisiert. Allerdings sind hierbei immer auch die Umstände der Handlungen zu berücksichtigen. Doch gibt es Handlungen, die nach dem Naturrecht immer und überall falsch sind, wie z.B. die Tötung eines Unschuldigen oder die Lüge.

---

**Der Fall**

Die Abtreibung eines behinderten Kindes (Frau Bauer, ▶ S. 279) würde also aus Sicht der Naturrechtsethik gegen die natürlichen Ziele der Bewahrung des Lebens und der Fortpflanzung des Menschen verstoßen.

---

## Kritische Würdigung

Die Naturrechtsethik geht von einem Naturbegriff aus, der starke Voraussetzungen macht. Natur wird hier nicht als Ergebnis eines durch Zufall und Notwendigkeit gesteuerten Evolutionsprozesses verstanden, sondern als Ausdruck einer Wertordnung. Daher lässt sich eine Naturrechtsethik auch, wie bei Thomas von Aquin, in einem theologischen Kontext leichter vertreten: Die Ordnung der Natur, die dem Menschen seine Ziele vorgibt, ist dann nichts anderes als die Schöpfungsordnung Gottes.

Aber auch in einem nicht-theologischen Kontext kann für eine Naturrechtsethik argumentiert werden. Voraussetzung hierbei ist, dass die »natürlichen Neigungen« des Menschen mit hinreichender Sicherheit identifiziert werden können und dass sich zeigen lässt, dass sie tatsächlich neben der Erhaltung des eigenen Lebens auch auf Fortpflanzung, Erkenntnis und soziales Leben zielen.

Die Schwierigkeit liegt dann allerdings in der Tatsache, dass sich der Mensch – in der Freiheit seiner Vernunft – durchaus immer auch Ziele setzt, die mit diesen natürlichen Neigungen in Konflikt geraten: Bewusster Verzicht auf Kinder, Gefährdung des eigenen Lebens für eine »gute Sache« oder für Andere, Rückzug aus dem gesellschaftlichen Leben, um in der Meditation die Nähe Gottes zu erfahren etc. So muss eine Naturrechtsethik die Frage beantworten, warum solche von der (ebenfalls naturgegebenen) Vernunft gesetzten Ziele, wenn sie mit den »natürlichen« Zielen in Konflikt geraten, weniger Geltung beanspruchen können.

Gegen jede Form einer Berufung auf die Natur als ethische Rechtfertigung einer bestimmten Handlungsoption lässt sich aber das Argument des **Sein-Sollen-Fehlschlusses** vorbringen: dass etwas so **ist**, heißt keineswegs, dass es auch so sein **soll**. Aus »ist«-Aussagen können logisch keine »soll«-Aussagen folgen. Aus der Tatsache, dass ein von Räubern überfallener Reisender schwer verwundet am Straßenrand liegt, folgt nicht, dass ich ihm helfen **soll**. Aus Fakten können keine Werte abgeleitet werden.

Das Argument des Sein-Sollen-Fehlschlusses lässt sich nicht nur gegen eine ausgearbeitete Naturrechtsethik, sondern gegen jede Berufung auf »Natürlichkeit« oder »Unnatürlichkeit« als angebliches Kriterium für die ethische Zulässigkeit oder Unzulässigkeit einer Handlung ins Feld führen.

> Kritisch gegen das Argument des Sein-Sollen-Fehlschlusses ist allerdings einzuwenden, dass die scharfe Trennung von »Fakten« und »Werten« die menschliche Wirklichkeit möglicherweise nicht immer angemessen wiedergibt. Ist der verwundete Reisende am Wegrand wirklich nur ein verletzter Körper (»Sein«) oder geht von ihm nicht auch der stumme Anspruch auf mitmenschliche Hilfe aus (»Du sollst mir helfen!«)?

### 12.4.3 Nutzen: Utilitaristische Ethik

Grundprinzip des Utilitarismus (lat. *utilitas*, Nutzen, Vorteil) ist der **Nutzen**. Diejenige Handlung gilt als gut, die den größten Nutzen zur Folge hat. Ziel aller Handlungen muss es sein, den Nutzen für möglichst viele Menschen zu maximieren: **the greatest good for the greatest number**.

Bestimmte Handlungen sind also nicht an sich gut oder schlecht, sondern im Hinblick auf ihre Folgen. Der Utilitarismus ist ein **Konsequentialismus.**

**Was heißt Nutzen?**

Nach der Antwort auf die Frage, was unter Nutzen zu verstehen ist, lassen sich zwei Formen des Utilitarismus unterscheiden:

**1. Hedonistischer Utilitarismus** (gr. ἡ ἡδονή, Vergnügen, Freude, Lust). Diese klassische Form des Utilitarismus wurde durch J. Bentham mit seiner Untersuchung *An Introduction to the Principles of Morals and Legislation* (1789) begründet. Für Bentham ist Nutzen gleichbedeutend mit *pleasure.*

Nature has placed mankind under the governance of two sovereign masters, *pain* and *pleasure*. It is for them alone to point out what we ought to do, as well as to determine what we shall do (Bentham, 1789, S. 11).

Alle anderen Werte (z.B. Reichtümer, Freunde, gesellschaftliche Bindungen) dienen – recht verstanden – nur diesem Ziel der »Lustmaximierung« nach dem **Prinzip des Nutzens:**

By the principle of utility is meant that principle which approves or disapproves of every action whatsoever, according to the tendency which it appears to have to augment or diminish the happiness of the party whose interest is in question (Bentham, 1789, S. 12).

Wichtig ist, dass es beim hedonistischen Utilitarismus nicht um den jeweils eigenen Lustgewinn geht, sondern um die größtmögliche Summe von Lustgewinnen in einer Gruppe. In einem *felicific calculus* gilt es, die numerische Größe des Lust-Schmerz Saldos für alle von einer Handlung Betroffenen zu bestimmen. Zu berücksichtigen sind dabei:
1. die Intensität,
2. die Dauer,
3. die Sicherheit oder Unsicherheit und
4. die zeitliche Nähe oder Entfernung

der Lust- oder Schmerzempfindungen.

Für jede Handlung ist zudem zu bedenken:

1.  Die »Fruchtbarkeit« (*fecundity*), d.h. die Wahrscheinlichkeit, dass auf eine Lust- oder Schmerzempfindung eine weitere gleicher Art folgt.
2.  Die »Reinheit« (*purity*), d.h. die Wahrscheinlichkeit, dass auf eine Lust- oder Schmerzempfindung eine Empfindung entgegengesetzter Art folgt.
3.  Die »Ausdehnung« (*extent*), d. h. die Anzahl der Menschen, die von Lust- oder Schmerzempfindungen betroffen sind.

Aus diesen unterschiedlichen Faktoren ergibt sich für jede Handlung ein Lust-Schmerz-Saldo. Überwiegt die Lust, ist eine Handlung ethisch gut, überwiegt der Schmerz, ist eine Handlung  ethisch schlecht. Auch ein Vergleich unterschiedlicher Handlungsoptionen wird durch diesen Glückskalkül (zumindest theoretisch) möglich.

**2. Präferenzutilitarismus.** Eine modernere Form des Utilitarismus, die u.a. von Peter Singer vertreten wird, versteht Nutzen nicht als Lust, sondern als die Befriedigung der **Interessen oder Präferenzen der Betroffenen**. Der Nutzen einer Handlung ist umso größer, je mehr Präferenzen der von dieser Handlung betroffenen Personen befriedigt werden. Ethisch gut ist es also, wenn nicht bloß meine eigenen Interessen Berücksichtigung finden, sondern möglichst die Interessen aller Betroffenen:

Anstelle meiner eigenen Interessen habe ich [...] die Interessen aller zu berücksichtigen, die von meiner Entscheidung betroffen sind. Dies erfordert von mir, dass ich alle diese Interessen abwäge und jenen Handlungsverlauf wähle, von dem es am wahrscheinlichsten ist, dass er die Interessen der Betroffenen weitestgehend befriedigt (Singer, 1994, S. 30).

Die Welt wird umso besser, je mehr Interessen befriedigt werden können. Dabei wird zumeist betont, dass es nicht um die Erfüllung beliebiger (flüchtiger, unüberlegter, langfristig schädlicher) Wünsche geht, sondern um die Maximierung der wohlüberlegten Wünsche und Präferenzen: *considered preferences*.

## Wessen Nutzen?

Utilitaristische Bewertungen von Handlungen unterscheiden sich nicht nur im Hinblick auf die Frage, was unter Nutzen zu verstehen ist, sondern auch hinsichtlich der Frage, um wessen Nutzen es geht.

Grundsätzlich zielt der Utilitarismus nicht auf die Optimierung des individuellen Nutzens – sonst wäre er ein bloßer Egoismus –, sondern auf die Optimierung des Nutzens einer größeren Gruppe von Individuen. Hier lassen sich drei Auffassungen vertreten:

**1. Total view:** Berücksichtigt werden muss die Gesamtsumme von Lust oder Präferenzerfüllung: Eine Maximierung dieser Globalsumme kann (a) durch Steigerung der Lust oder des Wunscherfüllungsgrades bereits existierender Wesen oder (b) durch Vermehrung der Zahl dieser Wesen erreicht werden – solange diese zusätzlichen Wesen jeweils einen positiven Lust- oder Wunscherfüllungssaldo aufweisen.

**2. Prior existence view:** Berücksichtigt werden müssen nur die Wesen, die zur Zeit der Handlung tatsächlich existieren.

**3. Average view:** Ziel ist es, die *durchschnittliche* Größe von Lust oder Wunscherfüllung zu steigern.

Je nachdem welche Ansicht vertreten wird, ergeben sich unterschiedliche Konsequenzen:

- Der *total view* führt zu der nicht unbedingt intuitiven Forderung, dass es ethisch geboten sein kann, möglichst viele Menschen ins Leben zu setzen. Eine große Zahl relativ wenig glücklicher Menschen wäre zudem einer kleinen Zahl sehr glücklicher Menschen vorzuziehen.
- Nach dem *prior existence view* würden bei Nutzenkalkülen die Interessen bloß potentieller Menschen (z.B. Embryonen) keine Rolle spielen.
- Der *average view* käme zu der Forderung, ein neues Kind solle nur dann geboren werden, wenn es (voraussagbar) glücklicher wäre als der Bevölkerungsdurchschnitt.

---

**Der Fall**

Die verschiedenen Spielarten des Utilitarismus können also zu durchaus unterschiedlichen ethischen Bewertungen führen. Legt man den Präferenzutilitarismus und den *prior existence view* zugrunde ist Frau Bauer (▶ S. 279) ethisch berechtigt, die Schwangerschaftsunterbrechung vorzunehmen: Die Interessen des ungeborenen Kindes müssen nicht berücksichtigt werden. Die Interessen anderer schon existierender Individuen werden, soweit dies

▼

> feststellbar ist, nicht beeinträchtigt, die Interessen der Eltern sprechen für die Unterbrechung. In einem *total view* könnte man außerdem argumentieren, dass das ungeborene Kind mit gewisser Wahrscheinlichkeit ohnehin kein Interesse an einem Leben als Behinderter in einer feindlichen Gesellschaft haben würde. Dann bestünde nach einer Schwangerschaftsunterbrechung die Chance auf die Geburt eines nicht-behinderten Kindes in einer neuen Schwangerschaft, dessen positiver Nutzensaldo den »Gesamtnutzen« zusätzlich erhöhen würde.

## Kritische Würdigung

Trotz der Plausibilität der Grundannahme, dass die Folgen einer Handlung für die ethische Beurteilung dieser Handlung relevant sein müssen, lassen sich gegen den Utilitarismus in der praktischen Anwendung eine Reihe von Einwänden vorbringen:

**1. Zwecke rechtfertigen nicht immer die Mittel:** Für eine Ethik, die wie der Utilitarismus nur die Konsequenzen einer Handlung in die moralische Beurteilung einbezieht, ist es zunächst gleichgültig, auf welchem Weg diese Konsequenzen erreicht werden, d.h. welche Mittel zum Ziel führen, wenn nur das Ziel selbst erstrebenswert (»nützlich«) ist. Wird durch die Folter ein Geständnis erpresst und so ein Terroranschlag verhütet, ist die Folter moralisch gerechtfertigt, da die positiven Konsequenzen überwiegen – eine Einschätzung, die der moralischen Grundüberzeugung von der absoluten Menschenrechtswidrigkeit der Folter widerspricht (▸ Kap. 12.6.2, Recht auf körperliche Unversehrtheit).

**2. Zu weit gehende moralische Verantwortung.** Ein Haupteinwand gegen alle Formen des Utilitarismus richtet sich gegen dessen These, dass es moralisch geboten sei, immer die Handlungsoption mit den jeweils bestmöglichen Konsequenzen für die größte Zahl von Betroffenen zu wählen. Ist das ernst gemeint, müssten wir bei jeder einzelnen unserer Handlungen darauf achten, die Interessen *aller anderen* in gleicher Weise zu berücksichtigen wie unsere eigenen. Diese Ausdehnung der Verantwortung auf »die ganze Welt« dürfte eine unrealistische Überforderung des Einzelnen sein.

**3. Opferung des Individuums für den Gesamtnutzen.** Prinzip des Utilitarismus ist es, nicht den Nutzen einzelner Individuen, sondern den aggregierten Nutzen einer größeren Gruppe von Individuen zu betrachten. Dieses Prinzip steht in Widerspruch zu der moralischen Grundüberzeugung vom Wert jedes einzelnen Individuums, der nicht gegen die Interessen anderer Individuen verrechnet werden darf (► Kap. 12.6.2, Selbstzweckhaftigkeit)

**4. Inkommensurabilität von Präferenzen verschiedener Individuen.** Im Kontext des hedonistischen Utilitarismus wird eine rechnerische Maximierung des Nutzens möglich: Gemeinsamer Nenner ist die Lust, die sich (zumindest prinzipiell) quantifizieren ließe. Sollen wie beim Präferenzutilitarismus jedoch individuelle Präferenzen maximiert werden, fehlt dieser gemeinsame Nenner: Wie sollen die Präferenzen eines Individuums (z. B. gute Studienbedingungen) mit den Präferenzen anderer Individuen (z. B. der Erhalt von Arbeitsplätzen im Steinkohlebergbau) gegeneinander abgewogen werden? Interessen und Präferenzen verschiedener Individuen sind in der Regel nicht vergleichbar (inkommensurabel). Eine Bestimmung des Gesamtnutzens von Handlungen für eine Gruppe von Individuen nach dem Kriterium des Präferenzutilitarismus ist daher nicht möglich.

## 12.4.4 Vernunft: Rationalistische Ethik

Grundprinzip einer rationalistischen Ethik ist die Vernunft, in der sich ein Gesetz des Handelns nachweisen lässt. Untersucht man, wie Immanuel Kant (1724–1804), welche Handlungen uns dieses Gesetz der Vernunft als »gut« vorschreibt, finden sich keine direkten inhaltlichen Forderungen. Vielmehr gilt für die Vernunft eine Handlung dann als gut, wenn der Grund, um derentwillen wir sie ausführen (ihre »Maxime«) allgemeines Gesetz werden könnte. Die Vernunft sagt uns, dass

ich niemals anders verfahren [soll], als so, daß ich auch wollen könne, meine Maxime solle ein allgemeines Gesetz werden (Kant, 1785, S. 28).

Für diese Forderung nach der möglichen Allgemeingültigkeit der Handlungsmaxime nötigt mir die Vernunft selbst »unmittelbare Achtung« ab. Als vernünftiges Wesen kann ich gar nicht anders als nur Handlungen zu wollen, deren Maximen allgemeingültig sein könnten. Es ergibt sich hier eine unmittelbare Verpflichtung. Die auf Kant zurückgehende rationalistische Ethik wird daher auch als **Pflichtenethik** oder **Deontologische Ethik** (gr. τό δέον, das Nötige, das Erforderliche) bezeichnet.

## Der kategorische Imperativ: zwei Formulierungen

Die Selbstverpflichtung der Vernunft lässt sich als **kategorischer Imperativ** formulieren:

Handle so, als ob die Maxime deiner Handlung durch deinen Willen zum allgemeinen Naturgesetze werden sollte (Kant, 1785, S. 51).

Kategorisch heißt ein solcher Imperativ deswegen, weil er nur der Vernunft verpflichtet ist und unabhängig von unseren Wünschen, Gefühlen, und Nutzenüberlegungen sagt, was getan werden soll.

Eine andere Formulierung des kategorischen Imperativs geht von der **Natur eines vernünftigen Wesens** aus. Jedes vernünftige Wesen **kann sich nicht anders denken,** als dass es nicht bloß Mittel zu bestimmten Zwecken, sondern immer auch »**Zweck an sich selbst**« ist, d.h. einen **Wert an sich** hat, unabhängig davon, wozu es gut ist. Der Mensch ist also z.B. nicht bloß Medizinstudent, mit dem Zweck sein Studium zu beenden und Arzt zu werden. Er ist immer auch einfach nur Mensch. Er ist nicht nur **für etwas** oder **für andere** da, sondern vor allem und immer auch **für sich selbst**: Er ist sein eigener Zweck. Das menschliche Leben hat also einen Wert an sich unabhängig davon, dass es sich auch als Mittel (für sich oder andere) zu den unterschiedlichsten Zwecken (Erfolg, Ruhm, Reichtum, Wissenschaft, Weisheit) einsetzen lässt. Aus dieser notwendigen Natur jedes vernünftigen Wesens ergibt sich eine zweite Formulierung des kategorischen Imperativs:

Handle, so, dass du die Menschheit sowohl in deiner Person, als in der Person jedes andern, jederzeit zugleich als Zweck, niemals bloß als Mittel brauchest (Kant, 1785, S. 61).

Folge ich diesen Geboten der Vernunft, bin ich als vernünftiges Wesen frei von äußeren Einflüssen und Bestimmungen: Ich gebe mir meine eigenen Gesetze, bin **autonom** (= selbst-gesetzgebend) und stimme doch – zumindest idealerweise – durch die geforderte Allgemeingültigkeit mit den vernünftigen Maximen aller übrigen vernünftigen Wesen überein. Handle ich als vernünftiges Wesen, bin ich frei von Fremdbestimmung (= **Heteronomie**) durch mein schlechteres Selbst, z.B. durch Gefühle, Neigungen oder materielle Anreize.

Frei bin ich aber auch von Fremdbestimmungen, die von anderen Menschen ausgehen.

## Sich das Leben nehmen

Kriterium zur ethischen Beurteilung von Handlungen sind also nicht das göttliche Gebot, die natürlichen Neigungen oder die Nutzenmaximierung, sondern die mögliche Allgemeingültigkeit der Handlungsmaxime oder das Gebot, niemanden ausschließlich als Mittel zu gebrauchen. Kant gibt ein Beispiel, das auch zur Beurteilung von aktiver Sterbehilfe und assistiertem Suizid herangezogen werden könnte:

> **Der Fall**
>
> Einer, der durch eine Reihe von Übeln, die bis zur Hoffnungslosigkeit angewachsen ist, einen Überdruss am Leben empfindet, ist noch so weit im Besitze seiner Vernunft, dass er sich selbst fragen kann, ob es auch nicht etwa der Pflicht gegen sich selbst zuwider sei, sich das Leben zu nehmen. Nun versucht er, ob die Maxime seiner Handlung wohl ein allgemeines Naturgesetz werden könne. Seine Maxime aber ist: ich mache es mir aus Selbstliebe zum Prinzip, wenn das Leben bei seiner längeren Frist mehr Übel droht als es Annehmlichkeit verspricht, es mir abzukürzen. Es fragt sich nur noch, ob dieses Prinzip der Selbstliebe ein allgemeines Naturgesetz werden könne. Da sieht man aber bald, dass eine Natur, deren Gesetz es wäre, durch dieselbe Empfindung, deren Bestimmung es ist, zur Beförderung des Lebens anzutreiben, das Leben selbst zu zerstören, ihr selbst widersprechen und also nicht als Natur bestehen würde, mithin jene Maxime unmöglich als allgemeines Naturgesetz stattfinden könne [...] (Kant, 1785, S. 52).

Die Maxime sich selbst aus Selbstliebe töten zu wollen enthält, wenn sie als allgemeines Gesetz gelten soll, einen inneren Widerspruch, den die Vernunft entdecken kann. Ein Einzelner kann zwar für sich eine solche Maxime fassen, sie kann jedoch nie Naturgesetz werden. Denn dann würde innerhalb der Natur ein Widerspruch entstehen: zwischen der Selbstliebe als Prinzip der Lebenserhaltung und dem aus Überdruss am Leben »neu gewollten« Gesetz, dass dieselbe Selbstliebe auch zum Prinzip der Lebensvernichtung werden solle. Auch im Hinblick auf die zweite Formulierung des kategorischen Imperativs ist die Selbsttötung abzulehnen: Hier würde der Suizident sich seiner eigenen

Person als bloßes Mittel bedienen, um seinem unerträglich scheinenden Leben zu entfliehen.

## Gedankenexperimente als ethischer Prüfstein

Bei jeder zu beurteilenden Handlung sind also zwei Gedankenexperimente für die zwei Formulierungen des kategorischen Imperativs durchzuführen:

1. Kann unsere Vernunft widerspruchsfrei wollen, dass die Maxime der geplanten Handlung als allgemeines Gesetz gelten soll?
2. Führt die geplante Handlung dazu, dass der davon Betroffene als bloßes Mittel gebraucht und nicht auch als Zweck und Wert an sich respektiert wird?

---

**Der Fall**

Für Frau Bauer (▶ S. 279) wäre also zu fragen, ob die Maxime ihrer Handlung: »Wenn das Kind behindert ist und dadurch mögliche Nachteile im späteren Leben hat, will ich die Schwangerschaft abbrechen« widerspruchsfrei als allgemeines Gesetz gewollt werden kann. Die Antwort auf diese Frage hängt davon ab, zu was ein solches allgemeines Gesetz des Schwangerschaftsabbruches in Widerspruch geraten könnte. Analog zur Argumentation bei der Selbsttötung könnte angeführt werden, dass die Unterbrechung einer Schwangerschaft kein allgemeines Gesetz werden kann, weil sie wie jede Tötung in Widerspruch zum Naturgesetz der Lebenserhaltung steht. Allerdings zielt die Maxime von Frau Bauer ja nicht auf ein allgemeines Gesetz, nach dem Schwangerschaften grundsätzlich abgebrochen werden sollten, sondern nur in Fällen, ähnlich dem ihren. Ein allgemeines Gesetz dieser (eingeschränkten) Art könnte durchaus mit dem Gesetz der Lebenserhaltung zugleich bestehen.

Überzeugender scheint die Argumentation nach der zweiten Formulierung des kategorischen Imperativs. Offensichtlich wird das ungeborene Kind nicht als Zweck an sich respektiert, da ihm ja die Möglichkeit eines nachgeburtlichen Lebens genommen wird. Es dient als Mittel für die Zwecke der Eltern.

---

## Kritische Würdigung

Schwierigkeiten für die rationalistische Ethik Kants entstehen auf zwei Ebenen: Grundsätzlich auf der Ebene des kategorischen Imperativs selbst und praktisch bei der Anwendung dieses Grundprinzips auf konkrete Handlungen.

Das grundsätzliche Problem in der ersten Formulierung des kategorischen Imperativs besteht in der Tatsache, dass viele **eingeschränkte** Handlungsmaximen durchaus als allgemein gültige Gesetze gedacht werden können, ohne dass die Vernunft dadurch mit sich selbst in Widerspruch geraten würde: so lassen sich einschränkte Tötungsmaximen für bestimmte Situationen, z.B. beim Schwangerschaftsabbruch durchaus generalisieren (▶ o.), ohne dass ein erkennbarer Widerspruch entstehen würde. Zudem scheint es, dass Kant zumindest bei der Zurückweisung von Tötungshandlungen auf ein außerhalb des kategorischen Imperativs gelegenes »Naturgesetz« der Lebenserhaltung zurückgreifen muss, dem die gewählte Tötungsmaxime widersprechen würde. Hierdurch ergeben sich aber die gleichen Schwierigkeiten, wie bei jeder anderen naturalistischen Ethikform (▶ Kap. 12.4.2).

Die zweite Formulierung scheint sich klarer und voraussetzungsloser auf das Selbstverständnis eines vernünftigen Wesens abzustützen. Allerdings bleibt zu fragen, ob tatsächlich jedes vernünftige Wesen »nicht anders kann« als sich immer auch als Wert oder Zweck an sich zu denken, der nie als bloßes Mittel missbraucht werden darf.

Praktische Probleme bestehen für die rationalistische Ethik Kants in 3 Punkten:

**1. Widersprechende Verpflichtungen.** Der kategorische Imperativ gebietet absolut. Lügen z.B. ist ethisch falsch, weil die Zulässigkeit von Lügen als allgemeines Gesetz den Wert jeden Versprechens aufheben würde. Deshalb kann eine Lüge nie moralisch erlaubt sein. In gleicher Weise ist auch die Selbsttötung, wie wir gesehen hatten, nicht erlaubt. Wenn ich nun nur durch eine Lüge (»ich habe mein Jagdgewehr gerade verlegt«) einen Lebensmüden vom Suizid abhalten kann, ist unklar, welcher absoluten Verpflichtung ich folgen soll. Auch in therapeutischen Situationen kann es in bestimmten (sehr seltenen) Fällen besser sein, nicht die ganze Wahrheit zu sagen (▶ Kap. 1.5.6), um dem Patienten nicht zu schaden. Dies wäre nach Kant grundsätzlich nicht zulässig.

**2. Fehlende Berücksichtigung des Kontextes.** Durch den rein formalen Charakter abstrahiert der kategorische Imperativ von den besonderen Umständen des Einzelfalls. Der Kontext einer Entscheidung spielt keine Rolle. Eine Tötung bleibt immer und überall verboten auch wenn dadurch, z.B. beim Tyrannenmord, großes Leiden verhindert werden könnte. Aus dieser fehlenden Berücksichtigung des Entscheidungskontexts erklären sich auch die Schwierigkeiten, konkrete Situationen anhand der beiden Formulierungen des kategorischen Imperativs zu überprüfen. Wie beim Beispiel zum Schwangerschaftsabbruch bleiben entscheidungsrelevante Aspekte unberücksichtigt: künftige Lebensqualität des Kindes, Möglichkeiten der Eltern, gesellschaftlicher Kontext.

**3. Eine Ethik für vernünftige Wesen.** Kant selbst betont, dass seine rationalistische Ethik den Menschen als »vernünftiges Wesen« im Blick hat. Neigungen oder Gefühle spielen für die Frage, was als »moralisch gut« gilt, keine Rolle. Es wäre zu fragen, ob dieses (bewusst) abstrakte Menschenbild nicht die Wurzel für die Anwendungsprobleme seiner rationalistischen Ethik darstellt: Wie kann (und warum sollte) der konkrete Mensch, der ja nicht nur Vernunft sondern auch Leiblichkeit ist, sein Handeln allein an reinen Vernunftkriterien ausrichten?

## 12.4.5 Freier Austausch: Diskursethik

Die von den Philosophen Karl-Otto Apel und Jürgen Habermas seit den 70er Jahren des letzten Jahrhunderts entwickelte Diskursethik kann als eine Weiterentwicklung der rationalistischen Ethik Kants verstanden werden. Sie versucht dabei, auch die Folgen einer Handlung für die ethische Bewertung zu berücksichtigen (▶ Kap. 12.4.3, Konsequentialismus).

### Grundprinzip

Grundannahme ist es, dass das ethisch Richtige nicht gleichsam im »inneren Monolog« eines Einzelnen mit »der Vernunft« ermittelt werden kann, sondern dass der für die Moderne problematische Vernunftbegriff Kants durch den Bezug auf eine »kommunikative Vernunft« ersetzt werden muss. Eine solche kommunikative Vernunft wird in jedem realen Austausch zwischen Kommunikationspartnern greifbar. An die Stelle der reinen Vernunft Kants tritt die Vernunft der Kommunikationsgemeinschaft. Hieraus ergibt sich das Grundprinzip der Diskursethik:

Handle nur nach einer Maxime, von der du, aufgrund realer Verständigung mit den Betroffenen bzw. ihren Anwälten oder – ersatzweise – aufgrund eines Gedankenexperiments, unterstellen

> kannst, dass die Folgen und Nebenwirkungen, die sich aus ihrer allgemeinen Befolgung für die Befriedigung der Interessen jedes einzelnen Betroffenen voraussichtlich ergeben, in einem realen Diskurs von allen Betroffenen zwanglos akzeptiert werden können (Apel, 1988, S. 123).

Diejenige Handlungsweise ist daher richtig, der alle von der Handlung Betroffenen in einer freien und gleichen, **vernünftig-argumentativen Auseinandersetzung** (Diskurs) ohne Zwang zustimmen können. In dieser Auseinandersetzung sind die Folgen der Handlung für jeden einzelnen Teilnehmer zu berücksichtigen. Betroffene, die nicht selbst am Diskurs teilnehmen können, müssen Stellvertreter erhalten. Eine solche **ideale Kommunikationssituation** ist die »Grundnorm«, an der alle Entscheidungen ethisch gemessen werden müssen.

## Begründung

Die Begründung des Grundprinzips der Diskursethik beruht indirekt darauf, dass es in gewisser Weise nicht sinnvoll bestritten werden kann. Denn derjenige der bezweifelt, dass es durch einen freien und gleichen Diskurs gelingen kann, das ethisch Richtige zu ermitteln, kann dies nur tun, wenn er diese Meinung tatsächlich verbal äußert. Dadurch aber wird er Teil dieses Diskurses und Teil der Suche nach dem ethisch Richtigen. Er nimmt also für sein Bestreiten des Grundprinzips der Diskursethik dieses Prinzip schon in Anspruch und setzt es dadurch voraus. Wer durch Eintritt in einen Diskurs das Prinzip des Diskurses bestreitet, verwickelt sich daher in einen Selbstwiderspruch und sägt sich so gleichsam den argumentativen Ast ab, auf dem er selber sitzt.

## Praktische Anwendung

Neben der Begründung des freien und gleichen Diskurses als oberstem ethischen Kriterium gibt die Diskursethik aber auch ein Verfahren an, mit dem in der Praxis des Diskurses, z.B. in einer klinischen Ethikberatung, moralisch unklare Situationen bearbeitet werden können. Die ideale Kommunikationssituation des freien Diskurses dient als Vorbild für die Gestaltung realer Kommunikationssituationen. In realen Gesprächssituationen zur ethischen Entscheidungsfindung müssen daher die folgenden Rahmenbedingungen so weit wie möglich sichergestellt werden:

1. Alle von der in Frage stehenden Handlung Betroffenen müssen beteiligt werden.
2. Jeder darf seine Meinung frei und ohne Zwang (Hierarchien!) äußern.

3. Jede Meinung muss in gleicher Weise ernst genommen und im Diskurs berücksichtigt werden.
4. Die Konsequenzen der Handlung für jeden einzelnen Beteiligten müssen ermittelt und diskutiert werden
5. Die Interessen derjenigen, die sich nicht selbst äußern können (z.B. Neugeborene, Nicht-Einwilligungsfähige), müssen durch Stellvertreter berücksichtigt werden.
6. Die Entscheidung muss von allen Beteiligten gemeinsam getragen werden können.

Besonders dieser letzte Punkt ist oft schwierig. Zu unterscheiden sind hier zwei Weisen, auf die eine gemeinsame Entscheidung zustande kommen kann:

1. Bei einer Entscheidung im **Konsens** (dem Idealfall) verbleiben keine offenen oder versteckten Widersprüche Einzelner zu der getroffenen Entscheidung.
2. Kann nur ein **fairer Kompromiss** erreicht werden, müssen einige oder alle Beteiligten auf Teile ihrer Interessen verzichten, können aber dennoch die Gesamtentscheidung mittragen, da andere Teile ihrer Interessen berücksichtigt wurden.

Ein bloßer **Mehrheitsentscheid** kann den Ansprüchen des Diskursprinzips jedoch nicht genügen, da hier in der Regel nicht von einer **gemeinsam** getragenen Entscheidung gesprochen werden kann. Hier könnte zudem eine Situation entstehen, in der eine von der Entscheidung kaum betroffene Mehrheit eine sehr stark betroffene Minderheit dauerhaft überstimmt (z.B. im Hinblick auf die Nicht-Gewährung von teuren lebenserhaltenden Maßnahmen bei seltenen Erkrankungen).

---

**Der Fall**

Soll die Frage nach der Zulässigkeit der Schwangerschaftsunterbrechung bei einem behinderten Kind (▶ S. 279) diskursethisch geklärt werden, müssten zunächst alle Beteiligten, die Eltern, das Behandlungsteam und ggf. ein Stellvertreter für das ungeborene Kind die unterschiedlichen Interessen aus ihrer jeweiligen Perspektive darlegen und versuchen, im Hinblick auf diese Interessen einen Konsens oder einen Kompromiss zu finden. Alles hängt

▼

hier davon ab, welche Interessen stellvertretend für das Ungeborene ermittelt werden. Hier müssten die künftige Lebensqualität aber auch der Wert des Lebens »an sich« unabhängig von Einschränkungen oder Behinderungen Berücksichtigung finden. Eine solche stellvertretende Ermittlung und Abwägung der Interessen des Ungeborenen dürfte außergewöhnlich schwierig sein. Ein fairer Anwalt müsste bei der in Frage stehenden Entscheidungssituation gegenüber der Familie Bauer wohl das grundsätzliche »Lebensinteresse« des Kindes bejahen. In diesem Fall wäre jedoch weder ein Konsens noch ein Kompromiss denkbar, so dass auf diskursethischem Weg keine Lösung des Konfliktes erreichbar scheint.

## Kritische Würdigung

**Probleme der Anwendung.** Am Beispiel der Entscheidung über eine Schwangerschaftsunterbrechung wird die grundsätzliche Schwierigkeit des diskursethischen Vorgehens deutlich. Es bleibt auf einen Konsens oder zumindest einen Kompromiss angewiesen. Faire Kompromisse sind aber in manchen Situationen grundsätzlich nicht möglich, da die Interessen der Betroffenen nicht gleichzeitig berücksichtigt werden können und auch ein **teilweiser** Verzicht auf die jeweils eigenen Interessen nicht vorstellbar ist (▶ o. Lebensinteresse).

Zudem sind in der praktischen Anwendung auch die übrigen Anforderungen an eine ethisch »richtige« Entscheidungsfindung nur sehr schwer zu berücksichtigen. Besonders die Beteiligung **aller** Betroffenen aber auch die Freiheit von Zwang sind nur schwer sicherzustellen. Die in der Praxis oft schwierige Ermittlung und Abwägung der Interessen aller Betroffenen führt im diskursethischen Verfahren zu der gleichen Überforderung, die schon beim Utilitarismus problematisch war (▶ Kap. 12.4.3)

**Probleme der Begründung.** Die diskursethische Begründung der Ethik setzt voraus, dass der Gegner des Grundprinzips tatsächlich in den Diskurs mit einer bestehenden Kommunikationsgemeinschaft eintritt. Dies kann er aber vermeiden – z.B. indem er seine Ablehnung nicht diskursiv, sondern durch Gewalt zu verstehen gibt. Fraglich ist auch, ob die **eine** menschliche Kommunikationsgemeinschaft – als schwacher Abglanz der einen Vernunft – selbst nur als Idealbild besteht, oder ob es nicht eine Vielzahl unterschiedlicher Kommunikationsgemeinschaften gibt, die eine den jeweils anderen Gemeinschaften nur schwer verständliche »ethische Sprache« sprechen.

**❓ Übungsfragen**

1. Worin bestehen die argumentativen Schwierigkeiten für eine theologisch begründete Ethik?
2. Was versteht man unter dem »Sein-Sollen-Fehlschluss«? Geben Sie hierzu ein Beispiel aus dem alltäglichen Leben.
3. Welche zwei Hauptformen des Utilitarismus werden unterschieden?
4. Handlungen nach ihren Folgen zu beurteilen ist plausibel. Auf welche Schwierigkeiten stößt aber eine solche utilitaristische Beurteilung von Handlungen?
5. Was sollen wir tun, wenn wir (mit Kant) auf die Stimme der Vernunft hören?
6. Welche Randbedingungen müssen bei einem diskursethischen Verfahren in der praktischen Entscheidungsfindung berücksichtigt werden? Auf welche Weise kann ein Ergebnis erreicht werden?

## 12.5   Ethischer Nihilismus

Die Schwierigkeiten der prinzipienorientierten Ethiken, die sich um eine Begründung von moralischen Überzeugungen bemühen, könnten zu der Folgerung führen, dass moralische Überzeugungen nichts anderes als rein subjektive Vorlieben und Abneigungen sind. Eine normative Ethik als der Versuch, Werte zu begründen, wäre nach dieser Überzeugung zum Scheitern verurteilt, da es so etwas wie allgemeinverbindliche ethische Werte »nicht gibt«: Ethischer Nihilismus.

Schon in der Antike traten Skeptiker auf, welche die Existenz ethischer Werte bestritten. In die mühsame Suche des Sokrates nach dem Wesen der Gerechtigkeit – Gerechtigkeit muss mehr sein, als nur jedem das zu geben, was ihm zusteht (▶ Kap. 10.2.2) – platzt der Sophist Trasymachos »recht wie ein wildes Tier«:

In was für leerem Geschwätz seid ihr doch schon lange befangen, o Sokrates? [...] Ich nämlich behaupte, das gerechte sei nichts anders als das dem Stärkeren zuträgliche (Platon, Politeia, S. 51;57).

Die Frage nach dem »Guten« oder »Gerechten« ist für Trasymachos völlig unsinnig und überflüssig. Was zählt, ist der Erfolg in der Welt, und hier ist es offensichtlich, dass der Stärkere, der Betrüger, der Lügner vor allem aber der Tyrann, d.h. der »im Großen Ungerechte«, erfolgreich und glücklich ist.

Von Friedrich Nietzsche wurde diese Auffassung im 19. Jahrhundert aufgegriffen und weiterentwickelt. Hinter all dem »Gerede«, von Ethik und Moral verbirgt sich: »Nichts« Die oft mit großem Pathos vertretenen moralischen Prinzipien ethischer Systeme sind letztlich nur der **Ausdruck bestimmter Interessen.**

Für den moralischen Nihilismus besteht das Problem nicht darin, dass es schwierig wäre zu **erkennen,** welche Handlungen gut und schlecht sind. Er bezweifelt ganz grundsätzlich, dass Werte wie »gut« und »schlecht« moralische Werte sind, die unabhängig von Interessen und gesellschaftlichen Machtverhältnissen bestimmt werden könnten.

## Der Hintergrund der Moral: Machtspiele

Das, was als Moral bezeichnet wird ist für den ethischen Nihilisten bloß eine »hinzugelogene« Verschleierung der harten Wirklichkeit. Hinter all den Idealismen und hohen Werten verbergen sich nämlich in letzter Analyse Machtinteressen und Machtkämpfe.

Gut und böse heißt nichts anderes als gut und schlecht im Hinblick auf eine bestimmte Lebensform, auf eine bestimmte Ausprägung des Willens zum Leben, des Willens zur Macht.

In Wirklichkeit ist daher die so genannte »Moral« nichts anderes als der **Ausdruck bestehender Machtverhältnisse:** Die Schwachen machen sich eine Ressentiment-Moral, die Stärke verurteilt. Die Starken brauchen keine Moral; ihnen ist das, was sie aus Stärke tun, immer gut genug. Was in einer bestimmten Gesellschaft zu einer bestimmten Zeit als »gut« gilt, ist daher bei Starken wie bei Schwachen immer das Resultat von Überwältigungsprozessen und Machtspielen.

Nietzsche zieht eine radikale Konsequenz aus den Schwierigkeiten, Werte allgemeingültig zu begründen. Wenn niemand die vorgebliche Allgemeingültigkeit von moralischen Urteilen begründen kann, muss gefragt werden, ob nicht andere Werturteile ebenso erlaubt sind: **Umwertung aller Werte.** Neue Werte, die vielleicht sogar der machtvollen Entfaltung des Lebens, der menschlichen Entwicklung und Selbstüberwindung förderlicher sind.

> **Der Fall**
>
> Für den ethischen Nihilismus sind alle ethischen Fragen nichts anderes als Machtfragen. Insofern ist die Suche nach einer spezifisch ethischen, mit Gründen arbeitenden Bewertung der geplanten Schwangerschaftsunterbrechung von Frau Braun (► S. 279) sinnlos. Ob die Unterbrechung zulässig oder nicht zulässig ist, entscheidet sich im »Kampf« der verschiedenen Interessen, in denen sich die stärkeren Interessen durchsetzen. Für den ethischen Nihilismus ist dies jedoch völlig unproblematisch, weil sich in dieser Durchsetzung des jeweils Stärkeren das »Gesetz des Lebens« zeigt, dem wir uns nicht entziehen können. Auch kollektive »Moral«-Vorstellungen, wie sie sich etwa in gesetzlichen Regelungen niederschlagen, sind nichts anderes als die Widerspiegelung der bestehenden Machtverhältnisse.

## Kritische Würdigung

Der ethische Nihilismus zieht die radikale Konsequenz aus der Vielzahl bestehender und zueinander widersprüchlicher ethischer Systeme, welche für ihn die Berechtigung ihrer Grundannahmen nicht erweisen können. Allerdings ist die Folgerung, die er aus diesen Schwierigkeiten zieht, nicht zwingend. Selbst wenn ethische Werturteile nicht aus Prinzipien »beweisbar« sind, folgt daraus noch nicht, dass es nicht doch einen Kernbestand an ethischen Grundwerten gibt, der für alle Menschen in gleicher Weise einen möglichen Horizont ihres Handelns bilden kann (► Kap. 12.6.2). Die Forderung nach der »Beweisbarkeit« moralischer Prinzipien verkennt möglicherweise zudem, dass im Bereich der Ethik andere Genauigkeitsansprüche bestehen als im Bereich der Wissenschaft (► Kap. 12.6).

Zudem bedeutet die Beobachtung, dass ethische Werturteile auch Ausdruck von Interessen und Machtansprüchen sein können nicht, dass sie **nur** interessen- und machtgesteuert sind: Dass es im Interesse der »Schwachen« sein kann, eine Mitleidsmoral zu entwickeln, bedeutet nicht, dass Mitleid nicht unabhängig davon auf eine ursprüngliche ethische Grunderfahrung zwischen Menschen verweist.

Zwar kann der ethische Nihilismus auch diese Einwände zurückweisen – so wie der Solipsist die Existenz der Außenwelt leugnen kann, die er als bloße Vorstellung in seinem Bewusstsein ansieht. Auch die absolute Verneinung ist eine mögliche Form des Vernunftgebrauchs – und der radikalste Ausdruck menschlicher Freiheit. Allerdings ist eine solche absolute Verneinung von

Werten – wie auch der äußeren Wirklichkeit – in letzter Konsequenz nur »alleine« lebbar.

Das Grundmissverständnis des ethischen Nihilismus scheint darin zu liegen, dass er die Ethik als eine auf unbeweisbaren Prinzipien gründende »Weltanschauung« missversteht, die sich in Machtspielen mit konkurrierenden Weltanschauungen durchsetzen oder untergehen muss. Ein alternatives (bescheideneres) Verständnis von Ethik würde jedoch davon ausgehen, dass zumindest die elementaren ethischen Grundwerte in der menschlichen Begegnung »entstehen« und daher keine unbewiesenen Ideologien, sondern erfahrbare Horizonte menschlichen Handelns sind (▶ Kap. 12.6.2).

## 12.6 Klinischer Pragmatismus

Prinzipienbasierte Ethiken müssen mit zwei Schwierigkeiten kämpfen:

1. Es besteht keine Einigkeit darüber, **welches Grundprinzip** (Gott, Natur, Nutzen, Vernunft, freier Austausch) als oberstes Prinzip bei der ethischen Bewertung von Handlungen zugrunde gelegt werden soll.
2. Zudem führt jedes Prinzip bei der Prüfung von konkreten Fallbeispielen zu **Anwendungsproblemen**, die darauf beruhen, dass das direkte Begründungsverfahren (▶ Kap. 12.3) die besonderen Umstände des Einzelfalls nur schwer angemessen berücksichtigen kann.

Für eine pragmatische Medizinethik scheint es daher sinnvoll, eine andere Art ethischer Orientierung zu suchen.

Möglicherweise beruhen die Schwierigkeiten prinzipienbasierter Ethiken auch auf einem Missverständnis der Ethik, von der ein zu hohes Maß an quasiwissenschaftlicher Genauigkeit verlangt wird: Das richtige Grundprinzip soll die Wahrheit der aus ihm abgeleiteten ethischen Handlungsnormen »garantieren«.

Schon Aristoteles hatte aber mit Blick auf die Ethik darauf hingewiesen, dass man auf diesem Gebiet nur so viel »Genauigkeit« verlangen darf, wie es der Gegenstand zulässt.

Man darf nicht in allen Disziplinen (λόγοις) ein gleiches Maß von Strenge anstreben […] Es scheint beinahe dasselbe zu sein: einem Mathematiker Glauben zu schenken, der Wahrscheinlichkeitsgründe vorbringt, wie von einem Redner zu fordern, dass er seine Sätze beweise (Aristoteles, Nikomachische Ethik, I-3, 1094b, S.3).

Wenn die Aufgabe einer klinischen Ethik darin besteht, konkrete Entscheidungen in bestimmten klinischen Situationen zu finden, bietet es sich an, zunächst von konkreten Einzelfällen auszugehen und klinische Ethik als fallbasierte Ethik zu betreiben: **Kasuistik** (▶ Kap. 12.6.1).

Ein **rein** kasuistisches Vorgehen könnte Gefahr laufen, ohne jede ethische Orientierung am Ende keine echte Bewertung der verschiedenen Handlungsoptionen vornehmen zu können. Daher scheint es ratsam, die klinische Kasuistik durch eine Orientierung an ethischen Grundwerten zu ergänzen (▶ Kap. 12.6.2) – ein Vorgehen, das sich zusammenfassend als **klinischer Pragmatismus** kennzeichnen lässt.

> Eine klinisch orientierte Medizinethik sollte vermeiden, sich in dogmatischer Weise an ein bestimmtes ethisches Grundprinzip oder System zu binden. Von philosophischer Seite wird das »gegen den Methodenmonismus skeptische Vorgehen« der Medizin als praxis- und fallorientierter Wissenschaft sogar als »Vorbild« für eine philosophische Ethik ausdrücklich herausgestellt (O. Höffe, 1997).

## 12.6.1 Fallorientiertes Vorgehen

Eine medizinethische Kasuistik wie sie von Jonsen und Toulmin (1988) gestützt auf eine historische Analyse der kasuistischen Tradition vorgeschlagen wurde hat zwei Ausgangspunkte:
1. den konkreten Fall und
2. eine in der Gesellschaft existierende moralische Praxis.

Die kasuistische Methode vertritt die Überzeugung, dass moralisches Wissen immer »fallbezogen« ist. Für die primäre Beurteilung von Handlungen werden zunächst nicht abstrakte Prinzipien (»Du sollst nicht töten«), sondern konkrete Beispiele (»Die Ermordung der Lehrer und Schüler in Erfurt war Unrecht«) oder einfache Regeln von moralisch gutem oder schlechtem Verhalten herangezogen (»Gewalt gegenüber Unschuldigen ist schlecht«). Diese eindeutigen **Paradigmen,** die aus der moralischen Praxis einer bestimmten Gesellschaft oder Kultur gewonnen werden, dienen als moralische »Grenzsteine« für die Beurteilung weniger eindeutiger Situationen.

**Beispielhafte Fälle** prägen unser moralisches Denken und erhellen so eine Klasse von Situationen. Sie sind also keine bloßen Illustrationen allgemeiner

Prinzipien, sondern umgekehrt die **Quelle moralischer Einsicht und Autorität**. Der Verzicht auf eine Behandlung der Syphilis bei Farbigen in der Tuskegee-Studie (▶ Kap. 9.2), war offensichtliches Unrecht. Dieses Beispiel hilft durch seine Klarheit, die Grenzen klinischer Forschung auch in anderen Fällen, deutlich zu machen.

Beim kasuistischen Vorgehen werden Handlungen durch den Vergleich mit Beispielen oder einfachen Regeln (*bottom up*) beurteilt. Hierin liegt der entscheidende Unterschied zu einer deduktiv vorgehenden prinzipienorientierten Ethik (*top down*).

Eine Konsequenz dieser Methode des Vergleiches und der Ähnlichkeitsprüfung ist aber auch, dass so gewonnene Urteile nie die absolute Gewissheit deduktiver Schlüsse haben können. Bei kasuistisch gewonnenen praktischen Urteilen ist die **Gültigkeit der Schlussfolgerung** direkt von der Ähnlichkeit der einzelnen Situation mit einer aus früherer Erfahrung gewonnenen allgemeinen Regel abhängig. Ein so gewonnenes Urteil ist deswegen stets nur relativ, nie absolut gültig und muss mit Ausnahmen rechnen, da stets nur Ähnlichkeit nie Gleichheit mit der allgemeinen Regel erreicht werden kann (Jonsen und Toulmin, 1988, S. 35).

Für eine klinische Kasuistik schwierig aufzulösende Konflikte entstehen, wenn eine Situation an verschiedenen einander widersprechenden Paradigmen gemessen werden kann. Die Schwierigkeit vieler Therapieentscheidungen in der neonatalen Intensivtherapie z.B. besteht darin, dass hier zwei in der Medizin akzeptierte Paradigmen ethischen Handelns gegeneinander stehen:

1. Der Arzt soll Leben erhalten
2. Der Arzt soll kein sinnloses Leiden verursachen

In der Situation der frühgeborenen Maria (vgl. das Fallbeispiel zu Beginn von Kap 12.1) konnten bei der von den Ärzten getroffenen Entscheidung nicht beide Paradigmen zusammen in gleicher Weise berücksichtigt werden: Die Lebenserhaltung wurde mit einer Vergrößerung des späteren Leidens erkauft. Die Eltern hätten eine andere Abwägung gewünscht (▶ Kap. 12.7).

## Grenzen der kasuistischen Methode

An diesem Fallbeispiel zeigen sich die Grenzen der kasuistischen Methode. Es müssen zusätzliche Kriterien gefunden werden, die es erlauben, zwischen einander ausschließenden Paradigmen eine begründbare Wahl zu treffen.

Daher braucht auch eine fallbasierte Ethik immer einen moralischen Orientierungsrahmen. Das Ausgehen von einer existierenden moralischen Praxis kann dabei problematisch sein, da auf diese Weise eine Distanz zu herrschenden (aber möglicherweise falschen) moralischen Vorstellungen nur schwer gewonnen werden kann.

Wohin eine Kasuistik führen kann, die ohne ethische Orientierung »freischwebend« gesellschaftlichen oder machtpolitischen Vorgaben folgt, hat Blaise Pascal in seinen *Lettres provinciales* (1657) mit meisterhafter Ironie gezeigt. Die Bemühungen der jesuitischen Kasuisten, in einer Analyse konkreter Einzelfälle »jedem die Hand zu reichen«, führen dazu, dass alle im Recht sind: Gläubiger, die Wucherzinsen verlangen – und Schuldner, die ihre Schulden nicht bezahlen (8. Brief), Richter die sich bestechen lassen – und Angeklagte, die diese bestochenen Richter umbringen (7. Brief), Könige die regieren – und Untertanen, die ihre Herrscher ermorden (14. Brief). Jede Kasuistik, die nicht ins Beliebige abgleiten will, ist deshalb implizit oder explizit auf eine zusätzliche ethische Orientierung angewiesen.

## 12.6.2 Drei ethische Grundwerte

»[…] the principles upon which men reason in morals are always the same; though the conclusions which they draw are often very different«

(*David Hume, A Dialogue* (1751), S. 193)

Ein Orientierungsrahmen für eine medizinethische Kasuistik ist nicht notwendig auf die Ergebnisse prinzipienorientierter Ethiken angewiesen. Er kann sich vielmehr an ethischen Grundeinsichten orientieren, die zwar nicht letztbegründet, aber doch plausibel sind und die wir in der Folge darstellen möchten.

In unserer moralischen Praxis folgen wir immer schon Idealen, die wir für gültig halten, ohne dass wir »beweisen« könnten, warum dies so ist. An solchen grundlegenden Intuitionen orientieren wir uns, wenn wir z.B. die willkürliche Misshandlung von Kindern für moralisch verwerflich halten, eine unterlassene Hilfeleistung bei einem Schwerverletzen kritisieren oder den gleichen Zugang zu elementaren Gesundheitsleistungen für alle fordern.

In gewisser Weise sind die diesen Urteilen zugrunde liegenden Werte »selbstevident« oder zumindest plausibel. Sie sind uns oft nur unklar bewusst und müssen entwickelt und entfaltet werden, damit wir besser verstehen, woran wir uns im Alltag immer schon ethisch orientieren.

Wie schon Schopenhauer feststellte ist es sehr schwer (wenn nicht unmöglich), Ethik zu begründen. Viel leichter ist es dagegen zu bestimmen, welche **inhaltlichen Grundüberzeugungen** unsere Alltagsethik ausmachen:

Das Princip, den Grundsatz, über dessen Inhalt alle Ethiker eigentlich einig sind, in so verschiedene Formen sie ihn auch kleiden [will ich] auf den Ausdruck zurückführen, den ich für den allereinfachsten und reinsten halte: *neminem laede; immo omnes, quantum potes, iuva*. Dies ist eigentlich der Satz, welchen zu begründen alle Sittenlehrer sich abmühen [...] (Schopenhauer (1840), S. 177).

Neminem laede, immo omnes quantum potes iuva: **Schade niemandem, hilf vielmehr allen, soviel du vermagst.**

Und es scheint tatsächlich, dass dieser Satz weitgehend geteilte ethische Grundwerte zusammenfasst, die auch einer klinisch-ethischen Analyse zur Orientierung dienen können – eine entsprechende Entfaltung, nähere Bestimmung und Unterstützung durch plausible Argumente vorausgesetzt.

- **Schade niemandem,** d.h. respektiere den Anderen als Anderen, seine leiblichen Grenzen, aber auch seine freien Entscheidungen, mit anderen Worten: Achte die **Selbstbestimmung** des Anderen.
- **Hilf,** d.h. unterstütze den Anderen und sorge für ihn, wenn er sich selbst nicht mehr helfen und selbst nicht mehr für sich bestimmen kann, mit anderen Worten: antworte auf die »Ansprüche« des Anderen und übernehme für ihn **Verantwortung.**
- **allen, soviel du vermagst,** d.h. versuche diese helfende Verantwortung für alle zu übernehmen, in den Grenzen, die deinen Kräften gesetzt sind, mit anderen Worten: versuche einen Ausgleich herzustellen zwischen den Ansprüchen der Anderen und deinen Möglichkeiten und dadurch die Tugend der **Gerechtigkeit** zu üben.

Diese drei Grundwerte von **Selbstbestimmung, Verantwortung** und **Gerechtigkeit** sollen im Folgenden näher erläutert und plausibel gemacht werden.

## Selbstbestimmung

Der ethische Grundwert der Selbstbestimmung oder **Autonomie** fordert, dass jeder über sein eigenes Schicksal selbst und ohne Einflüsse von außen frei bestimmen darf. Selbstbestimmung in einem weiten Sinn verstanden, lässt sich in **drei Momente** gliedern:

**1. Nicht-Einmischung** – *The right to be left alone.* Dieses im Grundwert der Selbstbestimmung enthaltene Abwehrrecht bezieht sich zunächst auf den eigenen Körper: Recht auf **körperliche Unversehrtheit** und Freiheit vor Verletzungen z.B. durch ungewollte ärztliche Eingriffe. Es umfasst aber auch das Recht, jede Einmischung von außen, die auf die Beeinflussung eigener Handlungen abzielt, zurückzuweisen: »Das ist mein Leben!«. So kann das Recht auf Selbstbestimmung als Recht auf Nicht-Einmischung die Zurückweisung einer ärztlicherseits vorgeschlagenen und sogar indizierten Behandlung rechtfertigen. Das Recht auf Nicht-Einmischung ist als Abwehrrecht so grundlegend, dass es auch antizipativ durch eine Patientenverfügung ausgeübt werden kann (▶ Kap. 4). Aber auch das Recht auf informationelle Selbstbestimmung (▶ Kap. 2.3) gründet in der Selbstbestimmung, verstanden als Recht auf Nicht-Einmischung.

**2. Handlungsfreiheit.** Positiv gewendet bedeutet Selbstbestimmung das Recht jedes Menschen, über seine Lebensplanung und Lebensgestaltung frei zu entscheiden. Dieses Recht jedes einzelnen, selbst über sein Leben zu entscheiden und das faktische Bestehen von sehr unterschiedlichen Lebensentwürfen, verbieten es in der Regel, sich in ethischen Entscheidungssituationen auf »allgemein geteilte Wertvorstellungen« zu berufen (▶ Kap. 3.1.4).

Negatives (Nicht-Einmischung) und positives Selbstbestimmungsrecht (Handlungsfreiheit) sind in praktischen Situationen zumeist beide betroffen:

---

**Der Fall**

»Lassen Sie uns mal machen: erst Bestrahlung, dann OP, dann Chemo, wäre doch gelacht, wenn wir den Tumor nicht in den Griff kriegen« – »Aber ich würde lieber die letzte Zeit bei meinen Kindern verbringen« – »Ach was, erst einmal müssen Sie gesund werden!«

---

Dieses hoffentlich historische Beispiel zeigt, wie leicht es sein kann, über das Selbstbestimmungsrecht des Patienten »hinwegzureden«.

> **❯** Die adäquate Ausübung des freien Selbstbestimmungsrechtes setzt im medizinischen Bereich (Einwilligung oder Nicht-Einwilligung in eine Behandlung) eine angemessene Aufklärung voraus: *informed consent* (▶ Kap. 1).

**3. Selbstzweckhaftigkeit.** Selbstbestimmung enthält aber noch ein drittes Bedeutungsmoment: Jeder Mensch hat eine Bestimmung, die ihn selbst einzigartig macht. Der Mensch setzt sich nicht bloß Ziele, die er erreichen will. Er ist mehr als alle seine Ziele, die er in freier Selbstbestimmung festlegt. Er ist **an sich selbst ein Ziel**, unabhängig von dem was er geworden ist oder anstrebt: er ist sich »Zweck an sich selbst« in der Formulierung von Kant – was umgekehrt bedeutet, dass er nie ausschließlich als Mittel zu etwas gebraucht werden kann: Selbstzweckhaftigkeit des Menschen oder **Instrumentalisierungsverbot** (▶ Kap. 12.4.4).

Die Selbstzweckhaftigkeit des Menschen macht auch seine Würde aus. Die **Menschenwürde** besteht darin, dass der Mensch nie nur einen relativen Wert (»Marktpreis«) hat, der mit anderen Werten verrechnet werden könnte, sondern immer auch einen absoluten Wert, d.h. eben eine Würde.

Aus diesem Verbot der Instrumentalisierung des Menschen, das in dem erweiterten Verständnis von Selbstbestimmung als Selbstzweckhaftigkeit wurzelt, ergeben sich wichtige Konsequenzen für die klinische Ethik, auf die wir in den vorhergehenden Kapiteln schon hingewiesen hatten:

- Besonders in der **klinischen Forschung** besteht die Gefahr, dass der Mensch als bloßes Mittel im Dienst des Fortschritts »benutzt« wird (▶ Kap.9.3.2).
- Bei **psychisch Erkrankten** (▶ Kap. 6.3) ist die Selbstbestimmung als Handlungsfreiheit oft eingeschränkt. Die Selbstbestimmung als Selbstzweckhaftigkeit bleibt jedoch trotz der Erkrankung erhalten, da sie nicht an bestimmte Bewusstseinszustände oder psychische Funktionen geknüpft ist, sondern jedem vernünftigen Wesen unverlierbar zukommt (▶ Kap. 12.4.4).
- Die Selbstzweckhaftigkeit des Menschen begründet auch ein **Lebensrecht jedes Menschen** – unabhängig von kulturellen Kontexten, die dieses Lebensrecht für bestimmte Gruppen einschränken wollen (z.B. bei der selektiven Abtreibung weiblicher Neugeborener; ▶ Kap. 5.1.3)

> Das Selbstbestimmungsrecht des Menschen sollte nicht zu eng gefasst und auf das Recht auf Nicht-Einmischung und die Handlungsfreiheit reduziert werden. Auch das Instrumentalisierungsverbot ist ein Moment des Rechts jedes Menschen, auf sein eigenes Leben. Alle drei Momente menschlicher Selbstbestimmung zusammen beschreiben den bei jedem Menschen zu schützenden Kernbereich seiner Existenz.

**Zur Plausibilität.** Der ethische Grundwert der Selbststimmung in seinen drei Momenten wird (heute) so selbstverständlich akzeptiert, dass es kaum nötig zu sein scheint, seine Gültigkeit plausibel zu machen. Doch ist es wichtig, deutlicher zu sehen, warum der Grundwert der Selbstbestimmung so fundamental ist.

- Jeder Mensch sieht sich als »Herr im eigenen Haus« und als derjenige, der über sein Leben entscheiden soll. Dies ist der Kern menschlichen Selbstverständnisses. Für Kant zeigt sich hier eine Forderung der Vernunft selbst. Es ist aber auch der eigene Leib, als Quelle von Lust und Schmerzen, der Anderen eine Grenze setzt, die sie »nur mit Erlaubnis« überschreiten dürfen.
- Niemand darf daher etwas mit einem Menschen machen, ohne ihn vorher um Erlaubnis zu fragen. Würde dieses Prinzip der Erlaubnis (Engelhardt, 1996) nicht akzeptiert, wäre **Gewalt** die notwendige Folge: Wir müssen uns wehren, wenn Kernbereiche unseres Selbstverständnisses aber auch unseres Körpers verletzt werden. Mit dem Akzeptieren des Prinzips der Selbstbestimmung, nach dem jede »Grenzüberschreitung« eine Erlaubnis braucht, wählen wir eine Welt »friedlicher Koexistenz«. Natürlich bleibt die entgegengesetzte Wahl grundsätzlich möglich. Die Konsequenz jedoch wäre ein Krieg aller gegen alle.

## Verantwortung

Verantwortung lässt sich am besten als »Antworten auf Ansprüche« des Anderen verstehen. Ein Antworten, das nicht verbal sein muss:

> **Der Fall**
>
> Es war ein Mensch, der ging von Jerusalem hinab nach Jericho und fiel unter die Räuber; die zogen ihn aus und schlugen ihn und machten sich davon und ließen ihn halbtot liegen. Es traf sich aber, dass ein Priester dieselbe Straße hinabzog; und als er ihn sah, ging er vorüber. Desgleichen auch ein Levit: als er zu der Stelle kam und ihn sah, ging er vorüber.
> Ein Samariter aber, der auf der Reise war, kam dahin; und als er ihn sah, jammerte er ihn; und er ging zu ihm, goss Öl und Wein auf seine Wunden und verband sie ihm, hob ihn auf sein Tier und brachte ihn in eine Herberge und pflegte ihn. Am nächsten Tag zog er zwei Silbergroschen heraus, gab sie dem Wirt und sprach: Pflege ihn; und wenn du mehr ausgibst, will ich dir's bezahlen, wenn ich wiederkomme (Lk 10, 30-35).

Hier geht es nicht um die theologische Dimension der Parabel, sondern um die Frage, warum der Samariter als einziger nicht weiterging, sondern geholfen hat.

Offensichtlich ging (für ihn) vom Verletzten etwas aus, das ihn so ansprach, dass er nicht anders konnte als zu helfen. Seine Hilfe war eine Antwort auf die Verwundung des Reisenden, in Erinnerung an die eigene Verwundbarkeit und an die Verbindung, welche diese gemeinsame Verwundbarkeit zwischen den Menschen herstellt (Levinas, 1972; Hick, 2004). Dieses Bewusstsein einer den Menschen gemeinsamen Verwundbarkeit fordert eine helfende Antwort und verweist so auf den zweiten Grundwert: die Verantwortung für den Anderen.

Die Verantwortung kann natürlich auch zurückgewiesen werden: Levit und Priester gingen vorbei. Sie bleibt als Forderung aber dennoch bestehen, weil sie vom Anderen ausgeht: Der Verletzte verlangt nach einer Antwort, auch wenn man vorübergeht oder die Augen abwendet, um den stummen Anspruch auf Hilfe nicht wahrnehmen zu müssen.

> **Der Fall**
>
> Oberarzt Mayr ist ärgerlich. Er war mit dem Aufklärungsbogen lange im Zimmer, hat alles ausführlich erklärt – aber Frau Bode hat die Operation abgelehnt. Eine einfache Cholezystektomie bei akuter Cholezystitis, in ihrem Alter wäre das doch gar kein Problem gewesen! Aber bitte, wenn sie nicht will, soll sie doch sehen, wie sie bei den Internisten klarkommt. Spätestens nach der Perforation sehen wir sie wieder.

Eine früh-elektive Cholezystektomie bei einem Patienten ohne besonderes Risiko, wie bei Frau Bode, wäre klar indiziert gewesen. Doch wenn die Patientenaufklärung angemessen vorgenommen wurde (► Kap. 1.5.2) hätte sich Oberarzt Mayr hier zunächst nichts vorzuwerfen – die Selbstbestimmung des Patienten wurde respektiert: *the right to be left alone*. Allerdings stellt sich das ungute Gefühl ein, dass er Frau Bode doch nicht so (beleidigt?) ihrem Schicksal überlassen durfte. Dass er mehr tun müsste, als die Selbstbestimmung zu achten. Und dieses Mehr, das in jeder Beziehung über den Respekt vor den Grenzen des Anderen hinaus geschuldet wird, ist die Verantwortung für den Anderen. Konkret könnte dies für Oberarzt Mayr bedeuten, dass er es in einigem Abstand noch einmal versucht, einen Kollegen schickt oder mit den Angehörigen spricht, d.h. sich für den Patienten einsetzt, für ihn Verantwortung übernimmt: **Fürsorge.**

Wenn die Verantwortung als zweiter Grundwert neben der Selbstbestimmung Geltung erhält, ergibt sich eine wichtige Folgerung: Der Einzelne ist nicht auf der Insel seiner Selbstbestimmung eingeschlossen. Es gibt Verbindungen zwischen den Menschen, die es einem Menschen gestatten, für einen anderen zu handeln. Auch der Arzt kann – in Grenzen – erkennen, was »für den Patienten gut« ist, selbst wenn der Patient es verbal nicht aussprechen kann oder will. Die »Black-Box-Anthropologie« (Welie, 1996), nach der jeder allein ist und nur allein entscheiden kann, weil keiner in ihn hineinsehen und wissen kann, was er braucht, ist eine Verkürzung der zwischenmenschlichen Wirklichkeit. Es gibt eine **ursprüngliche Verbundenheit** zwischen den Menschen, die Verantwortung, die einen (wenn auch begrenzten) Einblick in die Bedürfnisse des Anderen gestattet. Das schließt nicht aus, dass es in vielen Situationen ratsam sein kann, sich nicht auf diese ursprüngliche Verbundenheit und die darauf gründende ärztliche Verantwortung zu verlassen, sondern explizit festzulegen, was man will (▶ Kap. 4.2).

**Zur Plausibilität:** Verantwortung als Grundwert und Ausdruck zwischenmenschlicher Verbundenheit lässt sich vor allem in der Begegnung mit dem Anderen **erfahren**. Sie kann aber auch durch zwei Überlegungen nachgezeichnet werden.

1. Die Tatsache, dass wir das Leiden eines Mitmenschen nicht bloß als Schauspiel wahrnehmen, sondern in gewisser Weise »mit-leiden« zeigt, dass hier eine Verbindung bestehen muss, die über eine bloße Koexistenz hinausgeht. Das Phänomen des **Mitfühlens** verweist auf den Grundwert der Verantwortung als zweiten Grundwert der klinischen Ethik neben der Selbstbestimmung (vgl. hierzu vor allem Welie, 1996).

2. In der Begegnung mit einem Anderen wird deutlich, dass wir uns ihm nicht entziehen können, dass er unsere (nur scheinbar) autonome Abgeschlossenheit herausfordert und Ansprüche stellt. Exemplarisch deutlich wird dies im »Gesicht« oder **Antlitz des Anderen**. Das Antlitz des Anderen ist mehr als die bloße Wahrnehmung seiner Gesichtsformen. Es ist auch mehr als jede Beschreibung, die ich von ihm geben könnte, es ist mehr als bloßes Phänomen: Das Antlitz ist **Ausdruck** und als Ausdruck ist es immer mehr als das was ich als Abbild wahrnehme (Lévinas 1992, S. 43). Das Antlitz als Ausdruck hat daher eine Bedeutung, welche die Vorstellung, die ich »mit den Augen« wahrnehmen kann, übersteigt:

Das Antlitz mit dem der Andere sich mir zuwendet, lässt sich nicht in die Vorstellung von diesem Antlitz auflösen. Sein Leiden anhören, das nach Gerechtigkeit schreit, heißt nicht, sich ein Bild vorstellen, sondern sich als verantwortlich setzen (Lévinas 1992, 237).

Das Gesicht des Nächsten bedeutet für mich eine nicht zurückweisbare Verantwortung, die jeder freien Zustimmung, jedem Abkommen, jedem Vertrag vorausgeht (Lévinas 1978, 141).

Das Antlitz des Anderen verweist, richtig betrachtet, wenn ich es nicht bloß mustere, d.h. nicht bloß auf die Farbe seiner Augen achte, auf meine Verantwortung für ihn und auch auf meine mögliche Schuld: das Antlitz des Hungernden fordert, dass ich ihm von meinem Brot zu essen gebe.

Der Sinn dieser ungesprochenen primären Sprache des Gesichtes lässt sich in dem Gebot zusammenfassen: »Du wirst (mich) nicht töten.« (Levinas, 1982, S. 81)

Die Tötung bleibt natürlich faktisch immer möglich. Aber mit jeder Tötung wird nicht nur der andere Mensch, sondern auch seine fundamentale Bindung zu mir zerstört: das Band der Verantwortung.

## Gerechtigkeit

Die Verantwortung verpflichtet mich gegenüber dem »Nächsten«. Sobald neben dem Nächsten ein Dritter auftritt stellt sich die Frage, wie ich meine Verantwortung »verteilen« soll. Wem schulde ich was? Wie finde ich einen gerechten Ausgleich?

> **Der Fall**
>
> Frau Munch hat starke Zahnschmerzen, seit einigen Wochen schon. Endlich entschließt sie sich einen Zahnarzt anzurufen. Die Arzthelferin ist freundlich aber klar: »Starke Schmerzen? Gut, wie sind sie versichert? AOK…Tut uns leid, dann haben wir erst wieder Ende des Jahres Termine. Vielleicht bei einer anderen Praxis?«

Sicherlich sind Zahnschmerzen nicht lebensbedrohlich und es wird Frau Munch auch wahrscheinlich gelingen, einen anderen Arzt zu finden, der sie rascher behandelt. Das Beispiel verweist jedoch auf ein grundsätzliches Gerechtigkeitsproblem: dürfen medizinische Leistungen nach der Zahlungsfähigkeit zugeteilt werden, oder gibt es eine gesellschaftliche Verpflichtung durch Ausgleich einen gleichen Zugang sicherzustellen. Bei »bloßen« Zahnschmerzen stellt sich die Frage vielleicht noch nicht in voller Schärfe. Aber wenn es um den gleichen Zugang zu kardiovaskulärer Bypasschirurgie oder zu lebensrettenden Transplantationen geht?

Solche Fragen nach einer gerechten Mittelverteilung hatten wir bereits in Kapitel 10 untersucht und dort zwei Formen der Gerechtigkeit unterschieden ▶ Kap. 10.2.2)

1. Die **Tauschgerechtigkeit** gibt jedem das Seine. Eine Umverteilung findet nicht statt. Nur wer gibt, dem wird auch gegeben in dem Maße, wie er zuvor gegeben hat: **Marktprinzip**.
2. In einem System der **sozialen Gerechtigkeit**, werden unverdiente Benachteiligungen ausgeglichen. Jeder erhält das, was er braucht, wenn nötig durch Umverteilung von Ressourcen. Die Leistungsfähigeren unterstützen mit ihren Mitteln diejenigen, die sich nicht selbst helfen können.

Wir hatten in Kapitel 10.2 gesehen, dass wichtige Argumente für einen Gerechtigkeitsbegriff sprechen, der eine Ausgleichskomponente enthält und ein System der sozialen Gerechtigkeit daher vorzugswürdig scheint.

**Zur Plausibilität.** Für einen solchen solidarischen Gerechtigkeitsbegriff als ethischen Grundwert können zwei Argumente angeführt werden:

1. Ein reines System der Tauschgerechtigkeit ist mit dem ethischen Grundwert der **Verantwortung für den Anderen** nicht kompatibel. Die Ansprüche eines Verletzten werden ja nicht deshalb weniger dringlich, weil dieser kein Geld hat, um für seine Behandlung zu bezahlen. So gibt der Samariter dem Wirt für die Pflege des Verletzten »zwei Silbergroschen« und fügt sogar noch hinzu: »Wenn du mehr ausgibst, will ich dir's bezahlen, wenn ich wiederkomme.« Er »gleicht aus« und gibt, *à fonds perdu*, ohne auf Rückzahlung hoffen zu dürfen – aus Verantwortung für den Anderen.

2. Doch auch aus einem zweiten Grund scheint ein System ausgleichender Gerechtigkeit vorzugswürdig zu sein, wie John Rawls (1975) in einem Gedankenexperiment zu zeigen versucht hat. Er fragt sich, welchen Gerechtigkeitsbegriff vernünftige Menschen in einer hypothetischen Ursituation wählen würden:

Zu den wesentlichen Eigenschaften dieser Situation gehört, dass niemand seine Stellung in der Gesellschaft kennt, seine Klasse oder seinen Status, ebenso wenig sein Los bei der Verteilung natürlicher Gaben wie Intelligenz oder Körperkraft. Ich nehme sogar an, dass die Beteiligten ihre Vorstellung vom Guten und ihre besonderen psychologischen Neigungen nicht kennen. Die Grundsätze der Gerechtigkeit werden hinter einem Schleier des Nichtwissens festgelegt. Dies gewährleistet, dass dabei niemand durch die Zufälligkeiten der Natur oder der gesellschaftlichen Umstände bevorzugt oder benachteiligt wird (Rawls, 1975, S. 29).

In dieser Situation würden die Menschen ein System der Gerechtigkeit wählen, das unter bestimmten Bedingungen einen **Ausgleich von natürlichen oder sozialen Benachteiligungen** vorsieht. Für jeden Einzelnen, der hinter dem *veil* *of ignorance* nicht weiß, ob er zu den »Gewinnern« oder »Verlieren« der natürlichen oder sozialen Lotterie gehören wird, wäre anderenfalls das Risiko zu groß, jede entstehende Verteilung von natürlichen oder sozialen Ressourcen akzeptieren zu müssen und dabei im schlimmsten Fall keinerlei Hilfe von den »Glücklicheren« erwarten zu dürfen. Die Menschen in der Ursituation würden daher den Grundsatz wählen,

> dass soziale und wirtschaftliche Ungleichheiten, etwa verschiedener Reichtum oder verschiedene Macht, nur dann gerecht sind, wenn sich aus ihnen Vorteile für jedermann ergeben, insbesondere für die schwächsten Mitglieder der Gesellschaft (Rawls, 1975, S. 32).

Vernünftige Menschen, die in Unkenntnis ihrer künftigen Situation wählen müssten, würden daher immer ein System sozialer Gerechtigkeit wählen, das einen fairen Ausgleich von unverschuldeten Benachteiligungen vorsieht: **Gerechtigkeit als Fairness.**

## Grundwerte realisieren

Es könnte scheinen, dass diese Grundwerte letztlich nichts anderes sind als drei ethische Prinzipien, aus denen konkrete Handlungsanweisungen abgeleitet werden könnten. Dies wäre aber ein Missverständnis und ein Rückfall in ein prinzipienorientiertes ethisches Denken. Die Grundwerte müssen als Orientierung, als Wegmarken oder Leuchttürme verstanden werden. Es gilt:

- Grundwerte sind zu verwirklichende Ziele, keine Prinzipien, aus denen etwas folgt.
- Sie gründen nicht in bloßer Intuition, sondern in plausiblen Überlegungen.
- Ihre konkrete Bedeutung muss stets ausgehend vom zur Entscheidung stehenden Fall entwickelt werden.

Aus den drei Grundwerten lassen sich also keine »Gesetze des Handelns« ableiten, die einfach nur eingehalten werden müssten. Ihre Forderungen an uns sind unbegrenzt, ihre Realisierung wird immer unvollkommen bleiben – zumal die sich aus jedem einzelnen Grundwert ergebenden Forderungen zueinander in Widerspruch stehen können: Die Verantwortung fordert, dass ich dem andern »alles« gebe, die Selbstbestimmung, dass ich auch auf die Respektierung meiner eigenen Grenzen achte und die Gerechtigkeit, dass ich eine Verteilung anstrebe, die möglichst vielen das gibt, was sie brauchen. Die Verwirklichung der Grundwerte bleibt daher immer stückhaft und unvollkommen. Ihre Verwirklichung erlaubt und fordert **moralisches Wachstum.**

Diese Überforderung durch ethische Ideale ist aber auch eine Befreiung. Die Grundwerte sichern uns eine **ethische** Orientierung in Handlungs- und Entscheidungssituationen, in denen nicht-ethische Einflüsse stark sind und zu überwiegen drohen: Gewohnheit, Machtstrukturen, Ressourcenknappheit, religiöse Vorurteile, persönlicher Ehrgeiz, Einzel- oder Gruppenegoismus, ideologische Verblendungen.

## Universelle Gültigkeit der drei Grundwerte

Wenn die drei Grundwerte also auch immer nur unvollkommen realisiert werden können und sie im Letzten nicht »beweisbar« sind – weil die Ethik eine solche beweisende Genauigkeit nicht zulässt (Aristoteles) – ist ihr Anspruch auf Geltung doch unbegrenzt. Sie gelten für alle Menschen, unabhängig von ihren kulturellen oder weltanschaulichen Überzeugungen. Auch dieser universelle Anspruch kann jedoch nicht bewiesen, sondern nur durch Argumente plausibel gemacht werden:

1. Jeder würde in unparteiischer Betrachtung wollen, dass die anderen seine Selbstbestimmung respektieren, Verantwortung für ihn übernehmen und ihm Gerechtigkeit widerfahren lassen.
2. Die drei Grundwerte sind faktisch weitgehend geteilte Ideale.
3. Für die Missachtung der Selbstbestimmung, die Flucht aus der Verantwortung oder den Verzicht auf Gerechtigkeit lassen sich keine überzeugenden Argumente anführen.

Der theoretische Einspruch eines ethischen Nihilisten (▶ Kap. 12.5), der die drei Grundwerte in freier Verneinung nicht anerkennt, bleibt möglich. In der Praxis dürfte es ihm jedoch schwer fallen, seinen Einspruch zu leben.

Die Universalität der Grundwerte erlaubt es auch, historisch gewachsene kulturelle Verirrungen zu **kritisieren**, wenn sie diese Grundwerte manifest missachten. So kann der Stimme des Schwächeren auch im Nebel traditionsversunkener Gedankenlosigkeit Geltung verschafft werden (▶ Kap. 5.1.3).

## Die drei Grundwerte in klinischen Entscheidungssituationen

In der Beurteilung klinischer Situationen geben die Grundwerte eine Orientierung und werfen Licht auf die zu entscheidenden Situationen. Dabei können sie auf drei verschiedene Weisen die Entscheidung unterstützen:

**1. Unmittelbare Gültigkeit.** Nur in wenigen eindeutigen Situationen geben die Grundwerte eine unmittelbare Orientierung: Keine Menschenversuche ohne Einwilligung des Probanden (Selbstbestimmung), Nothilfe (Verantwortung) oder gesundheitliche Grundversorgung (Gerechtigkeit)

**2. Abwägung.** In den meisten Situationen müssen die Ansprüche der Grundwerte gegeneinander abgewogen werden und können nicht gleichzeitig realisiert werden. Hier ist es die Aufgabe des ethischen Argumentierens zu klären, wie viel Gewicht jedem Grundwert in einer spezifischen Situation zukommen soll. So musste Oberarzt Mayr (▶ S. 309) abwägen, wie weit er die freie Entscheidung von Frau Bode respektieren will (Selbstbestimmung) und wie weit er seiner Verantwortung folgen will, das für sie Beste zu tun und sie noch einmal von der Notwendigkeit des Eingriffs zu überzeugen.

**3. Interpretation.** In vielen Situationen ist nicht unmittelbar klar, in welcher Bedeutung ein bestimmter Grundwert zu fassen ist. So sind bei der aktiven Sterbehilfe auf Wunsch des Patienten der Grundwert der Selbstbestimmung des Patienten im Sinne seines Rechts frei zu entscheiden und der Grundwert der Verantwortung des Arztes betroffen. Im Hinblick auf die Verantwortung des Arztes für den Patienten muss allerdings gefragt werden, was Verantwortung in dieser Situation bedeutet: Verantwortung für das Leben des Patienten oder Verantwortung, ihm bei seinem Todeswunsch zu helfen?

In der klinisch-ethischen Praxis sind diese Elemente der situationsgerechten Abwägung und der Interpretation von entscheidender Bedeutung. Dies führt nicht zu einer Beliebigkeit nach der sich jeder Fall so oder auch anders entscheiden ließe (▶ Kap. 12.6.1, Pascals Kritik der Kasuistik). Dies deswegen nicht, weil jede Entscheidung gemeinsam mit allen Beteiligten argumentativ begründet und nicht bloß rhetorisch gerechtfertigt werden muss – und weil Entscheidungssituationen zumeist nicht beliebige Lösungen zulassen, sondern es gute, weniger gute und schlechte Lösungen gibt.

## Die vier ethischen Prinzipien nach Beauchamp und Childress

In ähnlicher Weise wie wir haben Beauchamp und Childress (2001) vom Kennedy Institute of Ethics an der Georgetown University (Washington DC) für die Medizinethik den Verzicht auf eine durch grundlegende Prinzipien begründete Ethik vorgeschlagen. Sie stellen stattdessen **vier Prinzipien mittlerer**

**Reichweite** als Grundlage ethischen Argumentierens vor, die keine Letztbegründung versuchen, sondern Orientierung in der Praxis geben sollen:

1. *respect for autonomy* (Respekt vor der Selbstbestimmung)
2. *non-maleficence* (Nicht-Schaden)
3. *beneficence* (»Gutes tun«, Fürsorge)
4. *justice* (Gerechtigkeit)

Ihre vier Prinzipien sind aus der allgemeinen Moralität (*ordinary shared moral beliefs*) und der medizinischen Tradition abgeleitet und versuchen diese Moralität »gereinigt« und in einer kohärenten Ordnung zu erfassen: *considered judgments of common morality.*

**Kritische Würdigung.** Die Einteilung von Beauchamp und Childress hat die medizinethische Analyse von Situationen geprägt und großen Einfluss gewonnen. Im Vergleich zum hier vorgeschlagenen Modell der drei Grundwerte können gegen den *four principles approach* jedoch die folgenden Einwände vorgebracht werden:

- Das Prinzip des **Nicht-Schadens** lässt sich auf das Prinzip der Selbstbestimmung zurückführen, in dem es gründet. Der Respekt vor der Selbstbestimmung des Patienten (als Gebot der »Nicht-Einmischung«) verbietet schon unmittelbar, ihm Schaden zuzufügen. Insofern ist das aus dem hippokratischen Ethos entnommene Prinzip des Nicht-Schadens (▶ Kap. 12.2.1) entbehrlich.

- Die Bezeichnung **Prinzipien** gibt zu Missverständnissen Anlass. Prinzipien sind Grundlagen, aus denen sich Folgerungen in deduktiver Weise ableiten lassen. Obwohl Beauchamp und Childress ihre *principles* nur als »allgemeine Richtlinien« verstehen wollen, sind sie doch in der praktischen Anwendung immer wieder als Prinzipien im starken Sinne »missbraucht« worden: **Georgetown Mantra.** Die von uns gewählte Bezeichnung Grundwerte unterstreicht dagegen die Einsicht, dass es sich um **zu realisierende Werte** und nicht um anzuwendende Prinzipien handelt. Dies hilft vor allem im Rahmen einer fallbasierten Ethik, irreführende Kurzschlüsse zur vermeiden: »Aus dem Prinzip der Patientenautonomie **folgt**, dass...«

- Der Begriff **Verantwortung** gibt das, was wir dem Anderen in einer Begegnung schulden, präziser wieder als der aus der hippokratischen Tradition genommene Begriff der *beneficence*. Der Wille »Gutes zu tun« kann oft in die Irre führen. Genauer ist es daher, mit dem Grundwert der Verantwortung die **dialogische Situation** des Arzt-Patienten-Verhältnisses zu betonen: Die Ansprüche des Patienten müssen gelegentlich zurückgewiesen werden – auch das kann Verantwortung heißen.

Trotz dieser Probleme können die vier Prinzipien als Analyseraster klinischethischer Situationen eingesetzt werden (▶ Kap. 6.3), solange man sich der hier dargestellten Einschränkungen bewusst bleibt.

**? Übungsfragen**
1. Auf welche Schwierigkeiten stoßen prinzipienorientierte Ethikformen?
2. Was versteht man unter Kasuistik? Welche Grundannahmen leiten das kasuistische Verfahren?
3. Welche drei Bedeutungsmomente enthält der ethische Grundwert der Selbstbestimmung?
4. Wie lässt sich der ethische Grundwert der Verantwortung plausibel machen?
5. Mit welchen Argumenten versucht John Rawls, einen Gerechtigkeitsbegriff zu stützen, der für eine Umverteilung von Ressourcen eintritt?
6. Worin unterscheiden sich die drei ethischen Grundwerte von den Prinzipien einer prinzipienorientierten Ethik?

## 12.7 Ethische Fallanalyse

Kern des klinisch-ethischen Argumentierens ist eine Fallanalyse, die sich an den ethischen Grundwerten Selbstbestimmung, Verantwortung und Gerechtigkeit orientieren kann.

### 12.7.1 Medizinethische Stufenanalyse

Für die ethische Fallanalyse hat es sich bewährt, in Form einer **medizinethischen Stufenanalyse** vorzugehen, welche die folgenden Schritte umfasst:
1. **Fakten**
2. **Werte:** Patient, Umgebung, Gesellschaft

3. **Wertkonflikte**
4. **Entscheidung**
5. **Begründung**

Besonders wichtig ist hier die klare **Trennung von Fakten und Werten** oder Bewertungen, um einen irreführenden Fehlschluss vom Sein auf das Sollen zu vermeiden (► Kap. 12.4.2).

In der Folge werden stichwortartig die wichtigsten Punkte angeführt, auf die im Rahmen einer solchen Stufenanalyse bei der Erhebung von Fakten und Werten zu achten ist. Anschließend wird beispielhaft die zu Beginn dieses Kapitels vorgestellte Patientengeschichte der frühgeborenen Maria (► S. 270) im Rückblick nach dieser Methode analysiert.

### Fakten

Zu klären sind hier:

- **Diagnose**
- **Prognose.** Im Hinblick auf Lebensverlängerung und Lebensqualität
- **Therapieoptionen.** Zu berücksichtigen sind Lebensverlängerung, Lebensqualität, Erfolgsaussichten und Nebenwirkungen.

### Werte des Patienten

- **Krankheitseinschätzung durch den Patienten.** Welche Möglichkeiten sieht er für sich? Welche Gefahren? Wie kann er mit der Krankheit »leben«?
- **Erklärter Patientenwille.** Bestehen Vorausverfügungen, ist der Patient entscheidungsfähig?
- **Lebensentwurf des Patienten.** Welche Lebensqualität erwartet er, wie wichtig ist die Länge des Lebens, was möchte er im Leben noch realisieren (Lebensperspektive), wie denkt er über den Tod (Todesperspektive), was kommt danach (Jenseitsperspektive)?

### Umgebungswerte

- **Lebensumfeld des Patienten.** Wie bewerten der Partner oder die Angehörigen die Situation. Welche Ziele stehen für sie im Vordergrund?
- **Behandlungsteam.** Wie stehen Ärzte oder Pflegende zu der zu treffenden Entscheidung. Welche persönlichen oder professionellen Werte sind betroffen? Wer trifft die Entscheidung? Wie werden Entscheidungen kommuniziert?

## Gesellschaftliche Werte

- **Implizite Werte.** Welche oft unausgesprochenen ethischen Urteile oder Vorurteile bestehen in der Gesellschaft zu der in Frage stehenden Entscheidungssituation? Beeinflussen diese untergründigen Werte die Beteiligten in ihrer Entscheidung?
- **Institutionalisierte Werte.** Welchen ethischen Rahmen geben die gesellschaftlichen Institutionen (Gesundheitssystem, Wirtschaftssystem, Rechtssystem) bereits vor? Welche Konflikte bestehen zwischen institutionalisierten Werten (z.B. rechtlichen Regelungen zum Schwangerschaftsabbruch) und den Wertvorstellungen der unmittelbar Betroffenen?

### 12.7.2 Fallgeschichte Maria

An der zu Beginn dieses Kapitels vorgestellten Fallgeschichte der frühgeborenen Maria (▶ S. 270) soll eine (verkürzte) Anwendung der Methode der ethischen Fallanalyse auf den Ebenen 2-5 beispielhaft vorgestellt werden. Die in der Praxis oft sehr schwierige und zeitaufwendige Ebene 1 (Fakten) kann hier aus Platzgründen nicht nachgezeichnet werden. Hier müsste unter Hinzuziehung der behandelnden Ärzte und ggf. konsiliarischer Experten auf der Basis der Krankenakte und der vorliegenden Untersuchungen zunächst im Detail bestimmt werden, wie die medizinische Situation vor allem im Hinblick auf die weitere Prognose einzuschätzen ist und welche Handlungsoptionen tatsächlich bestehen. Die Analyse der Fallgeschichte von Maria ist retrospektiv. Zur Zeit der anstehenden Entscheidungen war eine systematische klinisch-ethische Analyse nicht durchgeführt worden. In ähnlicher Weise kann eine Fallanalyse jedoch auch prospektiv oder entscheidungsbegleitend durchgeführt werden.

**Werte des Patienten.** Für Maria kann nur stellvertretend argumentiert werden, was mit besonderen Schwierigkeiten verbunden ist. Sicherlich ist anzunehmen, dass das Überleben für sie einen hohen Wert haben dürfte, da dies für die meisten Menschen gilt. Die deutlich reduzierte Lebensqualität im Hinblick auf die schweren Behinderungen und die dauerhafte Abhängigkeit von medizinischer Versorgung und pflegerischer Betreuung schränken den Wert des reinen Überlebens jedoch ein. Wie Maria hier selbst entscheiden würde, wenn sie es könnte, muss offen bleiben. Bei der stellvertretenden Ermittlung von entscheidungsrelevanten Werten darf nicht der Fehler gemacht werden, sich selbst an die Stelle des eigentlich Betroffenen zu denken: »Was würde ich in dieser Situation wollen?« Vielmehr muss es darum gehen, an Stelle des Betroffenen aber aus seiner Sicht zu ermitteln was er selbst gewollt haben würde, z.B. aufgrund früherer Äußerungen, seiner Lebensgestaltung etc: **substituted judgment standard**. Wenn dies – wie hier – nicht möglich ist, kann versucht werden zu klären, was im besten Interesse des Kindes wäre: **best interest standard**. Hier sind nicht mehr die (nicht bestimmbaren) Wünsche des Betroffenen selbst für die Bewertung wichtig, sondern die Abwägung eines Dritten: »Lebensqualität ausreichend oder nicht mehr ausreichend?« Auch diese Abwägung darf jedoch nicht mit Blick auf den Dritten selbst, sondern mit Blick auf den Patienten vorgenommen werden: im besten Interesse des Patienten. Dennoch gibt eine solche Abwägung im besten Interesse des Patienten nie die Entscheidung des Patienten selbst wieder (wie es beim *substituted judgement* möglich ist). Eine Abwägung auf der Basis des besten Interesses (nur diese ist bei Maria möglich) hat daher ein geringeres Gewicht als eine Abwägung auf der Basis eines *substituted judgements*.

**Werte der Eltern.** Die Abwägung, was im besten Interesse des Kindes wäre, haben in diesem Fall die Eltern vorgenommen. Nachdem sie sich während der lang dauernden Intensivtherapie informiert hatten, war ihnen klar geworden, dass angesichts der ausgedehnten intrazerebralen Blutungen schwere Behinderungen zu erwarten waren. Nach ihrer für Maria getroffenen Abwägung wäre daher ein Weiterleben nicht im Interesse des Kindes gewesen, da sie in ihren Lebensmöglichkeiten zu stark eingeschränkt gewesen wäre und zudem durch die auf Dauer erforderliche medizinische und pflegerische Versorgung zusätzlichen Belastungen und Schmerzen ausgesetzt sein würde. Bei dieser Ermittlung des besten Interesses des Kindes waren auch die christlich geprägten Wertvorstellungen der Eltern wichtig. Für sie ist es sinnlos, am Leben um jeden Preis festzuhalten, weil das Leben ohnehin nur der Pilgerweg zu einem neuen, ewigen Leben im Reich Gottes ist. Während sie einerseits überzeugt sind, dass jedes Lebewesen als Gottes Geschöpf zu schützen ist, stehen sie auf der anderen Seite der in ihren Worten »reflexgesteuerten Lebensverlängerungsmaschine« der Medizin mit verwunderter Ablehnung gegenüber: »Warum nur ist für die Ärzte der Tod ihr größter Feind?«

**Werte des Behandlungsteams.** Die in dieser Behandlungssituation liegenden ethischen Konflikte (Lebensqualität vs. Überleben) wurden auf der Ebene des

Behandlungsteams mit anderen Vorzeichen wahrgenommen. Von Seiten der Ärzte, vor allem des zuständigen Oberarztes, wurde im Verlauf der Behandlung immer wieder deutlich gemacht, dass es mit ihrer ärztlichen Verantwortung nur schwer zu vereinbaren sei, die begonnene Intensivbehandlung wieder abzubrechen, zumal sich die klinische Situation des Kindes langsam aber stetig verbesserte. Die zu erwartenden neurologischen Schäden durch die Hirnblutung seien zudem nicht sicher prognostizierbar. Der Oberarzt: »Wir dürfen nicht nach der Lebensqualität selektieren. Ich stelle doch keinem »potentiell Behinderten« das Beatmungsgerät ab!« Von Seiten der Pflegenden, die von den Eltern nach ihren Erfahrungen mit neurologisch ähnlich geschädigten Kindern befragt worden waren, wurden immer wieder vorsichtige Nachfragen in den Teambesprechungen vorgebracht, wie mit den Einwänden der Eltern gegen das Behandlungsprogramm umzugehen sei: »Ist die neurologische Prognose nicht wirklich sehr schlecht; wie sollen die Eltern zu Hause damit umgehen?« – Konsequenzen für die Behandlung ergaben sich hieraus nicht.

**Entscheidung.** Bei Maria wurde während der intensivmedizinischen Behandlungsphase, in der ein Therapieabbruch immer wieder diskutiert wurde, letztlich die Entscheidung zur Fortführung der Behandlung getroffen. In den Gesprächen zwischen den Eltern und dem Behandlungsteam, gelang es den behandelnden Ärzten, die Eltern für eine Fortführung der Therapie zu gewinnen – obwohl die ethischen Grundpositionen (▶ o.) sehr gegensätzlich waren. Die Eltern hatten gehofft, die vor allem vom Oberarzt immer wieder betonte Offenheit der Prognose würde sich bewahrheiten und deswegen ihre skeptische Position nicht mit letzter Entschlossenheit vertreten.

**Rechtfertigung der Entscheidung.** Bei dieser retrospektiven Fallanalyse ist eine begründende Rechtfertigung der Entscheidung, wie sie bei entscheidungsbegleitenden ethischen Beratungen zur Dokumentation der Entscheidungsfindung empfehlenswert ist, nicht möglich. Die Entscheidung wurde »im Verlauf« getroffen, ohne dass es einen expliziten Prozess der Entscheidungsfindung und -begründung gab. Es ist jedoch im Rückblick erkennbar, warum sich die ethischen Vorstellungen des Behandlungsteams gegen die ethischen Überzeugungen der Eltern durchgesetzt haben:

1.  **Asymmetrische Machtverhältnisse.** Gegen die auch sprachlich machtvoll vorgetragenen Argumente des stets aufgeräumt wirkenden, lebensfrohen Oberarztes, der überzeugend vertrat, dass er als Arzt der Lebenserhaltung

verpflichtet sein müsse, konnten die eher ängstlich und überdifferenziert wirkenden Eltern mit ihren Einschätzungen nicht bestehen.

2. **Ambivalenz der Eltern**. Die Position der Eltern war durch eine doppelte Ambivalenz gekennzeichnet. Einerseits innerhalb ihres christlichen Wertesystems: »Leben erhalten« vs. »den Tod nicht fürchten«; andererseits aber auch emotional: zwischen dem Hoffen, »dass doch noch alles gut wird« und ihrer eigentlichen Überzeugung, dass es besser wäre, nichts mehr zu tun.

### ❓ Übungsfragen

- Welche fünf Schritte umfasst die medizinethische Stufenanalyse?
- Analysieren sie mit dieser Methode einen der Beispielfälle in Kapitel 13.

## Zur Vertiefung

Beauchamp TL, Childress JF (2001) Principles of biomedical ethics. Oxford University Press, New York, NY [*Materialreiches Standardwerk zur medizinischen Ethik. Grundlegend für ein Verständnis der aktuellen medizinethischen Diskussion*]

Hick C (1998) Unter »moralisch Fremden«. Medizinethische Wertfindung in der wertepluralen Gesellschaft. In: Bergdolt K (Hrsg) Ethik und Klinik. Eupen, S 59–71 [*Studie zu den philosophischen Grundlagen einer medizinischen Ethik in wertepluralen Gesellschaften*]

Jonsen AR, Toulmin SE (1988) The abuse of casuistry : a history of moral reasoning. University of California Press, Berkeley [*Methodisch grundlegende Studie zu den historischen Wurzeln und den heutigen Möglichkeiten einer fallorientierten Ethik*]

Kant Immanuel (1785) Grundlegung zur Metaphysik der Sitten, Werkausgabe Bd 7, Frankfurt (1982) [*Kurzer aber anspruchsvoller Text zum Verständnis des »kategorischen Imperativs«*]

Schopenhauer Arthur (1840) Preisschrift über die Grundlage der Moral, Hamburg (1979) [*Klassischer Text, eines der lesbarsten philosophischen Autoren. Motto: »Moral predigen ist leicht, Moral begründen schwer«*]

Welie JV (1996) In the face of suffering. The philosophical-anthropological foundations of clinical ethics. Omaha [*Bahnbrechende Untersuchung: gegen die »black-box«-Anthropologie in der klinischen Ethik*]

# 13 Patientengeschichten

Michael Gommel, Andrea Ziegler, Christian Hick

##  Einleitung

Eine Warnung vorweg! Die Probleme der folgenden Patientengeschichten »auf Papier« können nicht wirklich »gelöst« werden. Eine angemessene Lösung ethischer Probleme ist nur fallbezogen in der jeweiligen Situation möglich, im Gespräch mit den Betroffenen und in möglichst umfassender Kenntnis des Sachverhaltes (▶ Kap. 12.6.1).

Die Bearbeitung der Patientengeschichten kann aber eine gute Übung sein, die eigene Unterscheidungs- und Argumentationsfähigkeit zu trainieren.
Methodische Hinweise zur ethischen Fallanalyse mit Blick auf die drei ethischen Grundwerte von Selbstbestimmung, Verantwortung und Gerechtigkeit (▶ Kap. 12.6.2) finden Sie in Kapitel 12.7.

Achten Sie auch darauf, welche Informationen in der Fallvignette möglicherweise fehlen, wessen Perspektiven undeutlich bleiben, wo nachgefragt werden müsste!

## 13.1    Frau Steller

Die 38-jährige Patientin Petra Steller kommt in die Nierensprechstunde zu einem Routinekontrolltermin wegen eines seit 6 Jahren bestehenden systemischen Lupus erythematodes mit Nierenbeteiligung. Sie wird seit Beginn der Erkrankung immunsuppressiv behandelt. Frau Steller arbeitet in einem Nobelrestaurant an der Bar und hat mit ihrem Ehemann, einem gut verdienenden Unternehmer, eine 7-jährige Tochter.

Es geht Frau Steller gut, sie sieht blendend aus. Die medizinischen Fragen sind schnell besprochen. Blutdruck, Beinödeme, Puls, alles ist in Ordnung. Sie will nun mit ihrem Mann und der Tochter für zwei Wochen auf die Malediven, Urlaub machen und braucht noch ein Rezept für ihre Medikamente.

Dann fragt sie, ob sie nicht auch noch Omeprazol verschrieben bekommen könne. Das brauche nicht sie, sondern ihr Mann ab und zu. Er habe sie beauftragt, dies mitzubringen. Wenn das gleich auf ihr Rezept drauf geschrieben würde, müsste sie nicht extra zum Hausarzt ihres Mannes fahren.

**? Leitfragen**
- Soll der behandelnde Arzt das Medikament mit auf das Rezept schreiben? Was spricht aus ethischer Sicht dafür bzw. dagegen?
- Welche ethischen Grundwerte sind betroffen?

## 13.2   Herr Yilmaz

Herr Yilmaz hustete wieder. So hatte es vor 4 Jahren auch begonnen als er seinen Lungentumor hatte. Bösartig war er gewesen, sie hatten ihn rausgeschnitten. Seitdem hatte er Ruhe gehabt. Jetzt hat er wieder Fieber. Sicher eine Lungenentzündung, meint der Hausarzt, der ihn aber trotzdem zur Abklärung in die Klinik einweist.

Dort ist Dr. Umut Kocagül mittlerweile Oberarzt. Er hatte Herrn Yilmaz damals operiert, beide verstehen sich gut. Dr. Kocagül weiß noch wie am Boden zerstört Herr Yilmaz war, als er ihm damals die Diagnose mitteilen musste: Bronchialkarzinom, nicht kleinzellig, und das mit 55 Jahren. Auf den Erfolg der Operation ist er besonders stolz. Seit seiner Entlassung hat Herr Yilmaz mit viel Erfolg am Aufbau seines Internet-Dienstleisters gearbeitet, für den mittlerweile fast seine ganze Familie (Frau und 3 erwachsene Kinder) tätig ist.

»Ist doch eine Lungenentzündung?« fragt Herr Yilmaz die Schwester als er vom CT zurück auf Station gebracht wird« – »Das muss der Doktor mit Ihnen besprechen«.

Dr. Kocagül betrachtet die Bilder. Die vermeintliche Lungenentzündung ist ein Rezidiv des Karzinoms. Als Dr. Kocagül gerade auf dem Weg ins Zimmer seines Patienten ist, um ihm das Ergebnis der Untersuchungen mitzuteilen, fängt ihn die Tochter von Herrn Yilmaz im Flur vor dem Zimmer ab. Sie bemerkt sein bedrücktes Gesicht und fragt, ob es wieder Krebs sei. Nach kurzem Zögern bestätigt er dies.

Die Tochter bittet Dr. Kocagül händeringend, dem Vater vorerst nichts zu sagen. Sie erklärt, sie müsse vorher erst ihre Geschwister und ihre Mutter vorbereiten, weil die Familie vor vier Jahren an der Krankheit des Vaters fast zerbrochen wäre.

**❷ Leitfragen**
- In welchem Konflikt steht der behandelnde Arzt?
- Welche ethischen Grundwerte sind betroffen?
- Was würden Sie an seiner Stelle tun und wie würden Sie dies begründen?

## 13.3 Frau Pfeiffer

Die 36-jährige, gesunde Frau Pfeiffer kommt wegen ihrer Zwillingsschwangerschaft (36. SSW) mit Beckenendlage in die Frauenklinik. Der bisherige Schwangerschaftsverlauf war problemlos. Zur elektiven Sektio wird eine Periduralanästhesie vereinbart. Am Vorabend der Operation werden vom prämedizierenden Narkosearzt die Laborwerte angefordert: Hb 13,0 g/dl; Leukozyten 6.200/µl; Thrombozyten 159.000/µl.

Im Nachtdienst um 03:00 Uhr wird wegen zunehmender Verschlechterung der kindlichen Herztöne (CTG) vom diensthabenden gynäkologischen Oberarzt die Indikation zur dringlichen Sektio gestellt. Das aktuelle Labor erbringt einen Thrombozytenwert von 22.000/µl – damit muss die Operation wegen Blutungsgefahr verschoben werden. Thrombozyten- und Erythrozytenkonzentrate werden bestellt. Für eine Nachforschung nach den Ursachen des niedrigen Wertes bleibt jedoch keine Zeit.

Die Anlieferung der Konzentrate verzögert sich. Nach einer halben Stunde sind sie immer noch nicht gekommen. Währenddessen verschlechtert sich das CTG immer weiter. Die Herztöne eines der Zwillinge werden immer schwächer und sind am Ende gar nicht mehr zu hören. Es besteht der Verdacht auf intrauterinen Tod des einen Zwillings. Frau Pfeiffer ist die ganze Zeit bei Bewusstsein.

Nach dem Eintreffen der Konzentrate werden diese verabreicht. Die Gerinnungswerte stabilisieren sich. Nach einer Schnellnarkose wird die Sektio durchgeführt. Ein Kind ist im Mutterleib verstorben, das andere muss sofort vom Neonatologen intensivmedizinisch versorgt werden. Mit einem APGAR von 2 wird es intubiert. Später wird deutlich, dass es während der Geburt einen schweren hypoxischen Hirnschaden erlitten hat.

**?** **Leitfragen**
- Hätte der Arzt den Kaiserschnitt früher durchführen sollen, um beide Zwillinge zu retten?
- In welchem Konflikt steht der behandelnde Arzt?
- Welche ethischen Grundwerte sind betroffen?

## 13.4 Herr Rückert

Der voll orientierte, lebhafte 86-jährige Herr Rückert wird zur Anlage eines Vorhofkatheters als dauerhaftem Gefäßzugang für die Hämodialyse in eine Klinik verlegt. Er ist zuvor in zwei anderen Krankenhäusern wegen Nierenversagens in Behandlung gewesen. Es wurden mehrere Dialysefisteln (Shunts) angelegt, die sich aber nie richtig ausgebildet hatten.

Bei der körperlichen Untersuchung finden sich ausgeprägte Beinödeme sowie Zeichen einer pulmonalen Stauung. Die Lunge zeigt auskultatorisch grobe Rasselgeräusche, was auf eine Lungenstauung hinweist. Er erhält einen Shaldon-Katheter und wird akut dialysiert.

Bei der Ultraschalluntersuchung sieht man nur unwesentlich verkleinerte 9 cm in der Länge messende Nieren und mindestens 200 ml Restharn. Offensichtlich sind die Nieren nicht irreversibel geschädigt. Dies spricht dafür, dass eine Beseitigung des Harnstaus möglicherweise eine ausreichende Verbesserung der Nierenfunktion zur Folge haben könnte.

Herr Rückert erzählt, dass er schon immer zum gleichen Urologen – seinem Schulfreund – gegangen sei, der gesagt habe, alles sei in Ordnung. Beim Legen eines Blasenkatheters in einem der früheren Krankenhäuser habe er heftige Schmerzen gehabt. Deshalb gibt Herr Rückert im Gespräch mit dem behandelnden Stationsarzt an, er lehne jetzt und in Zukunft jede Maßnahme an der Harnblase, sei es ein Blasenkatheter, sei es ein suprapubischer Katheter, sei es auch nur eine Vorstellung in der Urologie, strikt ab. Er sagt, er wolle sich lieber einer lebenslangen Dialyse unterziehen als einer einmaligen Maßnahme an der Harnblase.

**❷ Leitfragen**
- Lässt sich die Einstellung von Herrn Rückert rechtfertigen?
- In welchem Konflikt steht der behandelnde Stationsarzt?
- Was würden Sie tun und wie würden Sie dies begründen?

## 13.5    Frau Müller

Frau Müller, eine 88-jährige Dame, kommt wegen einer Pneumonie in die Medizinische Klinik einer Universitätsklinik. Sie ist voll orientiert, geistig rege und lebt alleine in ihrer 2-Zimmer-Wohnung.

Während der Visite spricht sie plötzlich den Chefarzt mit einem Wunsch an: sie möchte nicht reanimiert werden, sollte ihr das Herz stehen bleiben, und auch nicht auf die Intensivstation verlegt werden. Auf die Frage des Chefarztes, wie sie denn darauf käme, antwortet sie, dass zwei ihrer Schulfreundinnen in den vergangenen Jahren eine schlimme Zeit auf der Intensivstation durchgemacht hätten, bevor sie dann endlich sterben durften. Das solle ihr nicht passieren. Auf ihre Bitte: »Herr Chefarzt, versprechen Sie mir, dass ich nicht reanimiert werde und nicht auf die Intensivstation komme, wenn mein Herz stehen bleibt?«, antwortet dieser sichtlich irritiert: »Ja, das machen wir so.«

Nachdem die Gruppe das Zimmer von Frau Müller verlassen hat, wendet sich der Chefarzt, halb lachend, zu den Umstehenden: »Dass bloß keiner auf die Idee kommt, nicht zu reanimieren. Ihr geht es doch viel zu gut, als dass man sie sterben lassen dürfte!« Niemand widerspricht.

Ein paar Tage später schrillt um 2 Uhr die Notfallsirene durch die Station. Eine Nachtschwester hat den Alarmknopf im Zimmer von Frau Müller gedrückt. Die junge Assistenzärztin Petra Beyer rennt ins Zimmer: Frau Müller hat einen Herzstillstand erlitten. Frau Beyer war auch auf der Visite dabei, als Frau Müller ihren Willen äußerte, nicht reanimiert zu werden, und der Chefarzt das Gegenteil anordnete.

**? Leitfragen**

- Soll die Assistenzärztin ihre Patientin gegen deren Willen reanimieren?
- Wie bewerten Sie die Begründung des Chefarztes, dass es Frau Müller viel zu gut zum Sterben ginge?
- Versetzen Sie sich in die junge Assistenzärztin: Wäre es verantwortbar, keine Reanimation durchzuführen, so zu tun, als ob nichts passiert wäre und erst später in der Nacht den Tod von Frau Müller festzustellen?

## 13.6 Frau Coleman

Lisa Coleman, 20 Jahre, ist bei Dr. Peters, ihrem Hausarzt, um ein Rezept für sich zu holen. Im Gespräch mit ihm sagt sie, dass ihre Mutter in der letzten Zeit »wie ein Loch säuft«. Ihr Alkoholkonsum habe sich in den letzten Jahren immer mehr erhöht. Sie sei kaum mehr an einem Abend nüchtern und könne den Haushalt nicht mehr richtig versorgen.

Frau Coleman gibt ihrem Hausarzt zu verstehen, dass er ihrer Mutter auf keinen Fall sagen dürfe, dass sie ihm etwas darüber erzählt habe: »Meine Mutter setzt mich sonst sofort auf die Straße«. Der Hausarzt verspricht ihr, nichts gegenüber der Mutter zu erwähnen.

Nachdem Frau Coleman die Praxis verlassen hat, fällt Dr. Peters ein, dass er ihre Mutter ja auch bald sehen wird. Sie soll übernächste Woche operiert werden und kommt in ein paar Tagen vorbei, um über die Operation und die notwendigen Vorbereitungen zu sprechen. Herr Peters macht sich nun große Sorgen, da es zu lebensbedrohlichen Komplikationen kommen kann, wenn während der Operation Entzugssymptome auftreten. Er überlegt sich, wie er es am besten anstellt, mit der Mutter über ein eventuelles Alkoholproblem zu sprechen.

**?** **Leitfragen**
- Muss Dr. Peters das der Tochter gegebene Versprechen halten?
- Was soll Dr. Peters tun, wenn die Mutter bestreitet, zu »trinken«?

## 13.7   Herr Scheidle

Herr Scheidle ist 74 Jahre alt. Auf Grund eines Morbus Parkinson ist er schon seit langem nur im Rollstuhl mobil. Im vergangenen Jahr hatte er eine zerebrale Ischämie. Seitdem war er schon mehrfach wegen symptomatischer zerebraler Krampfanfälle in der Klinik. Seit einem halben Jahr besteht zudem eine rasch verlaufende dementielle Entwicklung.

Assistenzarzt Dr. Link wundert sich schon seit Herrn Scheidles erstem Klinikaufenthalt, wie er wohl zu Hause zurechtkommt. Herr Scheidle ist in der Klinik nahezu komplett bettlägerig. Er kann nur mit Hilfe von zwei Krankengymnastinnen in den Rollstuhl umgesetzt werden. Außerdem ist er ziemlich akinetisch, so dass er sich im Bett nicht mehr selbständig drehen kann Er muss alle drei Stunden gelagert werden. Seine Ehefrau ist 76 Jahre alt und wirkt sehr gebrechlich. Dr. Link hat auch bei ihr den Verdacht auf eine beginnende dementielle Entwicklung. Bei jedem Aufenthalt hat er mit der Ehefrau, manchmal auch mit der Tochter, die jedoch 500 km von den Eltern entfernt wohnt, besprochen, wie die häusliche Versorgung weitergehen soll. Die Ehefrau wollte ihren Mann nie ins Heim geben. Letztlich ließ sie sich jedoch darauf ein, dass der Pflegedienst einmal täglich kommen darf. Den Rest wollte sie jedoch immer alleine machen.

Nun wird Herr Scheidle erneut wegen eines Krampfanfalles eingewiesen. Medikamentenspiegelbestimmungen deuteten darauf hin, dass er seine Medikamente nicht eingenommen hat. Außerdem hat er am ganzen Körper Druckstellen wegen nicht fachgerechter Lagerung. Die Ehefrau und die Tochter werden auf diese Missstände hingewiesen. Dr. Link schlägt ihnen erneut eine Unterbringung von Herrn Scheidle im Pflegeheim vor. Beide lehnen dies jedoch entschieden ab.

**? Leitfragen**
- Dürfen Ehefrau und Tochter die Heimunterbringung ablehnen?
- In welchem Konflikt steht der behandelnde Arzt?
- Was würden Sie an seiner Stelle tun und wie würden Sie dies begründen?

## 13.8 Herr Grüner

Herr Grüner, 26 Jahre alt, kommt nach einer durchzechten Nacht mit heftigsten thorakalen Schmerzen morgens um 5.30 Uhr in die Notaufnahme. Dort kollabiert er, ist kurze Zeit bewusstlos, kommt aber rasch wieder zu sich. Er wird stationär aufgenommen.

Der Lebensgefährte von Herrn Grüner, Herr Miller, berichtet, dass sie zwar seit einem halben Jahr eine feste Beziehung hätten, Herr Grüner zuvor jedoch sexuellen Kontakt zu mehreren Männern gehabt hätte. Außerdem habe er bis vor kurzem i.v.-Drogen konsumiert.

Der diensthabende Arzt, Herr Klein, denkt sofort an eine mögliche HIV-Infektion und nimmt Herrn Grüner ohne dessen Wissen Blut ab, um einen HIV-Test durchzuführen. Dies berichtet er am nächsten Morgen bei der Übergabe. Der Chefarzt reagiert verärgert: »Wissen Sie denn nicht, dass man einen HIV-Test nur mit dem Einverständnis des Patienten vornehmen darf?«

Herr Klein war sich dessen nicht bewusst. Er überlegt kurz, geht dann zu Herrn Grüner und fragt ihn, ob er denn Blut für einen HIV-Test abnehmen dürfe. Herr Grüner antwortet mit einem klaren Nein und lehnt jede weitere Diskussion ab. Er sei lediglich auf Grund von thorakalen Schmerzen hier, die im Übrigen auch schon wieder weg seien. Er wirft den Ärzten vor, sie hätten ihm gegenüber Vorurteile und verlässt wütend gegen ärztlichen Rat die Klinik.

Die in den nächsten Tagen eintreffenden Laborbefunde ergeben den dringenden Verdacht einer HIV-Infektion. Ein Bestätigungstest wurde vom Labor empfohlen.

**❓ Leitfragen**
- Wie sollen sich die beteiligten Ärzte nun verhalten?
- Welche Gründe sprechen dafür, den Patienten anzurufen und ihm das Ergebnis des Tests mitzuteilen, welche dagegen?
- Was hätten die Ärzte tun können, um einen solchen Konflikt zu vermeiden?

## 13.9    Frau Maier

Frau Maier ist 83 Jahre alt. Sie war ehemals Lehrerin und hat drei Kinder, die sich gut um sie kümmern. Bereits mit 76 Jahren verfasste sie eine Patientenverfügung, in der sie deutlich machte, dass sie alle Maßnahmen, die ein unnötiges Leiden bedeuten, ablehnt. Sie wolle nie zu einem schweren Pflegefall werden.

In ihrem 77. Lebensjahr war eine gastrointestinale Blutung aufgetreten. Die Koloskopie ergab einen Sigmapolypen, histologisch mit schwerer Epitheldysplasie. Die Patientin lehnte damals jedoch eine Operation eindeutig ab mit der Begründung, sie habe bereits lange genug gelebt und wolle sich in ihrem »stolzen Alter« nicht mehr solchen Strapazen unterziehen.

Sechs Jahre später erlitt sie einen schweren Schlaganfall mit einer sensomotorischen Aphasie und einer Hemiplegie rechts. Von beidem erholte sie sich kaum. Die Anlage einer PEG-Sonde zur Ernährung wurde mehrfach diskutiert. Die Tochter willigte ein und die Sonde wurde angelegt. So wurde die Patientin in ein Pflegeheim entlassen.

Drei Wochen später musste Frau Maier aufgrund einer Magenblutung erneut stationär aufgenommen werden. Nach einer Gastroskopie, die multiple teils blutende gastroduodenale Ulzera nachweisen konnte, wurde sie in einem noch schlechteren Zustand wieder ins Pflegeheim zurückverlegt.

Einige Monate später kommen die Angehörigen leidgeplagt zum Hausarzt ihrer Mutter, da sie ausgeprägte Schuldgefühle haben. Sie machen sich Vorwürfe, sich nicht ausreichend für den Willen der Mutter, den sie ja in der Patientenverfügung festgehalten hatte, eingesetzt zu haben und stellen konkret die Frage: »Gibt es eine Möglichkeit, den mehrfach eindeutig geäußerten Willen der Mutter doch noch zu erfüllen?«

### ❓ Leitfragen

- Welche Argumente sprachen aus damaliger Sicht für bzw. gegen die Anlage einer PEG-Sonde?
- Welche Handlungsmöglichkeiten gibt es zum jetzigen Zeitpunkt? Begründen Sie diese unter ethischen und rechtlichen Aspekten.

## 13.10  Herr Lubic

Herr Lubic ist 45 Jahre alt. Schon seit der Kindheit gilt er als »komischer Kauz«. Aktuell lebt er alleine in einem großen Haus, das seinen Eltern gehört und mitten in der Stadt steht. Dass Herr Lubic oft tagelang weder das Haus verlässt noch die Rollläden öffnet, ist den Nachbarn schon lange bekannt. Eines Tages beginnt Herr Lubic, sein Haus mit »Müll« zu verzieren: aus alten Milchtüten und Dosen schneidet er verschiedene Formen und Muster aus und hängt sie von innen und außen an die Fenster. Auch scheint er keinen Müll mehr wegzubringen. Zumindest riecht es aus dem Haus sehr unangenehm. Wenn man Herrn Lubic mal zufällig am Fenster sieht, kann man erkennen, dass er ebenfalls sehr »verwildert« aussieht.

Die Nachbarn wenden sich an die Polizei, die Herrn Lubic umgehend einen Besuch abstattet. Herr Lubic öffnet die Tür einen Spalt. Die Polizisten sehen, dass der gesamte Eingangsbereich voller Müll steht. Sie bitten Herrn Lubic mitzukommen, was dieser widerstandslos tut.

In der psychiatrischen Klinik angekommen, erläutert Herr Lubic, dass er die Verzierungen anbringen musste, um böse Geister und Dämonen zu vertreiben. Früher habe er diese nur von seinem Haus fern halten können, wenn er sich wochenlang ins dunkle Wohnzimmer gesetzt hätte. Seit er herausgefunden habe, dass sie auch durch seine neuen Maßnahmen verschwinden würden, ginge es ihm sehr viel besser. Außerdem würden sich die Dämonen, die durch den Keller kämen, vor dem Gestank des Restmülls ekeln und so auch nicht mehr kommen.

In einer psychiatrischen Behandlung sieht Herr Lubic keinen Sinn: »Wieso denn auch, ich bin doch nicht krank?«

**? Leitfragen**
- Ist Herr Lubic krank?
- Darf Herr Lubic selbst bestimmen, wie er in seiner Wohnung lebt?
- Kann Herr Lubic richterlich untergebracht werden, wenn er einer psychiatrischen Behandlung nicht zustimmt?

# Anhang

# Quellenverzeichnis


## Kapitel 1
Alfidi RJ (1971) *Informed consent*. A study of patient reaction. Jama 216(8):1325–1329
Cassileth BR, Zupkis RV, Sutton-Smith K, March V (1980) *Informed consent* – why are its goals imperfectly realized? N Engl J Med 302(16):896–900
Faden RR, Beauchamp TL (1980) Decision-making and informed consent: a study of the impact of disclosed information. Soc Indic Res 7(1–4):313–336
Meisel A, Roth LH (1981) What we do and do not know about *informed consent*. Jama 246(21):2473–2477
Morgan LW, Schwab IR (1986) *Informed consent* in senile cataract extraction. Arch Ophthalmol 104(1):42–45
Novack DH, Plumer R, Smith RL, Ochitill H, Morrow GR, Bennett JM (1979) Changes in physicians' attitudes toward telling the cancer patient. Jama 241(9):897–900
Oken D (1961) What to tell cancer patients. Journal of the American Medical Association 175:1120–1128
Roberts CS, Cox CE, Reintgen DS, Baile WF, Gibertini M (1994) Influence of physician communication of newly diagnosed breast cancer patients' psychologic adjustment and decision-making. Cancer 74(1):336–341
Uhlmann RF, Pearlman RA, Cain KC (1988) Physicians' and spouses' predictions of elderly patients' resuscitation preferences. J Gerontol 43(5):M115–121
Waitzkin H, Stoeckle JD (1976) Information control and the micropolitics of health care: summary of an ongoing research project. Soc Sci Med 10(6):263–276
Wallace LM (1986) Informed consent to elective surgery: the 'therapeutic' value? Soc Sci Med 22(1):29–33

## Kapitel 2
Deichgräber K (1955) Der Hippokratische Eid. Stuttgart
Dettmeyer R (2001) Medizin & Recht für Ärzte. Springer Heidelberg
Weiss BD (1982) Confidentiality expectations of patients, physicians, and medical students, Jama 247(19):2695–2697
Zentrum für Ethik und Recht in der Medizin Freiburg (Hrsg.) (2004): Ärztliche Schweigepflicht. Aktuelle Fragen in einem großen Universitätsklinikum. Aus dem 14. Ethik-Tag

## Kapitel 3
Brown JH et al (1986) Is it normal for terminally ill patients to desire death? Am J of Psychiatry 143: 208–211
Onwuteaka-Philipsen BD, van der Heide A et al (2003) Euthanasia and other end-of-life decisions in the Netherlands in 1990, 1995, and 2001 Lancet 362(9381): 395–399

## Kapitel 4

Bundesärztekammer (2004) Grundsätze der Bundesärztekammer zur ärztlichen Sterbebegleitung. Deutsches Ärzteblatt A 1298–1299

Putz Wolfgang, Steldinger Beate (2004) Patientenrechte am Ende des Lebens. Beck-Rechtsberater, 2. Aufl. Beck, München

## Kapitel 5

Bundesausschuss der Ärzte und Krankenkassen (Hrsg) (2004) Richtlinien zur Empfängnisregelung und zum Schwangerschaftsabbruch. Bundesanzeiger Nr. 53, S. 5026

Deutsche Gesellschaft für Gynäkologie und Geburtshilfe (Hrsg) Schwangerschaftsabbruch nach Pränataldiagnostik. Positionspapier zur Anregung einer Diskussion über pränatale Diagnostik und Schwangerschaftsabbruch mit konkreten Vorschlägen. Online im Internet. URL: http://www.dggg.de/pdf/218-fachbroschuere.pdf (12.10.2006)

Evangelium vitae (1995) An die Bischöfe, Priester und Diakone, die Ordensleute und Laien sowie an alle Menschen guten Willens über den Wert und die Unantastbarkeit des menschlichen Lebens. Rom

Passarge Eberhard, Rüdiger Hugo W (1979) Genetische Pränataldiagnostik als Aufgabe der Präventivmedizin. Ein Erfahrungsbericht mit Kosten/Nutzen-Analyse. Enke, Stuttgart

Rost Karl Ludwig (1987) Sterilisation und Euthanasie im Film des »Dritten Reiches«. Matthiesen, Husum

Statistisches Bundesamt (2003) Schwangerschaftsabbrüche in Deutschland 2002. Wiesbaden

## Kapitel 6

Gesetz zur Verhütung erbkranken Nachwuchses (GzVeN). Reichsgesetzblatt I vom 25. Juli 1933 Nr. 86, S. 529–531. Berlin

Gommel M (2004) Der Andere in der zeitgenössischen humanbiologischen Wirklichkeit. Theoretische und empirische Untersuchungen zum humanbiologischen Menschenbild im 20. Jahrhundert in Deutschland. Dissertation, Ulm

Grotjahn A (1926) Die Hygiene der menschlichen Fortpflanzung. Urban & Schwarzenberg, Berlin

Rost Karl Ludwig (1987) Sterilisation und Euthanasie im Film des »Dritten Reiches«. Matthiesen, Husum

Schmuhl H-W (1992) Rassenhygiene, Nationalsozialismus, Euthanasie. Von der Verhütung zur Vernichtung »lebensunwerten Lebens«, 1890–1945. 2. Aufl. Vandenhoeck & Ruprecht, Göttingen

## Kapitel 9

Harvard Law School Library. Nuremberg Trials Project. A digital document collection. Online im Internet. Url: http://nuremberg.law.harvard.edu (12.10.2006)

Koprowski H., Jervis GA, Norton TW, Nelson DJ (1953) Further studies on oral administration of living polio virus to human subjects. Proceedings of the society of experimental biology and medicine 82:277–280

Sponholz G (2004) Wissenschaftliches Fehlverhalten – und was dann? EthikMed 16:170–173

## Kapitel 10

Boorse C (1981) On the Distinction between Disease and Illness. In: Caplan AL, Engelhardt T, McCartney JJ (Hrsg) Concepts of Health and Disease: Interdisciplinary Perspectives. Reading, S. 545–560

Cartwright SA (1851) Report on the Diseases and Physical Pecularities of the Negro Race. New Orleans Medical and Surgical Journal 7, 691–715

Kamm R (2006) Rationierung im öffentlichen Gesundheitswesen - Eine Untersuchung möglicher Rechtfertigungsargumente. Bamberger Beiträge zur Politikwissenschaft 1,9, Bamberg. Online im Internet. URL: http://www.uni-bamberg.de/fileadmin/uni/fakultaeten/sowi_faecher/politik/BBPI/BBP-I-9.pdf (12.10.2006)

Kersting W (2000a) Gerechtigkeitsprobleme sozialstaatlicher Gesundheitsvorsorge. In: Ders (Hrsg): Politische Philosophie des Sozialstaats. Weilerswist, S 467–507

Kersting W (2000b) Theorien sozialer Gerechtigkeit. Stuttgart

Nordenfelt L (1987) *On the nature of health. An action-theoretic approach*. Dordrecht

Rousseau SJ, Lindenburg UK, Hick CP (unveröffentlicht) Genetic enhancement of short-term memory in 4 human subjects by activation of beta-c1-NMDA receptors: clinical results, ethical implications and socio-economic perspectives (The Cologne GeneMem® pilot-study), Nature Health Economics & Ethics, 447-12.html #GeneMem

Routtenberg A; Cantallops I, Zaffuto S, Serrano P, Namgung U (2000) Enhanced learning after genetic overexpression of a brain growth protein. Proc Natl Acad Sci, USA 97(13): 7657–7662

Tang YP; Shimizu E, Dube GR, Rampon C, Kerchner GA, Zhuo M, Liu G, Tsien JZ (1999) Genetic enhancement of learning and memory in mice. Nature 401(6748): 63–69

## Kapitel 11

Biller-Andorno N, Neitzke G, Frewer A, Wiesemann C (2003) Lehrziele »Medizinethik« im Medizinstudium. Ethik Med 15:117–121

Gommel M, Glück B, Keller F (2005) Didaktische und pädagogische Grundlagen eines fallorientierten Seminar-Lehrkonzepts für das Fach Medizinische Ethik. GMS Z Med Ausbild 22(3): Doc58

Hicks LK, Lin Y, Robertson DW, Robinson DL, Woodrow SI (2001) Understanding the clinical dilemmas that shape medical students's ethical development: questionnaire survey and focus group study. BMJ 322:709–710

Lind G (2000a) Are helpers always moral? Empirical findings from a longitudinal study of medical students in Germany. In: Comunian AL, Gielen U (eds) International perspectives on human development. Papst Science Publishers, Lengerich, pp 463–477

Lind G (2000b) Moral regression in medical students and their learning environment. Revista Brasileira de Educacao Médica 24(3):24–33

Schaaf (2006) Mit Vollgas zum Doktor. Promotionsratgeber für Mediziner. Springer Medizin Verlag (Hervorragender Ratgeber für die Promotion, sehr persönlich gehalten, informativ)

Sponholz G, Kohler E, Strößler M, Gommel M, Baitsch H (1995) »Ethik in der Medizin« in der neuen ÄAppO – was Studierende sich wünschen. Z f Med Ethik 41:236–241

## Kapitel 12

Apel K-O (1988) Diskurs und Verantwortung, Frankfurt am Main

Aquin Thomas von (1977) *Summa theologica*. In: *Die deutsche Thomas-Ausgabe*, Bd 13, Heidelberg

Aristoteles (1954): Ethica Nicomachea, Oxford

Arnauld A, Nicole P (1662) La logique où l'art de penser, Paris, Gallimard (1993)

Bentham J (1789) An introduction to the principles of morals and legislation, Oxford (1970)

Hick C (2004) Verwundbarkeit und Verantwortung. Medizinische Ethik als »Pathologie«. In: Schnell M (Hrsg) Leib. Körper. Maschine. Interdisziplinäre Studien über den bedürftigen Menschen. Düsseldorf, S 53–69

Höffe O (1997) Lexikon der Ethik. Stuttgart

Hume D (1751) An inquiry concerning the principles of morals. Oxford, 1998

Krüger P, Mommsen T (1993) (Hrsg) Corpus iuris civilis Vol. 1: Institutiones. Digesta Dublin, Weidmann

Leven KH (1997) Die Erfindung des Hippokrates – Eid, Roman und Corpus Hippocraticum. In: Tröhler U; Reiter-Theil S (Hrsg): Ethik und Medizin 1947–1997. Was leistet die Kodifizierung von Ethik? Göttingen, S. 19–39

Lévinas E (1982) *Ethique et Infini*. Paris

Lévinas E (1972) Humanisme de l'autre home. Paris

Lévinas E (1992) Totalité et Infini. Livre de Poche, Paris

Pascal B (1657) Les provinciales. Paris (1981)

Platon (1991) Politeia. In: Sämtliche Werke Bd V. Frankfurt am Main

Rawls J (1975) Eine Theorie der Gerechtigkeit. Frankfurt

Reimarus JAH (1781) Untersuchung der vermeinten Nothwendigkeit eines autorisirten Kollegii medizi und einer medizinischen Zwang-Ordnung. Hamburg

Singer P (1994) Praktische Ethik. Reclam, Stuttgart

# Sachverzeichnis

## A



## B

# G



# H

Sachverzeichnis

# Z

# Damit Medizinstudenten eine sichere Zukunft haben

Die Produkte der
Deutschen Ärzte-
versicherung
fürs Studium
und einen sicheren
Start ins Berufsleben

Bereits während Ihres Studiums müssen die Weichen für Ihre Zukunft richtig gestellt werden. Unsere Produktlösungen sind speziell auf Ihre Belange als künftige(r) Ärztin/Arzt ausgerichtet. Diese Themen sind jetzt besonders wichtig:

- Berufshaftpflicht
- Unfallversicherung
- Berufsunfähigkeit
- Versicherungsschutz im Ausland

Zudem bieten wir Services und Orientierungshilfen zu den Themen Weiterbildung und Arbeiten im Ausland. Surfen Sie doch einfach mal auf unsere Internetseite und informieren Sie sich jetzt!

Unter **www.aerzteversicherung.de** finden Sie alles, was Sie für Ihren Erfolg brauchen!

**Deutsche Ärzteversicherung**
**51771 Köln**
**Telefon: 02 21/1 48-2 27 00**
**Telefax: 02 21/1 48-2 14 42**
**service@aerzteversicherung.de**
**www.aerzteversicherung.de**